高等职业教育智能制造领域人才培养系列教材

智能制造技术与项目化应用

主　编　王　芳　赵中宁

副主编　王兰军　丁林曜

参　编　张良智　丁明伟　李　星　靳晓娟

机械工业出版社

CHINA MACHINE PRESS

本书基于智能制造技术的研究和应用，分析总结了智能制造技术现阶段的发展特点，系统地介绍了智能制造技术的标准、通用技术、核心知识、关键技术及项目化应用等内容。全书内容共分四篇，包括智能制造与智能制造标准、智能制造通用技术、智能制造关键技术和智能制造技术的项目化应用。

　　本书可作为高等职业院校机电类相关专业的教材，为广大学生开拓视野、掌握智能制造技术相关的知识、尽快适应智能制造领域的新要求提供支撑；也可以为相关教师、企业工程技术人员开展进一步研究提供参考和借鉴。

　　本书配有电子课件，凡使用本书作为教材的教师可登录机械工业出版社教育服务网www.cmpedu.com，注册后下载。咨询电话：010-88379375。

图书在版编目（CIP）数据

智能制造技术与项目化应用 / 王芳，赵中宁主编 . — 北京：机械工业出版社，2022.12
高等职业教育智能制造领域人才培养系列教材
ISBN 978-7-111-72088-1

Ⅰ . ①智… Ⅱ . ①王… ②赵… Ⅲ . ①智能制造系统 – 高等职业教育 – 教材 Ⅳ . ① TH166

中国版本图书馆 CIP 数据核字（2022）第 220887 号

机械工业出版社（北京市百万庄大街 22 号　邮政编码 100037）
策划编辑：薛　礼　　　　　责任编辑：薛　礼　刘良超
责任校对：韩佳欣　王　延　封面设计：王　旭
责任印制：张　博
中教科（保定）印刷股份有限公司印刷
2023 年 2 月第 1 版第 1 次印刷
184mm × 260mm·16.25 印张·396 千字
标准书号：ISBN 978-7-111-72088-1
定价：52.00 元

电话服务　　　　　　　　网络服务
客服电话：010-88361066　机 工 官 网：www.cmpbook.com
　　　　　010-88379833　机 工 官 博：weibo.com/cmp1952
　　　　　010-68326294　金 书 网：www.golden-book.com
封底无防伪标均为盗版　机工教育服务网：www.cmpedu.com

前言

工业化、信息化、智能化等的深度融合带来了全新的技术变革。云计算、物联网、大数据、人工智能等新技术的赋能应用，为智能制造的兴起和发展带来了无限的迭代空间。智能制造技术贯穿于设计、生产、管理、服务等全过程，能够实现互动体验、自我感知、自我学习、自我决策、自我执行、自我适应的全闭环，具有自我创新特点。智能制造技术的广泛应用将彻底改变传统的生产思维、颠覆传统的制造模式。

智能制造已经成为制造业技术发展的主要方向之一。智能制造是制造技术不断更新的过程，制造业的智能化程度体现了企业运用新技术的能力和综合竞争力。互联网+制造、物联网、云计算、大数据、人工智能等新一代信息技术为实现智能制造提供了重要的赋能条件。面向智能制造时代，制造业对人才提出了新的要求。掌握和运用智能制造技术、学习和实践智能制造生产模式、培养符合时代特征要求的技术技能人才是高等教育特别是高等职业教育的重要任务。各类高等教育需要不断更新人才培养理念、创新教学内容，主动研究企业需求，跟上时代步伐，培养具有智能制造思维、掌握智能制造技术的高素质专业人才及卓越的高技术技能人才。

本书以智能制造技术为研究和探索对象，按照智能制造的发展轨迹，通过制造过程自动化、数字化、智能化的相关性研究分析，比较系统地介绍了智能制造技术标准、核心知识、关键技术、应用案例、未来发展等内容，并结合读者的认知规律于其中。本书的主要内容涵盖智能制造国家技术标准、先进制造技术、数字制造技术、工业互联网技术、智能制造通用技术、信息安全技术、智能制造关键技术等内容。本书第四篇"智能制造技术的项目化应用"主要通过介绍智能制造技术在企业的实际应用，来进一步说明智能制造与传统制造的区别，以加深读者对智能制造关键技术应用的认识。

本书内容共分四篇：第一篇、第四篇由王芳、赵中宁编写；第二篇中的第一章由张良智编写，第二章由王兰军编写，第三章由丁明伟编写，第四章由靳晓娟编写；第三篇由丁林曜、李星编写。

本书在编写过程中得到了武汉华中数控股份有限公司、海尔集团和中国石油集团济柴动力有限公司等单位的大力支持，在此表示衷心的感谢！

由于编者水平有限，加之智能制造技术发展较快，书中难免有不当之处，敬请读者批评指正。

编　者

二维码索引

目录

第四篇　智能制造技术的项目化应用

第一篇

智能制造与智能制造标准

第一章
CHAPTER 1

智能制造的概念与标准体系

第一节　智能制造的概念

一、智能制造的定义

智能制造是一种由智能机器和人类专家共同组成的人机一体化智能系统，它在制造过程中能进行智能活动，诸如分析、推理、判断、构思和决策等。通过人与智能机器的合作共事，去扩大、延伸和部分地取代人类专家在制造过程中的脑力劳动。它把制造自动化的概念更新，扩展到柔性化、智能化和高度集成化。智能制造包括智能制造技术和智能制造系统。

智能制造技术利用计算机模拟制造业领域专家的分析、判断、推理、构思和决策等智能活动，并将这些智能活动和智能机器融合起来，贯穿应用于整个制造企业的子系统，如经营决策、采购、产品设计、生产计划、制造装配、质量保证和市场销售等，以实现整个制造企业经营运作的高度柔性化和集成化。它可以取代或延伸制造业领域专家的部分脑力劳动，并对制造业领域专家的智能信息进行收集、存储、完善、共享、继承和发展，是一种能够极大提高生产效率的先进制造技术。

随着智能制造系统性能不断完善及其结构的复杂化、精细化，以及功能多样化，智能制造系统所包含的设计信息、工艺信息、管理信息等使得制造正在由原先的能量驱动型转变为信息驱动型。在瞬息万变的市场需求和激烈竞争的复杂环境下，制造表现出更高的灵活性、敏捷性和智能性。

早在 2006 年，美国科学家 Helen Gill 就提出过信息物理系统（Cyber Physical System, CPS）的概念，2008 年 IBM 也提出了"智慧地球"的理念。德国于 2013 年提出"工业 4.0"战略。首先，我们要认识到智能制造是工业化发展的一个高级阶段，它是伴随科学技术，特别是信息科学技术的迅猛发展而产生的。世界工业化经历了机械化、电气化、自动化、智能化等不同的发展阶段，制造业作为工业的重要组成部分，承担着生产产品或零部件的作用。所谓制造现代化是一个动态发展的进程，由一种技术取代另一种技术，推动工业制造不断演变。因此，只有从动态的视角、用发展的眼光来审视智能制造，才能科学地学习和掌握其形成的规律和本质特点。

二、智能制造的基本特征

（一）智能制造技术的特征

智能制造技术是指在制造过程中运用的新一代赋能技术，如物联网技术、大数据技术、云计算技术、人工智能技术、装备制造技术等。智能制造技术的特征主要包括：

1）产品生命周期技术特征。

2）以智能车间或工厂为载体的纵向集成和横向集成技术特征。

3）以大数据、云计算为核心的智能分析技术特征。

4）人工智能技术应用特征等。

（二）智能制造系统的特征

1）自我适应。自我适应是指可以获取环境信息及自身信息，并开展分析、判断、规划、处理的能力。

2）人机协同。智能制造系统不单纯是"人工智能"系统，而是人机一体化智能系统，是一种混合智能。基于人工智能的智能机器只能进行机械式的推理、预测、判断，它只具有逻辑思维（专家系统），最多做到形象思维（神经网络），完全做不到灵感（顿悟）思维，只有人类专家才真正同时具备以上三种思维能力。因此，想以人工智能全面取代制造过程中人类专家的智能，让其独立承担起分析、判断、决策等任务是不现实的。人机一体化突出人在制造系统中的核心地位，同时在智能机器的配合下，更好地发挥出人的潜能，使人机之间表现出一种平等共事、相互"理解"、相互协作的关系，使二者在不同的层次上各显其能，相辅相成。因此，在智能制造系统中，高素质、高智能的人将发挥更好的作用，机器智能和人的智能将真正地集成在一起，互相配合，相得益彰。

3）虚拟现实。虚拟现实技术的应用也是实现高水平人机一体化的关键之一。虚拟现实技术以计算机为基础，融信号处理、动画技术、智能推理、预测、仿真和多媒体技术为一体，它可以按照人们的意愿任意改变或调整。运用虚拟现实这个人机结合的新一代"智能"界面是智能制造系统的显著特征。

4）自我组织与超柔性。智能制造系统中的各组成单元能够依据工作任务的需要，自行组成一种最佳结构，其柔性不仅表现在运行方式上，而且表现在结构形式上，所以称这种柔性为超柔性，如同一群人类专家组成的群体，具有相似的生物特征。

5）自我学习与自我维护。智能制造系统能够在实践中不断地充实知识库，具有自我学习的功能。同时，在运行过程中可以自行诊断故障，并具备自行排除故障和自行维护的能力。这种特征使智能制造系统能够自我优化并适应各种复杂的环境，智能制造系统的基本框架如图1-1-1所示。

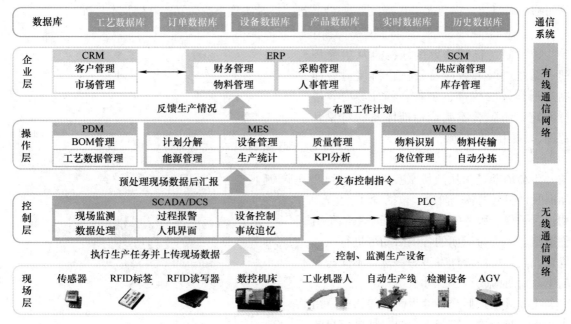

图1-1-1　智能制造系统的基本框架

第二节　智能制造的国家标准体系

一、智能制造国家标准体系认知

智能制造需要标准先行，国家标准体系是实现智能制造的重要基础。

智能制造国家标准体系包括：

1）安全标准、可靠性标准、检测标准和评价标准等基础共性标准。

2）识别与传感标准、控制系统标准、机器人等智能装备标准。

3）智能工厂设计标准、智能工厂交付标准、智能生产标准等智能工厂标准。

4）大规模个性化定制标准、运维服务标准、网络协同制造标准等智能服务标准。

5）人工智能应用标准、边缘计算标准等智能赋能技术标准；工业无线通信标准、工业有线通信标准等工业互联网标准。

6）高档数控机床和机器人标准、航空航天装备标准、海洋工程装备及高技术船舶标准、先进轨道交通装备标准、节能与新能源汽车标准等行业应用标准。

这些标准内容涵盖了智能制造可能触及的各个领域，归纳起来就是基础共性标准、关键技术标准、行业应用标准三大类。其中关键技术标准是指智能装备、智能工厂、智能服务、智能赋能、工业互联网五类关键技术标准。

以上三大类、六个标准构成了智能制造的标准体系。其实质是通过标准体系的制定，生成物与物、人与物、物与人"互联互通的共同语言"，是实现系统交互的基础技术标准。

二、智能制造标准体系的结构

智能制造标准体系的结构是从生命周期、系统层级和智能特征三个维度对智能制造所涉及的生产、装备、特征等内容进行界定，明确智能制造标准体系的对象和范围，如图 1-1-2 所示。

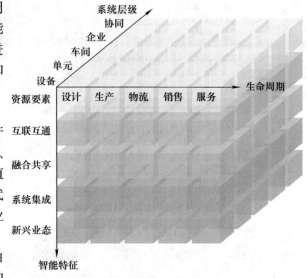

图1-1-2 智能制造标准体系的结构

（一）生命周期

生命周期是指从产品原型研发开始到产品回收再制造的各个阶段，包括设计、生产、物流、销售、服务等一系列相互联系的价值创造活动。生命周期的各项活动可进行迭代优化，具有可持续性发展等特点，不同行业的生命周期构成不尽相同。

生命周期按照产品的生命规律路径，由人与人、物与物、物与人等通过标准信息的相互交换、交互及产品的物理传感移动、形态变化，最终形成"闭环信息物理系统"模型。通过分析模型，提出科学管理生命周期解决方案，对降低成本、协同创新、缩短交货期、提供个性化产品等起到重要作用，从而实现智能制造的主要目标。因此，智能制造的"入手"，就是从研究产品的生命周期开始，建立科学的分析模型，通过系统层级支撑、智能技术的嵌入、产品制造工艺的确定、绿色制造等构建智能制造的体系。

（二）系统层级

系统层级是指与企业生产活动相关的组织结构层级划分，包括设备层、单元层、车间层、企业层和协同层。

对于智能制造企业，系统将生产单位按照模块进行划分，形成设备层、单元层、车间层、企业层、协同层等平行或垂直逻辑关系的层级。其中，协同层是智能制造最有价值的系统层级，只有到达了协同层，智能制造的资源共享才能实现，协同创新才能实现。但没有其他层级的互联互通，协同层就变得没有意义，而层级间的互联互通需要统一的标准。

（三）智能特征

智能特征是指基于新一代信息通信技术，使制造活动具有自感知、自学习、自决策、自执行、自适应等一个或多个功能的层级划分，包括资源要素、互联互通、融合共享、系统集成和新兴业态五层智能化要求。

智能制造的关键是实现贯穿企业设备层、单元层、车间层、企业层、协同层不同层面的纵向集成（或称垂直集成）；跨资源要素、互联互通、融合共享、系统集成和新兴业态不同级别的横向集成（或称水平集成）；以及覆盖设计、生产、物流、销售、服务的端到端集成。

从生命周期、系统层级、智能特征的三个维度入手，可以涵盖智能制造的各个环节制定相关的标准，形成智能制造的标准体系。生命周期的标准可以将客户需求、产品设计、产品生产、物流和服务、产品回收等环节打通，通过相互对接、数据直接交换和动作无缝交互实现产品各环节的可追溯和可视化，实现生命周期管理的目标。例如，海尔集团在白色家电领域提供的智能制造解决方案中，通过全员创客机制将用户需求、产品设计与智能制造有机融合，实现"人单合一"、为用户创造价值。其中，统一的标准体系是构建"人单合一"的基础条件。系统层级标准可以将所有生产装备、场所、生产活动内容等互联互通，实现产品的生产过程可视化、数据化，如车间的动态看板将生产流转换为数据流，将岗位工作状态转化为数据状态，而应用大数据的前提是标准体系的建立。

智能制造特征就是将新一代信息技术，如物联网、人工智能、大数据、云技术、区块链技术等嵌入生命周期管理、生产等层级中，使动态和静态的生产网络信息集成，不断改进人机交互，从而发现问题、优化生产、自我决策、精准执行、提升质量、驱动创新，这些就是智能制造的内涵和价值。实现智能制造需要建立标准体系，具有统一标准的智能制造才是自主的、可扩展的、世界的。

三、智能制造标准体系的内容

（一）基础共性标准

基础共性标准用于统一智能制造相关概念，解决智能制造基础共性关键问题，包括通用、安全、可靠性、检测、评价五个部分，其中通用标准、安全标准和可靠性标准最为重要，而通用标准主要包括术语定义标准、参考模型标准等。

1. 术语定义标准

术语定义标准用于统一智能制造相关概念，为其他各部分标准的制定提供支撑。

2. 参考模型标准

参考模型标准用于帮助各方认识和理解智能制造标准化的对象、边界、各部分的层级关系和内在联系。

3. 安全标准

安全标准主要包括功能安全、信息安全和人因安全等，其中功能安全标准是基础，主要用于保证控制系统在危险发生时正确地执行其安全功能，从而避免因设备故障或系统功能失效而导致生产事故，包括面向智能制造的功能安全要求、功能安全系统设计和实施、功能安全测试和评估、功能安全管理等标准。

4. 可靠性标准

可靠性标准包括可靠性设计、可靠性预计、可靠性试验、可靠性分析、可靠性增长、可靠性评价等标准。

（二）关键技术标准

关键技术标准主要包括智能装备、智能工厂、智能服务、智能赋能技术和工业互联网标准五个部分。

1. 智能装备标准

智能装备标准主要包括传感器及仪器仪表、嵌入式系统、控制系统、增材制造、工业机器人、人机交互系统六个部分。其中的重点是传感器及仪器仪表标准、控制系统标准和工业机器人标准。智能装备标准主要用于规定智能传感器、自动识别系统、工业机器人等智能装备的信息模型、数据字典、通信协议、接口、集成和互联互通、优化等技术要求，解决智能生产过程中智能装备之间，以及智能装备与智能化产品、物流系统、检测系统、工业软件、工业云平台之间数据共享和互联互通的问题。

1）传感器及仪器仪表标准。传感器及仪器仪表标准主要包括：标识及解析、数据编码与交换、系统性能评估等通用技术标准；信息集成、接口规范和互操作等设备集成标准；通信协议、安全通信、协议符合性等通信标准；智能设备管理、产品全生命周期管理等管理标准。该类标准主要用在测量、分析、控制等工业生产过程，以及非接触式感知设备自动识别目标对象、采集并分析相关数据的过程中，解决数据采集与交换过程中数据格式、程序接口不统一的问题，确保编码的一致性。

2）控制系统标准。控制系统标准主要包括：控制方法、数据采集及存储、人机界面及可视化、通信、柔性化、智能化等通用技术标准；控制设备集成、时钟同步、系统互联等集成标准。该类标准主要用于规定生产过程及装置自动化、数字化的信息控制系统，如可编程逻辑控制器（PLC）、可编程自动控制器（PAC）、分布式控制系统（DCS）、现场总线控制系统（FCS）、数据采集与监控系统（SCADA）等相关标准，解决控制系统数据采集、控制方法、通信、集成等问题。

3）工业机器人标准。工业机器人标准主要包括：集成安全要求、统一标识及互联互通、信息安全等通用技术标准；数据格式、通信协议、通信接口、通信架构、控制语义、信息模型、对象字典等通信标准；编程和用户接口、编程系统和机器人控制间的接口、机器人云服务平台等接口标准；制造过程机器人与人、机器人与机器人、机器人与生产线、机器人与生产环境间的协同标准。该类标准主要用于规定工业机器人的系统集成、人机协同等通用要求，确保工业机器人系统集成的规范性、协同作业的安全性、通信接口的通用性。

2. 智能工厂标准

智能工厂标准主要包括：建设规划、智能设计、智能生产、智能管理、智能物流和系统集成等部分，其中重点是智能工厂设计、智能工厂交付、智能生产和系统集成等标准。智能工厂标准主要用于规定智能工厂设计、建造和交付等建设过程和工厂内设计、生产、管理、物流及其系统集成等业务活动，针对流程、工具、系统、接口等应满足的要求，确保智能工厂建设过程规范化、系统集成规范化、产品制造过程智能化。

1）建设规划标准。建设规划标准主要包括：智能工厂的基本功能、设计要求、设计模型等总体规划标准；智能工厂物联网系统设计、信息化应用系统设计等智能化系统设计标准；虚拟工厂参考架构、工艺流程及布局模型、生产过程模型和组织模型等系统建模标准；达成智能工厂规划设计要求所需的工艺优化、协同设计、仿真分析、设计文件深度要求、工厂信息标识编码等实施指南标准。该类标准主要用于规定智能工厂的规划设计，确保工厂的数字化、网络化和智能化水平。

2）智能生产标准。智能生产标准主要包括：计划仿真、多级计划协同、可视化排产、动态优化调度等计划调度标准；作业文件自动下发与执行、设计与制造协同、制造资源动态组织、生产过程管理与优化、生产过程可视化监控与反馈、生产绩效分析、异常管理等生产执行标准；质量数据采集、在线质量监测和预警、质量档案及质量追溯、质量分析与改进等质量管控标准；设备运行状态监控、设备维修维护、基于知识的设备故障管理、设备运行分析与优化等设备运维标准。智能生产标准主要用于规定智能制造环境下生产过程中计划调度、生产执行、质量管控、设备运维等应满足的要求，确保制造过程的智能化、柔性化和敏捷化。

3）系统集成标准。系统集成标准主要包括：虚拟工厂与物理工厂的集成、业务间集成架构与功能、集成的活动模型和工作流、信息交互、集成接口和性能、现场设备与系统集成、系统之间集成、系统互操作等集成与互操作标准；各业务流程的优化、操作与控制的优化、销售与生产协同优化、设计与制造协同优化、生产管控协同优化、供应链协同优化等系统与业务优化标准。该类标准主要用于规定一致的语法和语义，满足通用接口中应用特定的功能关系，协调使能技术和业务应用之间的关系，确保信息的共享和交换。

3. 智能服务标准

智能服务标准主要包括个性化定制、远程运维和工业云三个部分，其中重点是个性化定制标准和远程运维标准。智能服务标准主要用于实现产品与服务的融合、分散化制造资源的有机整合和各自核心竞争力的高度协同，解决综合利用企业内部和外部的各类资源，提供各类规范、可靠的新型服务的问题。

1）个性化定制标准。个性化定制标准主要包括通用要求、需求交互规范、模块化设计规范和生产规范等标准。该类标准主要用于指导企业实现以客户需求为核心的个性化定制服务模式，通过新一代信息技术和柔性制造技术，以模块化设计为基础，以接近大批量生产的效率和成本满足客户个性化需求。

2）远程运维标准。远程运维标准主要包括基础通用、数据采集与处理、知识库、状态监测、故障诊断、寿命预测等标准。该类标准主要用于指导企业开展远程运维和预测性维护系统建设和管理，通过对设备的状态远程监测和健康诊断，实现对复杂系统快速、及时、正确诊断和维护，全面分析设备现场实际使用运行状况，为设备设计及制造工艺改进等后续产品的持续优化提供支撑。

4. 智能赋能技术标准

智能赋能技术标准主要包括人工智能应用、工业大数据、工业软件、工业云、边缘计算等标准。其中重点是人工智能应用标准和边缘计算标准。该类标准主要用于构建智能制造信息技术生态体系，提升制造领域的信息化和智能化水平。

1）人工智能应用标准。人工智能应用标准主要包括场景描述与定义标准、知识库标准、性能评估标准，以及智能在线检测、基于群体智能的个性化创新设计、协同研发群智空间、智能云生产、智能协同保障与供应营销服务链等应用标准。该类标准主要用于满足制造全生命周期活动的智能化发展需求，指导人工智能技术在设计、生产、物流、销售、服务等生命周期环节中的应用，并确保人工智能技术在应用中的可靠性与安全性。

2）边缘计算标准。边缘计算标准主要包括架构与技术要求、计算及存储、安全、应用等标准。该类标准主要用于指导智能制造行业数字化转型、数字化创新，解决制造业数字化在敏捷连接、实时业务、数据优化、应用智能、安全与隐私保护等方面的关键需求，用于智能制造中边缘计算技术、设备或产品的研发和应用。

5. 工业互联网标准

工业互联网标准主要包括体系架构、网联技术、资源管理等。其中：体系架构包括总体框架、工厂内网络、工厂外网络和网络增强演进技术等；网联技术包括工厂内部不同层级的组网技术，工厂与设计、制造、供应链、用户等产业链各环节之间的互联技术等；资源管理包括地址、频谱等管理。智能制造中工业互联网标准主要包括工业无线通信标准和工业有线通信标准。

1）工业无线通信标准。工业无线通信标准是针对现场设备级、车间监测级及工厂管理级的不同需求的各种局域和广域工业无线网络标准。

2）工业有线通信标准。工业有线通信标准是针对工业现场总线、工业以太网、工业布缆的工业有线网络标准。

智能制造标准体系的内容如图1-1-3所示。

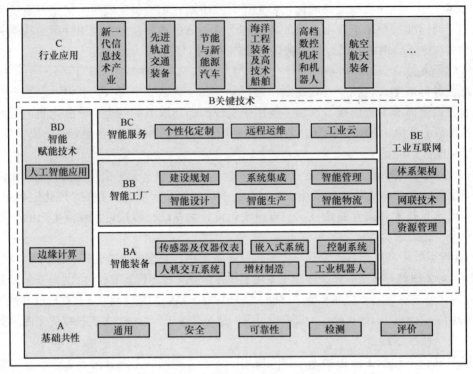

图1-1-3　智能制造标准体系的内容

（三）行业应用标准

行业应用标准包括新一代信息技术产业、先进轨道交通装备、节能与新能源汽车、海洋工程装备及高技术船舶、高等数控机床和机器人、航空航天装备等标准。

第三节　智能制造的本质与价值内涵

一、对智能制造本质的理解

智能制造是一种新的制造模式，更是一种新的技术应用体系。它为制造业转型升级提供了解决方案，它可以从系统和技术的角度对它进行比较深入的理解和认识。

1.系统角度

从系统构成看，智能制造系统是为了实现一个或多个制造价值目标，由相关的人、信息系统以及装备系统三者有机组成的智能制造系统。其中，装备系统是主体，是制造活动能量流与物质流的执行者，是制造活动的直接完成者。智能制造系统拥有的新一代信息技术是主导，是制造活动信息流的大脑，通过人与装备系统的交互，使智能制造系统实现必要的认知、分析、决策与控制，以尽可能最优的方式运行和不断改进。但无论如何，人是装备系统和信息系统的创造者，即使信息系统拥有强大的"智能"，这种"智能"也是人赋予的，另外，人也是装备系统和信息系统的使用者和管理者，因此，智能制造系统中人的智慧和创造力无法被替代。

智能制造需要解决各行业各种类产品全生命周期中研发、生产、销售、服务、管理等所有环节及其系统集成的问题，从而极大地提高产品质量、生产效率与竞争力。或者可以说智能制造的实质就是构建与应用各种不同用途、不同层次并最终集成为一个有机的、面向整个制造业的网络制造系统，使社会生产力得以革命性的提升。因此，智能制造从总体上呈现出智能性、大系统和大集成这三大主要特征：

1）智能性是智能制造最基本的特点，即系统能不断自主学习与调整以使自身行为始终趋于最优。

2）智能制造是一个大系统，由智能产品、智能生产及智能服务三大功能系统以及智能制造云和工业互联网两大支撑系统集合而成。其中，智能产品是主体，智能生产是主线，以智能服务为中心的产业模式变革是主题，工业互联网和智能制造云是支撑智能制造的基础。

3）智能制造呈现大集成特征。企业内部研发、生产、销售、服务、管理过程等实现动态智能集成，即纵向集成；企业与企业之间基于工业互联网与智能云平台，实现集成、共享、协作和优化，即横向集成；制造业与金融业、上下游产业的深度融合形成服务型制造业和生产型服务业共同发展的新业态；智能制造与智能城市、智能交通、智能医疗、智能农业等交融集成，共同形成智能生态大系统——智能社会。

2. 技术角度

从技术层面看，智能制造主要是通过新一代信息技术赋予装备系统强大的"智慧"，从而带来三个重大技术进步：

1）智能制造的信息系统具有解决不确定性、复杂性问题的能力。解决方法从强调"因果关系"的传统模式向强调"关联关系"的创新模式转变，进而向"关联关系"和"因果关系"深度融合的先进模式发展，从根本上提高制造系统建模的能力，有效实现制造系统的优化能力。

2）信息系统拥有学习与认知能力，具备了生成知识并更好地运用知识的能力，使制造知识的产生、利用、传承和积累效率均发生革命性的变化，显著提升基于知识作为核心要素的生产能力。

3）智能制造可形成人机混合增强智能，使人的智慧与机器智能的各自优势得以充分发挥并相互启发，极大地释放人类的创新潜能，极大地提升制造业的创新能力。

智能制造的本质是以设备为主体，以新一代信息技术为主导，以物物交互、人机交互为主线，发挥人和装备的智慧与智能，不断提升解决更加复杂问题的能力。

二、智能制造的价值内涵

智能制造的根本目标是实现系统优化、价值创造，而构建与应用新的制造系统是实现价值创造和优化的手段。智能制造的价值主要体现在产品创新、智能生产、服务智能化以及系统集成上。

产品创新可以通过数字化、网络化、智能化等方式提高产品功能、性能，带来更高的附加值和市场竞争力，也可以通过产品研发设计手段的数字化、网络化、智能化创新升级来提高研发设计的质量与效率。

智能生产通过生产和管理手段的数字化、网络化、智能化创新升级，全面提升生产和管理水平，实现生产的高质、柔性、高效与低耗。

服务智能化通过数字化、网络化、智能化等技术实现以用户为中心的产品全生命周期的各种服务，如定制服务、远程运维等，延伸发展服务型制造业和生产型服务业。

智能制造是从数字化制造、数字化网络化制造和智能制造三个基本模式迭代而产生的。数字化制造是智能制造的基础，贯穿于三个基本模式，并不断发展；数字化网络化制造将数字化制造提高到一个新的水平，可实现各种资源的集成与协同优化，重塑制造业的价值链；智能制造是在前两种模式的基础上，通过先进制造技术与新一代信息技术融合所发挥的决定性作用，使得制造具有了真正意义上的智能价值，是新一轮工业革命的核心技术。

思 考 题

1. 什么是智能制造？为什么要研究智能制造？
2. 简述智能制造国家标准。
3. 如何理解智能制造的价值？

第二章
CHAPTER 2

认识智能制造技术

智能制造的技术应用主要围绕智能设计、智能装备、智能加工、智能服务四个路径开展。在制造业数字化基础上采用现代信息技术、人工智能技术等，嵌入、改进或替代原系统，创造新的制造系统的过程就是智能制造技术的应用。

第一节　智能设计和智能装备

一、智能设计

智能设计是指应用现代信息技术，采用计算机模拟人类的思维活动，提高计算机的智能水平，从而使计算机能够更多、更好地承担设计过程中的各种复杂任务，发挥人与计算机的交互作用，替代部分人的脑力，开展设计的研发与创新。

1. 智能设计的特征

1）设计方法应用。智能设计的发展从根本上取决于对设计本质的理解。设计方法是对设计本质、过程设计思维特征及其方式的深入研究，是智能设计模拟人工设计的基本依据。

2）人工智能支持。借助专家知识系统在知识处理上的强大功能，结合人工神经网络和机器学习技术，可以支持设计过程智能化。

3）计算和辅助设计（CAD）技术利用。以CAD技术为数值计算和图形处理的工具，提供对设计对象的优化设计、有限元分析和图形显示输出上的支持。

4）面向集成。智能设计不但支持设计的全过程，而且考虑到与计算机辅助制造（CAM）的集成，能够提供统一的数据模型和数据交换接口。

5）人机交互。设计师在智能设计过程中和人工智能相融合，实现智慧与智能协同创新。

2. 智能设计的分类

智能设计根据能力可分为常规设计、联想设计和进化设计。

1）常规设计。常规设计一般是指设计属性、设计进程、设计策略已经规划好，智能系统在推理机的作用下，调用符号模型进行设计。这类智能设计常常只能解决定义良好、结构良好的常规问题，故称常规设计。

2）联想设计。联想设计即比较设计，是利用工程中已有的设计实例，进行比较，获取现有设计的指导或改建信息。这需要收集大量良好的、可对比的设计实例，可以理解为数据积累。另一种是利用人工神经网络数值处理能力，从试验数据、计算数据中获得关于设计的隐含知识，以指导或改进设计。这类设计借助于其他实例和设计数据，实现了对常规设计的一定突破，称为联想设计。

3）进化设计。进化设计包括遗传算法、进化程序设计、进化策略等。其中，遗传算法是一种借鉴生物界自然选择和自然进化机制的、高度并行的、随机的、自适应的搜索算法。

3. 智能设计的关键技术

智能设计系统包括设计过程再认识、设计知识表示、多专家系统协同技术、再设计与自学习机制、多种推理机制的综合应用、智能化接口等。

1）设计过程再认识。智能设计系统的发展取决于对设计过程本身的理解。尽管人们在设计方法、设计程序和设计规律等方面进行了大量探索，但从计算机化的角度看，设计方法学还远不能适应设计技术发展的需求，仍然需要探索适合于计算机处理的设计理论和设计模式。

2）设计知识表示。设计过程是一个非常复杂的过程，它涉及对多种不同类型知识的应用，因此单一知识表示方式不足以有效表达各种设计知识，如何建立有效的知识表示模型和有效的知识表示方式，始终是设计类专家系统成功的关键。

3）多专家系统协同技术。较复杂的设计过程一般可分解为若干个环节，每个环节对应一个专家系统，多个专家系统协同合作、信息共享，并利用模糊评价和人工神经网络等方法有效解决设计过程多学科、多目标决策与优化难题。

4）再设计与自学习机制。当设计结果不能满足要求时，系统可以返回到相应的层次进行再设计，以完成局部和全局的重新设计任务。同时，可以采用归纳推理和类比推理等方法获得新的知识，总结经验，不断扩充知识库，并通过再学习达到自我完善。

5）多种推理机制的综合应用。智能设计系统中，除了演绎推理外，还应该包括归纳推理、基于实例的类比推理、各种基于不完全知识的模糊逻辑推理等方式。上述推理方式的综合应用，可以博采众长，更好地实现设计系统的智能化。

6）智能化接口。良好的人机接口对智能设计系统是十分必要的，对于复杂的设计任务以及设计过程中的某些决策活动，在设计专家的参与下，可以得到更好的设计效果，从而充分发挥人与计算机各自的长处。

智能设计系统架构示意如图 1-2-1 所示。

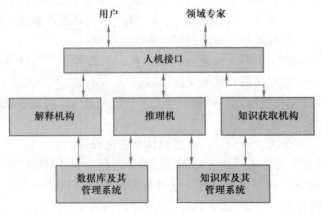

图1-2-1　智能设计系统架构示意

二、智能装备

智能装备是指具有感知、分析、推理、决策、控制等功能的制造设备。它是先进制造技术、信息技术、智能技术的集成和融合。智能装备包括大型成套装备、高速高精数控机床、多轴综合加工中心、智能化自动成套生产线、智能控制系统、智能仪器仪表、关键智能化零部件等。

数字装备与智能装备的最大区别在于数字装备只能实现制造要素互联互通、数据驱动和数字化管理，而智能装备具有自我感知、自我学习、自我诊断、自我改进、人机智慧交互、自我决策等能力，可以解决人不能克服或完成效率很低的问题。

数字装备是智能装备的基础，智能装备将信息技术与人工智能等智能技术深度融合，形成智能的能力，这种智能技术也可以通过大数据、云计算系统等获得，因此，智能装备一般是指智能系统。如图1-2-2所示的智能装备系统可以自我给出决策信息建议，由人和机器共同决策，替代了人的部分脑力计算。

图1-2-2　智能装备系统人机共同决策

第二节　智能加工与智能服务

一、智能加工

智能加工是基于数字制造技术对产品进行建模仿真，对可能出现的加工情况和效果进行预测，加工时通过先进的仪器装备对加工过程进行实时监测控制，并综合考虑理论知识和人类经验，利用计算机技术模拟制造专家的分析、判断、推理、构思和决策等智能活动，优选加工参数，调整自身状态，从而提高生产系统的适应性，获得最优的加工性能和最佳的加工质效。

智能加工是基于知识处理、数据优化、智能决策的生产方式，主要体现在设备加工或运行的过程中自动检测、自动控制、模仿人类专家处理产品加工时遇到的问题，特别是可以解决一些不确定的、复杂的、人工干预有困难的问题。智能加工将对加工大数据信息进行采集、整理、储存，实现大数据与其他要素的共享，通过智能技术得出决策建议，取代人的脑力劳动。

智能加工的特征如下：

工业机器人的
安全知识

1）部分代替人的脑力劳动。对于比较复杂的加工件，智能加工可以利用专家系统进行决策，自动确定工艺路线、零部件加工方案和切削参数，同时面对加工过程的动态变化迅速反应，闭环解决。

2）利用人工智能技术与智能计算技术。智能加工将加工信息量化成计算机能识别的数值和符号，再利用计算机数值计算方法对加工信息进行定量分析，并对难以量化的信息采用符号推理技术进行定性分析。对于难以形式化的定性分析可采用专家系统进行决策解决。

3）多信息感知与自适应。智能加工系统通过传感系统实时监控各加工环节的状态，动态检测运行参数，比如机床的振动、切削温度、刀具磨损、轴承噪声、电流等参数，根据专家库的数据比对合理进行自我调整和决策。

4）加工经验的积累。任何加工都不是从零开始的，而是加工经验的继承和发展，智能加工可以积累和总结以往的经验并沉淀数据，同时通过深度学习、大数据分析、云计算等功能，不断创新加工方式和路径，节约能源、提升效率。智能机器人代替人检测智能加工过程，如图1-2-3所示。

图1-2-3 智能机器人代替人检测智能加工过程

二、智能服务

人类社会正在跨越智能化时代的门槛。物联网、移动互联网、云计算等技术方兴未艾，面向个人、家庭、集团用户的各种创新应用层出不穷，代表各行业服务发展趋势的"智能服务"应运而生。

智能服务实现的是一种按需和主动的智能，即通过捕捉用户的原始信息，结合后台积累的数据构建需求结构模型，进行数据挖掘和商业智能分析。除了可以分析用户的习惯、喜好等显性需求外，还可以进一步挖掘与时空、身份、工作生活状态相关联的隐性需求，主动给用户提供精准、高效的服务。这里需要的不仅仅只是传递和反馈数据，更需要系统进行多维度、多层次的感知和主动、深入的辨识。

高安全性是智能服务的基础，没有安全保障的服务是没有意义的，只有通过端到端的安全技术和法律法规实现对用户信息的保护，才能建立用户对服务的信任，进而形成持续消费和服务升级。节能环保也是智能服务的重要特征，在构建整套智能服务系统时，如果最大限度降低能耗、减小污染，就能极大地控制运营成本，使智能服务多、快、好、省，产生效益，一方面更广泛地为用户提供个性化服务，另一方面也为服务的运营者带来更高的经济价值和社会价值。

智能服务需要基于标准的信息基础设施、开放的标准数据和共享系统以及相应的法律法规的保障。

智能服务包括三个层级：

1. 智能层

智能层具备需求解析功能。负责持续积累与服务相关的环境、属性、状态、行为数据，建立围绕用户的特征库，挖掘服务对象的显性和隐性需求，构建服务需求模型。同时具备服务反应功能，负责结合服务需求模型发出服务指令。智能层的技术支撑包括存储与检索技术、特征识别技术、行为分析技术、数据挖掘技术、商业智能技术、人工智能技术等。

2. 传送层

负责对交互层获取的用户信息的传输和路由，通过有线或无线等各种网络通道，将交互信息送达智能层的承载实体。传递层的技术支撑包括弹性网络技术、可信网络技术、深度业务感知技术、无线网络技术等。

3. 交互层

这是系统和服务对象之间的接口层，借助各种软硬件设施，实现服务提供者与服务对象之间的双向交互，向用户提供服务体验，达成服务目标。交互层的技术支撑包括视频采集技术、语音采集技术、环境感知技术、位置感知技术、时间同步技术、多媒体呈现技术、自动化控制技术等。

智能服务是在集成现有多方面的信息技术及其应用基础上，以用户需求为中心，进行服务模式和商业模式的创新，不断提高个性化大规模定制的能力。因此，智能服务的实现需要涉及跨平台、多元化的技术支撑，如图1-2-4所示的个性化大规模定制汽车。

图1-2-4　个性化大规模定制汽车

第三节　智能制造面临的挑战

作为新一轮工业革命的核心技术，智能制造面临三个重大机遇，同时也是严峻挑战，即系统建模、知识工程、人机共生。这些问题是智能制造的核心问题，也是数字制造与智能制造的本质区别。聚焦和解决这些问题是智能制造科学发展的关键点。

一、系统建模

有效建立制造系统不同层次的模型是实现制造系统优化决策与智能控制的前提。建模方法虽然可以较深刻地揭示一般的客观规律，但却难以胜任制造系统中存在的高度不确定性与复杂性问题。大数据智能建模可以在一定程度上解决制造系统建模中的不确定性和复杂性问题，理论上，基于智能制造技术，通过深度融合数理建模与大数据智能建模所形成的混合建模方法可以提高制造系统建模的能力，实际上这是机遇更是挑战。比如大数据智能建模方面，存在着如何有效获取管理工业大数据，如何实现对大数据中知识的有效学习，如何进一步提高解决不确定性、复杂性问题的能力等问题。

二、知识工程

智能制造的内涵是先进的制造知识工程。各制造系统通过数字化、网络化、智能化技术的赋能，使制造领域知识的产生、利用和传承发生革命性的变化，进而升华成为更高层面更加先进的智能制造科学与技术，推动新一轮工业革命。智能制造由先进制造技术、新一代信息技术、智能技术融合而成，它面对三个方面的挑战：

1）先进制造技术自身要在设计、工艺、材料及产业形态等方面不断创新，满足智能制造等要求。

2）新一代信息技术自身在速度性、通用性、稳健性、安全性等方面需要不断提升。智能技术在弱人工智能向强人工智能深入嵌入等方面面临挑战。

3）先进制造技术与智能技术的跨界深度融合有效赋能制造系统，制造业运用智能技术升华与发展制造领域新知识，建立和优化制造系统数字孪生模型，跨越先进制造技术与智能技术相关学科之间、企业之间、专家之间的差异，推动制造业的企业家、技术专家、技能人才成为智能制造创新的主力军等方面面临挑战。

三、人机共生

智能制造是人机交互的场景，需要发挥人和机器的"聪明才智"，形成人机共生的形态，这将带来三个方面的挑战：

1）实现人与智能机器的任务分工与合作，使人的智慧与机器智能的各自优势得以充分发挥并相互启发地增长的挑战。

2）实现人机协同的混合增强智能的挑战。

3）人工智能与智能制造带来的安全、隐私和伦理等挑战。

智能制造系统中人类需要与智能机器紧密合作、深度融合，不断实现制造系统的优化，最终达到人机共生的和谐状态，让智能制造更好地造福人类。

　　智能制造面对的各种问题既是挑战也是机遇，更指明了今后一段时间智能制造领域努力的方向。这些问题会通过智能制造技术的不断完善、人工智能科技水平的进一步提高、广大科学技术人员的不懈努力而得到解决。

　　智能制造信息数据流程是状态感知→通信→实时分析→推理→自主决策→控制→精准执行→行为，如图1-2-5所示。它体现了信息技术、智能技术、制造技术的相互支撑和深度融合。

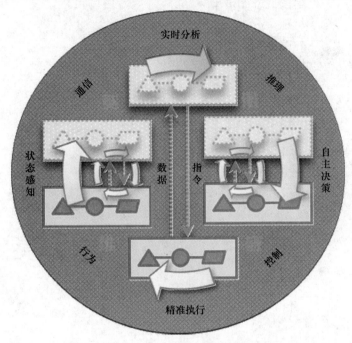

图1-2-5　智能制造信息数据流程

思 考 题

　　1. 简述智能设计的特征。

　　2. 简述智能加工与智能服务的概念。

　　3. 面对智能制造面临的挑战，你有何想法？

第二篇

智能制造通用技术

第一章
CHAPTER 1
数字制造技术与应用

第一节　从数字制造到智能制造

一、数字制造与智能制造

从数字制造到智能制造的转型升级，已成为高端装备制造业发展的必然趋势，也是促进我国从制造大国向制造强国转变的必然之路。近年来，我国在数字制造技术研究与应用方面取得了重要的进展与突破，数字制造技术得到广泛应用，并成为解决高、精、尖复杂装备制造难题的核心技术之一；智能制造技术的研究与应用也初具成果，部分制造企业集团积极采用智能制造技术提升产品的智能化水平，智能化生产线、智能化车间、智能化工厂不断涌现。但就我国从数字制造到智能制造的发展水平而言，与工业发达国家相比仍存在很大差距。

2015 年，德勤中国与中国机械工业联合会对上百家制造业企业智能制造与信息化情况开展调研，报告显示中国智能制造尚处于初级发展阶段，受访企业中，仅 23% 的企业进入智能制造广泛应用阶段；除在汽车及零部件行业智能设备应用程度超过 90% 外，其他行业尤其是机械加工制造行业的智能设备应用程度较低，如图 2-1-1 所示。造成上述差距的根源，主要是企业缺乏从数字制造到智能制造发展的具体技术途径指引，导致我国智能制造应用推广进展缓慢。

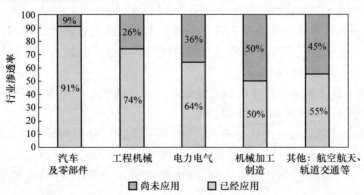

图2-1-1　我国智能设备应用行业渗透率

因此，迫切需要在深入研究数字制造与智能制造内涵及关键技术的基础上，提出我国从数字制造到智能制造发展的技术途径，构建典型行业从数字制造到智能制造发展的技术路线图。这对引领机械制造业学术前沿的发展、推动我国从制造大国走向制造强国、提升我国相关行业的产品竞争力，具有十分重要的意义。

二、智能制造的内涵

智能制造是智能技术与制造技术的融合，是用智能技术解决制造的问题，是指对产品全生命周期中设计、加工、装配等环节的制造活动进行知识表达与学习、信息感知与分析、智能决策与执行，实现制造过程、制造系统与制造装备的知识推理、动态传感与自主决策。

智能制造是涉及产品全生命周期中各环节的制造活动，包括智能设计、智能加工、智能装配三大关键环节。智能制造可以从三个不同的层面实现，即制造对象或产品的智能化、制造过程的智能化、制造工具的智能化。知识库/知识工程、动态传感与自主决策，构成了智能制造的三大核心。

智能制造是在数字制造的基础上发展而来的更前沿阶段，其实现离不开数字制造这一基础，因此数字制造技术，包括产品数据管理技术、虚拟制造技术、快速成型技术、计算机辅助检测技术、数字控制技术等，均为智能制造的基础技术。但是，智能制造过程以知识和推理为核心，数字制造过程以数据和信息处理为核心，两者之间有着本质的区别：

1）数字制造系统处理的对象是数据，而智能制造系统处理的对象是知识。

2）数字制造系统的处理方法主要停留在数据处理层面，而智能制造系统的处理方法基于新一代人工智能。

3）数字制造系统建模的数学方法是经典数学（微积分）方法，而智能制造系统建模的数学方法是非经典数学（智能数学）方法。

4）数字制造系统的性能在使用中是不断退化的，而智能制造系统具有自优化功能，其性能在使用中可以不断优化。

5）数字制造系统在环境异常或使用错误时无法正常工作，而智能制造系统则具有容错功能。

智能制造是智能技术与制造技术不断融合、发展和应用的结果。数据挖掘、机器学习、专家系统、神经网络、计算机视觉、物联网、云计算等智能技术与产品设计、产品加工、产品装配等制造技术融合，就形成了知识表达与建模技术、知识库构建与检索技术、异构知识传递与共享技术、实时定位技术、无线传感技术、动态导航技术、自主推理技术、自主补偿技术、自主预警技术等各种形式的智能制造技术，如图 2-1-2 所示。

通过将智能制造技术应用于各个制造子系统，实现制造过程的智能感知、智能推理、智能决策和智能控制，可显著提高整个制造系统的自动化和柔性化程度。在智能制造技术基础上构建的智能制造系统，其主要特征如下：

1）智能感知。智能制造系统中的制造装备具有对自身状态与环境的感知能力，通过对自身工况的实时感知分析，支撑智能分析和决策。

2）智能决策。智能制造系统具有基于感知搜集信息进行分析判断和决策的能力，强大的知识库是智能决策能力的重要支撑。

3）智能学习。智能制造系统能基于制造运行数据或用户使用数据进行数据分析与挖掘，通过学习不断完善知识库。

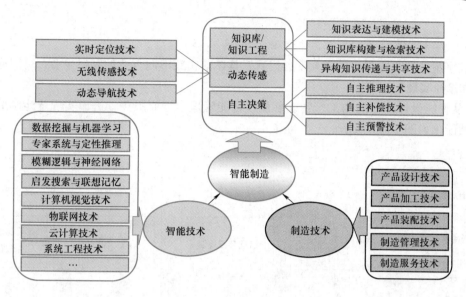

图2-1-2　智能制造技术

4）智能诊断。智能制造系统能基于对运行数据的实时监控，自动进行故障诊断和预测，进而实现故障的智能排除与修复。

5）智能优化。智能制造系统能根据感知的信息自适应地调整组织结构和运行模式，使系统性能和效率始终处于最优状态。

三、从数字制造到智能制造的关键技术途径

1. 从数字制造到智能制造的发展模式

针对不同行业和不同企业的特点及优势，实现从数字制造到智能制造的发展模式可以分为以下三大类：

1）在通过数字制造实现数字工厂的基础上，实现智能工厂，进而实现智能制造。在通过数字制造实现数字工厂的基础上，基于物联网和服务互联网加强产品制造过程的信息管理和服务，提高生产过程的可控性，并利用大数据、云计算等技术实现加工与装配过程的智能管理与决策，实现智能工厂与智能制造。具备较好数字制造基础和较强信息集成能力的大型企业集团，适合采用从数字工厂到智能工厂的发展途径。通过对企业管理和生产运行过程的持续动态优化，全面提升制造的自动化和智能化水平。

2）数字制造与智能制造并举，实现信息化、数字化，并且实现实时传感、知识推理、智能控制，进而实现智能制造。数字制造与智能制造并举，在利用数字制造先进技术的发展和应用推广来实现制造信息化和数字化的同时，发展和应用智能制造技术以实现制造装备的实时传感、知识推理、智能控制、自主决策。数控机床等基础制造装备行业，超精密加工、难加工材料加工、巨型零件加工、高能束加工、化学抛光加工等所需特种制造装备行业，适合采用数字制造与智能制造并举的发展途径。

3）在单元技术、单元工艺、单元加工实现数字化的基础上，实现单元制造智能化，一个单元一个单元地逐步实现整机智能化制造，进而实现企业智能制造。

对于高度复杂、超大型尺寸产品的制造行业，如大型舰船、大型商用飞机等，产品制造单元数量众多，且需分布式协同制造，适合采用将制造单元逐个智能化的途径以实现整机的智能

制造。

2. 从数字制造到智能制造的具体途径

从数字制造到智能制造的三大发展模式，具体落实到不同行业的制造企业，可以通过以下三条具体途径实现：

1）从智能设计到智能加工、智能装配、智能管理、智能服务，进而实现智能制造。制造环节的智能化如图 2-1-3 所示。

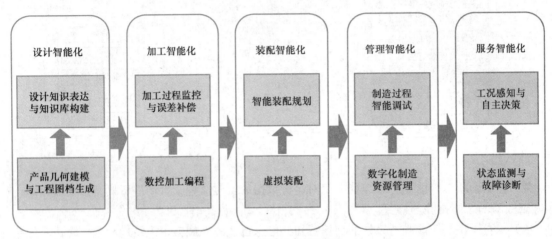

图2-1-3　制造环节的智能化

2）通过机器人流水线作业智能化，实现制造过程物质流、信息流、能量流和资金流的智能化。依托机器人流水线作业智能化，利用机器手、自动化控制设备或自动流水线推动企业技术改造向机械化、自动化、集成化、生态化、智能化发展，实现制造过程物质流、信息流、能量流和资金流的智能化。机器换人的实现可以分四个步骤进行：机器换人工、自动换机械、成套换单台、智能换数字，如图 2-1-4 所示。

图2-1-4　机器人流水线作业智能化的四个步骤

3）通过机器人的应用、推广，提高机器人的智能性，使机器人不仅能够替代人的体力劳动，而且能够替代人的一部分脑力劳动。在工业机器人核心技术与关键零部件自主研制取得突破性进展的基础上，提高工业机器人的智能化水平，使机器人的操控越来越简单，不需要人示教，甚至不需要高级技术人员的操作即可完成作业任务，实现高层次的智能机器人，如图 2-1-5 所示。

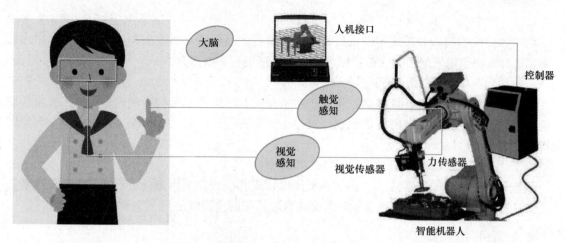

图2-1-5　智能机器人

四、典型行业智能制造发展技术路线图

以基础制造装备中的数控机床行业这一典型行业为例，在相关技术研究的基础上，针对数控机床行业数字化设计制造的现状和需求，采用数字制造与智能制造并举的发展技术途径，制定符合其行业生产特点的、从数字制造到智能制造发展的技术路线图，如图 2-1-6 所示。

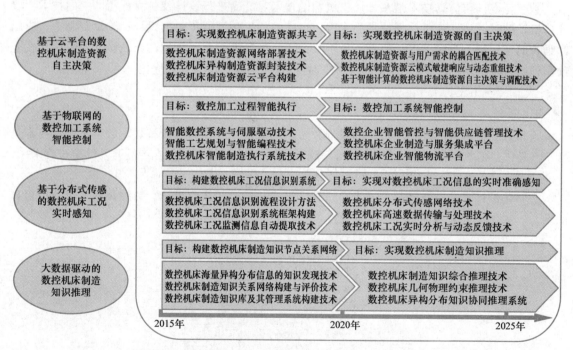

图2-1-6　数控机床行业从数字制造到智能制造发展的技术路线图

要实现数控机床行业从数字制造到智能制造的发展，应重点突破以下四项关键技术：

1. 大数据驱动下的数控机床制造知识发现与知识库构建技术

通过语义分析技术和元搜索引擎，对数控机床工况大数据进行深层分析挖掘，形成对数控机床设计制造有用的知识，并构建数控机床设计制造知识库。

2. 基于分布式传感的数控机床工况实时感知技术

将多种传感器嵌入数控机床的主要部件中，以各传感器的返回数据作为判定基础，以内置智能判定算法为判定依据，对数控机床当前运行工况进行实时感知。

3. 基于物联网的数控加工系统智能控制技术

将多台具有不同加工特性的数控机床进行信息关联，构建基于物联网的数控加工智能控制系统，实现对数控加工设备的智能识别、定位、追踪和管理，以及对数控加工系统的实时监测与智能控制。

4. 基于云平台的数控机床制造资源自主决策技术

根据云平台用户的资源需求，将数控机床设计资源按相应规则条件进行匹配，并根据数控机床设计资源的实时状态，实现基于云平台的数控机床制造资源的自主决策。

第二节 数字化设计与仿真

数字化设计与仿真技术是基于计算机辅助技术对产品进行设计及仿真分析的一门技术，以计算机辅助设计和计算机仿真技术为手段，在产品的生命周期（包括设计、测试、制造、应用和维护的全过程）内实施设计仿真、分析与评估，目的是最大可能地在产品设计的阶段，就能预测到产品在设计、制造、应用等过程中可能出现的问题，指导全局优化。

一、数字化设计与仿真技术的基本概念

1. 数字化设计技术

近年来，计算机的发展使传统的设计方法逐渐被现代设计方法所替代。数字化设计技术是基于产品描述的数字化平台，建立基于计算机的数字化产品模型，并在产品开发的全过程采用，达到减少或避免使用实物模型的一种产品开发技术。

数字化设计支持企业产品的开发全过程，是产品建模、优化设计、数控技术以及数据管理的融合。其内涵如图 2-1-7 所示。

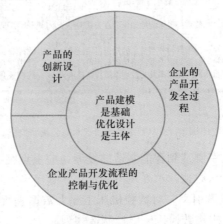

图2-1-7 数字化设计的内涵

数字化设计技术具有以下特点：

首先，数字化设计技术具有统一的产品定义模型。建立一件产品从设计到制造的单一数字化产品定义模型，是面向产品生命周期管理（Product Lifecycle Management，PLM）的基础。产品的模型呈现出不同的形式，包括集成产品、全息产品、灵巧产品等，根据产品来选择适合的模型。

其次，实现并行设计。并行设计（Concurrent Design，CD）的工作过程是对产品及产品相关流程进行系统化设计。对比传统的设计模式，并行设计的优点表现在：在产品开发开始时，设计者就要从全局大观出发将生命周期的所有环节考虑进去。通过研究整个生命周期内每个阶段的产品性能的继承和约束关系及每个属性之间的联系来优化产品的性能，将产品生命周期内的每个功能紧密联系起来，提高整个产品设计的协调性，同时将产品性能提高，适应不同客户对产品性能的不同需求，提高产品设计的一次成功率，完善产品质量，减短开发时间，同时将产品成本降低。

最后，设计过程中减少或避免实物模型的制造。数字设计在产品制造之前，借助计算机进行分析测试，避免设计不合理的样机的制造。

2. 数字化计算机仿真

仿真（Simulation）是通过对系统模型的试验，研究已存在的或在设计中的系统性能的方法及其技术。仿真可以再现系统的状态、动态行为及性能特征，用于分析系统配置是否合理、性能是否满足要求，预测系统可能存在的缺陷，为系统设计提供决策支持和科学依据。数字化仿真的优点有：提高产品质量；缩短产品开发周期；降低产品开发成本；完成复杂产品的操作和使用训练。由于其优点突出，实用性强，数字化仿真得到了广泛的应用。

数字化仿真根据仿真目标运用演绎法或者归纳法建立数学模型，采用仿真软件中的仿真算法或通过程序语言，将系统的数学模型转化为计算机能够接受的仿真模型。然后通过仿真试验运行对建立的仿真模型进行数值试验和求解，得到仿真结果，通过对结果进行分析，改进仿真过程，最后得到最优的结果后进行后续处理。数字化仿真的一般过程如图2-1-8所示。

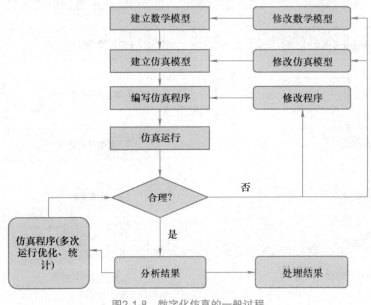

图2-1-8　数字化仿真的一般过程

二、数字化设计与传统设计的比较

传统设计首先经过系统定义与需求说明，然后根据经验进行概念设计，评估系统设计方案，方案论证通过后转入详细设计，包括软硬件、控制部分的设计以及系统集成等，接着进行物理样机试制和测试评估。物理样机的性能测试通过才可转入定型生产，否则必须返回设计阶段进行修改。从中可以看出详细设计阶段是传统设计过程中过于强调的部分，设计方案的好坏则几乎完全依赖物理样机的测试评估，有时可能需要制作大量的物理样机进行测试才能达到设计要求，导致概念设计阶段即立项论证的重要性被忽略。

数字化设计是一种新的系统设计方法，其实质就是以计算机技术为基础，以数字化信息为辅助手段，通过数字化的手段来改造传统设计方法，在数字化平台上建立系统的虚拟样机来代替物理样机应用于系统研制。

在数字化设计方法中，系统虚拟样机集成了不同领域的数字化模型，从功能、行为等不同角度模拟实际物理样机。设计人员应用虚拟样机代替物理样机进行试验，尽早地排除设计方案存在的问题，实现了从"生产—测试—修改"的传统设计模式到"测试—修改—生产"的数字模式的转变，避免了传统设计中设计周期长、成本耗费大等问题。另外，网络时代高效的数字化信息传输，对数字化信息进行访问不受数量和地点限制，不同领域、地点的设计人员可以进行并行协同设计，极大地提高了设计效率和质量。

图 2-1-9 给出了传统设计流程和数字化设计流程的对比，从图中可以看出数字化设计并不改变传统设计中应有的步骤，设计过程中最大的区别是传递的不再是物理样机而是虚拟样机模型，且模型可视化，可以在物理样机实现之前方便地进行测试和修改。

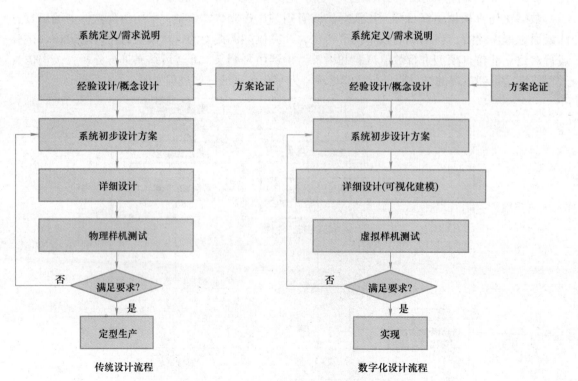

图2-1-9　传统设计流程与数字化设计流程的对比

三、数字化设计与仿真的应用和发展

近年来,机械制造行业发生了不少变化,随着全球一体化进程的加快以及信息化的迅猛发展,产品的生命周期缩短,数字化设计与仿真技术的应用越来越广泛。它的应用使工业生产信息化、智能化,增强了企业的竞争优势。

数字化设计与仿真在制造系统中各阶段的应用如下:

1)概念化设计阶段:对设计方案进行技术、经济分析和可行性研究。

2)设计建模阶段:建立系统及零部件模型,判断产品外形、质地以及物理特性是否令人满意。

3)设计分析阶段:分析产品及系统的强度、刚度、振动、噪声、可靠性等性能指标。

4)设计优化阶段:调整系统结构及参数,实现系统特定性能或综合性能的优化。

5)制造阶段:刀具加工轨迹、可装配性仿真,及早发现加工、装配中可能存在的问题。

6)样机试验阶段:系统动力学、运动学及运行性能仿真,虚拟样机试验,以确定设计目标。

7)系统运行阶段:调整系统结构及参数,实现性能的持续改进和优化。

计算机辅助技术的不断发展以及用户需求的提高,有力地促进了数字化设计与仿真技术的发展。其发展趋势可以概括为:

1. 技术更加完善

数字化设计与仿真技术涵盖的内容越来越广泛,集 CAD/CAE/CAM 于一体,针对复杂的曲面造型、三维造型以及两者的集成技术,大型复杂结构设计技术等都能有很好的解决方案。

2. 实现设计与制造的无缝连接

产品的开发、设计、制造形成的产品生命周期过长,基于二维制图、三维造型以及数字仿真等的数字化设计技术实质上需要服务于制造过程,目前,在数字化设计与仿真技术的基础上,可以形成虚拟企业、虚拟产品制造过程,提高了产品设计开发的效率,缩短了周期,节约了成本,最重要的是大大提高了产品的成功率。

3. 网络信息化

网络信息化的时代,数字化设计与仿真技术能够实现并行协同异地设计,通过互联网络,使产品的设计、制造和生产不再局限于同一地域,大大提高企业的灵活性,同时产品的设计效率也会大大提高。

4. 协同产品商务

协同产品商务(Collaborative Product Commerce,CPC)是一种全新的基于 Internet 技术和 Web 技术的产品技术解决方案,内容有:基于 Internet 的动态拟实产品模型技术、基于 Internet 的数字模拟及仿真技术、基于 Internet 的协同设计技术、基于产品数据管理(PDM)与 Web 的计算机辅助工艺设计(CAPP)技术、敏捷生产系统、基于 Internet 的制造规划评估技术等。企业的 CPC 解决方案就是将数字化设计与数字化营销同时应用于产品全生命周期的数码工厂。

四、数字化设计与仿真的应用

在美国、德国等发达国家,数字化设计与仿真技术已被广泛应用,应用的领域涉及汽车制造、机械工程、航空航天、军事国防、医学等各个领域,涉及的产品由简单的照相机快门到庞大的工程机械,特别是虚拟样机技术使高效率、高质量的设计生产成为可能。

美国波音飞机公司的波音 B777 飞机是世界上首架以无图样方式研发及制造的飞机,其设计、装配、性能评价及分析采用了虚拟样机技术,这不但使研发周期大大缩短(其中制造周期

缩短 50%），研发成本大大降低（如减少设计更改费用 94%），而且确保了最终产品一次接装成功。通用动力公司 1997 年建成了第一个全数字化机车虚拟样机，并行地进行产品的设计、分析、制造及夹具、模具工装设计和可维修性设计。日产汽车公司利用虚拟样机进行概念设计、包装设计、覆盖件设计和整车仿真设计等。Caterpillar 公司采用了虚拟样机技术，从根本上改进了设计和试验步骤，实现了快速虚拟试验多种设计方案，从而使其产品成本降低，性能却更加优越。John Deere 公司利用虚拟样机技术找到了工程机械在高速行驶时的蛇行现象及在重载下的自激振动问题的原因，提出了改进方案，且在虚拟样机上得到了验证。美国海军的 NAVAIR/APL 项目利用虚拟样机技术，实现多领域多学科的设计并行和协同，形成了协同虚拟样机（Collaborative Virtual Prototyping，CVP）技术。他们研究发现，协同虚拟样机技术不仅使得产品的上市时间缩短，还使得产品的成本减少了至少 20%。虚拟样机技术的应用如图 2-1-10 所示。

图2-1-10　虚拟样机技术的应用

我国虚拟样机技术最早应用于军事、航空领域，如飞行器动力学设计、武器制造、导弹动力学分析等。随着计算机技术的发展，虚拟样机技术已经广泛地应用到了机械工程、汽车制造、航空航天、军事国防等各个领域，在很多具体机械产品的设计制造中发挥了作用，如复杂高精度数控机床的设计优化、机构的几何造型、运动仿真、碰撞检测、运动特性分析、机构优化设计、热特性和热变性分析、液压系统设计等。同时，在虚拟造型设计、虚拟加工、虚拟装配、虚拟测试、虚拟现实技术培训、虚拟试验以及虚拟工艺等方面都取得了相应的成果。例如将虚拟样机技术应用于机车车辆这样复杂产品的研发中，将传统经验与虚拟样机技术相结合，使动力学计算、结构强度分析、空气动力学计算、疲劳可靠性分析等问题得到更好的解决，为铁路机车车辆虚拟样机的国产化提供了一条有效的解决途径。在机构设计中，采用虚拟样机技术对机构进行动力学仿真，可以分析机构的精度和可靠性。虚拟样机技术应用在重型载货汽车的平顺性研究上，可以有效地评价汽车的平顺性。虚拟样机技术还可以对复杂零件进行虚拟加工，检验零件的加工工艺性，为物理样机研制提供保障。此外，虚拟样机技术应用于内燃机系统动力学研究，可为内燃机的改进设计提供依据。

第三节 数字化工艺

实现工业化生产和计算机化管理，目前已经成为国内外企业的重要任务和目标，同时也是提高工业生产率及产品质量，降低产品制造成本的巨大推动力及决定企业能否在日益激烈的竞争中立于不败之地的关键因素之一。在工业生产中，新产品的开发和投产分为三个阶段：产品设计、产品工艺规划和产品制造。目前，这三个阶段都在不同程度上实现计算机化，相应地产生了计算机辅助设计（CAD）、计算机辅助工艺设计（CAPP）和计算机辅助制造（CAM）。在计算机集成制造（CIM）环境中，CAPP 是 CAD 和 CAM 之间必不可少的联接。

一、计算机辅助工艺设计的基本概念

计算机辅助工艺设计（Computer Aided Process Planning，CAPP）是指借助计算机软硬件技术和支撑环境，利用计算机进行数值计算、逻辑判断和推理等功能来制订零件机械加工工艺的过程。借助 CAPP 系统，可以解决手工工艺设计效率低、一致性差、质量不稳定、不易达到优化等问题。CAPP 也是利用计算机技术辅助工艺师完成零件从毛坯到成品的设计和制造过程。

二、CAPP 在制造业信息化中的作用

企业信息化就是企业利用现代信息技术，通过对企业采购、销售、设计、生产、管理等信息资源的整合和优化，不断提高经营、管理、生产、决策的效率和水平，进而提高企业竞争能力和经济效益的过程。其内容包括产品设计信息化、生产过程信息化、产品服务销售信息化、经营管理信息化、客户关系信息化、决策信息化及信息化人才队伍建设等多个方面。

以 CAD、CAPP、PDM、办公自动化（OA）、企业资源计划（ERP）等为切入点的企业信息化工作将企业与管理、现代信息、制造等技术有机地结合起来，为企业实现在产品全生命周期所有阶段的数字化和绿色化奠定基础，使企业生产达到敏捷性、柔性化，能对市场变化做出迅速反应，满足多品种、小批量的市场需求，并具有较强的抗御风险能力。

CAPP 是 CAD 和 CAM 之间的桥梁，是衔接设计与制造的纽带。而机械加工业，CAD 的应用水平远远高于 CAPP 的应用水平，工艺设计已经成为订单快速通过技术部门的一道瓶颈，所以机械加工业实施 CAPP 系统已迫在眉睫。机械加工业一旦成功实施 CAPP 系统，将大大推动机械加工业的信息化进程，从而全面提升机械加工业的核心竞争力。

三、国内外 CAPP 的发展历史、现状及趋势

国内外制造业有一个共同的趋势，那就是熟练并且有经验的工艺设计人员越来越少，而机械制造行业的市场上多品种、小批量生产方式的主导地位越来越强。企业为适应市场瞬息万变的要求，缩短产品设计和生产准备周期是极其关键的。计算机辅助工艺设计在这种情况下应运而生，世界上第一个 CAPP 系统于 1966 年在挪威诞生。

迄今为止 CAPP 领域的研究得到了极大的发展，经历了检索式、派生式、创成式、混合式、专家系统、开发工具等不同的发展阶段，并涌现了一大批 CAPP 原型系统和商品化的 CAPP 系统。

20 世纪 90 年代以来，随着产品设计方式的改进、生产环境的变化以及计算机技术的进步与发展，CAPP 系统的体系结构、功能、领域适应性、扩充维护性、实用性等方面成为新的研究热点。例如基于并行环境的 CAPP、可重构式 CAPP 系统、CAPP 系统开发工具、面向对象的 CAPP 系统等均成为 CAPP 体系结构研究的热点。与此同时，CAPP 系统的研究对象也从传统的回转体、箱体类零件扩大到焊接、铸造、冲压等领域，极大地丰富了 CAPP 的研究内涵。

我国对 CAPP 的理论研究和系统开发虽然起步较晚，但发展很快，出现了大量的学术性和实用性的 CAPP 系统。我国于 20 世纪 80 年代开始了 CAPP 方面的研究和应用，国内 CAPP 系统经历了以下几代产品的演变和发展：

第一代：1982 年—1995 年，基于智能化和专家系统思想开发的 CAPP 系统。这段时间的研究片面强调工艺设计的自动化，忽略人在工艺决策中的作用。

第二代：1995 年前后，基于低端数据库（FoxPro 等）开发的 CAPP 系统。这种 CAPP 系统所处理的数据和生成的数据必须都是基于数据库的，但受开发技术所限，不是交互式设计方式，直观性较差。工艺卡片是由程序来完成或是在 CAD 中生成，系统的实用性存在较大的问题。

第三代：1996 年至今，基于 Auto CAD 或自主图形平台开发的 CAPP 系统。第三代采用 CAD 技术开发的一些 CAPP 系统解决了实用性问题，但却忽视了最根本的问题：工艺是以相关的数据而不是以卡片为对象的。此类 CAPP 是基于文件系统 CAD 技术开发的，特别是自主 CAD 平台软件，文件格式采用了非标准的自定义格式，信息的交换存在一定的问题。

第四代：1998 年至今，完全基于数据库开发，采用交互式设计方式、注重数据的管理与集成的综合式平台 CAPP 系统。此类系统集中了第二、第三两代系统的优点，是国内外 CAPP 学者公认的最佳开发模式，它同时满足了特定企业、特定专业的智能化专家系统的二次开发需要。

CAPP 系统分类示意图如图 2-1-11 所示。

由于制造技术的发展和先进制造技术的深入应用，尤其是先进制造技术的基础技术，从建立企业工艺标准化体系到计算机软硬件及网络通信技术的发展，以及企业应用计算机从单一系统向集成化系统发展，加上企业正面对的新经济时代的市场竞争，CAPP 系统的发展趋势将是：

1. 集成化

计算机集成制造是现代制造业的发展趋势，作为集成系统中的一个单元技术，CAPP 系统集成化也是必然的发展方向。要在并行工程思想的指导下实现 CAD/CAPP/CAM 的全面集成，进一步发挥 CAPP 系统在整个生产活动中的信息中枢和功能调节作用，这包括：与产品设计实现双向的信息交换与传送；与生产计划调度系统实现有效集成；与质量控制系统建立内在联系。

2. 工具化

为了能使 CAPP 系统在企业中更好地推广应用，CAPP 系统应提供更好的开发模式。传统专用型 CAPP 系统虽然针对性强，但由于开发周期长，缺乏商品化的标准模块，适应性差，很难适应企业的产品类型、工艺方法和制造环境的发展和变化。而应用面广、适应性强的平台型（工具式）CAPP 系统，已经成为开发和应用的新趋势。平台型 CAPP 系统把系统的功能分解成一个个相对独立的工具，用户可以通过友好的用户界面根据本企业的情况输入数据和知识，针对不同的应用环境，形成面向特定的制造环境和工艺习惯的具体的 CAPP 系统。也可以将开发平台提供给用户，使用户可以进行 CAPP 系统的二次开发，在开发平台上构造符合用户需要的 CAPP 系统。从理论上讲，它可以适应各种应用环境，具有较好的通用性和柔性；而且由于还具有二次开发能力，能适应企业内部发生的较大的变化。

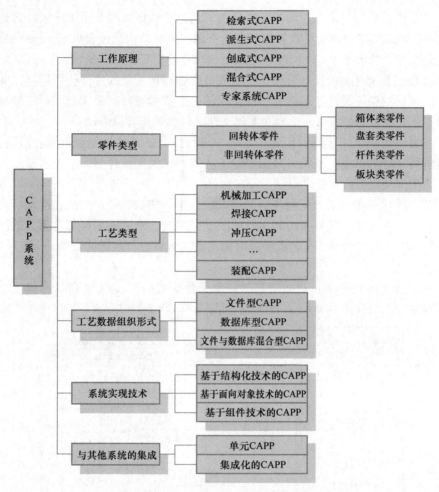

图2-1-11　CAPP系统分类示意图

3. 智能化

未来 CAPP 系统必将在获取、表达和处理各种知识的灵活性和有效性上有进一步的发展。

四、数字化工艺系统的应用案例

1. 案例基本情况

国内某军工企业的生产制造具有鲜明的特点：边科研、边设计、边工艺、边制造、边实验，变更频繁，具有独特的综合生产管理模式。产品以单件小批量生产为主，产品结构复杂、工艺要求高、多工种并存、质量控制严格、产品价值高、生产周期紧。因此，工艺系统具有以下功能：

（1）设计驱动的一体化工艺更改　通过和 PDM 系统集成，使得设计部门基于 MBD（Model Based Definition）设计规范发布的正式数据（包括产品设计结构和设计模型）直接发布到工艺部门，实现工程 BOM（EBOM）向工艺 BOM（PBOM）的直接转换，保证所有下发数据的准确性、有效性和完整性。工艺人员可基于发布的设计数据完成工艺设计。当设计数据发生变更时，系统能通过变更流程自动提醒工艺人员，并提供相应的工具，自动接收变化后的设计数据，通过工具对比分析具体的变更内容，实现设计数据和制造数据的一体化变更管理。

（2）结构化工艺设计　建立结构化、数字化工艺设计管理体系，实现工艺部门所有型号、所有专业工艺工作的结构化设计和管理。产品的工艺过程将详细拆分至工序级，实现按照工序编制操作指令、调试要求、检验要求和关联制造资源，实现结构化报表数据（包括物料明细表、汇总表、配套表等）的快速生成，能按照指定格式快速输出工艺数据包。

（3）批次性工艺文件的设计和管理　工艺人员能够根据型号的生产任务进度，实现不同批次状态的工艺文件的快速设计，从而对不同批次的工艺数据进行有效管理，并能满足相关工作要求。同时工艺人员可利用方便的工具，实现工艺文件的快速转换阶段。

（4）工艺任务管理　工艺部门能够在系统中进行工艺任务的计划和管理，对任务的进度、问题等内容进行统计和汇总。系统可自动提醒工艺人员按时完成计划，工艺人员也可通过系统定制工艺任务类型及相关的业务流程。

（5）工艺无纸化应用　通过车间现场制造系统的紧密集成，提供完整、准确、有效的工艺数据和功能构件，满足生产任务与工艺文件的关联。同时，生产现场与工艺相关的问题能方便快捷地传递给工艺人员，有利于工艺人员及时提出解决方案进行问题的处理。

2. 案例解决方案

（1）产品设计系统的集成　产品信息的获取来自于CAPP与PLM系统的集成，通过集成接口可以获取型号产品设计BOM、设计模型等信息，如图2-1-12所示。

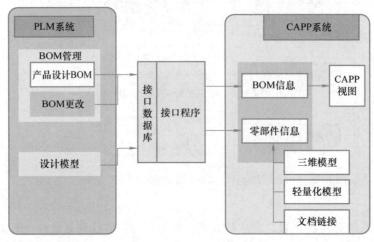

图2-1-12　产品设计系统的集成

（2）BOM管理　产品要经过工程设计、工艺设计、制造三个阶段，分别产生了内容差异很大的物料清单EBOM、PBOM、MBOM。这是三个主要的BOM概念，也是BOM管理的主要内容，EBOM是工艺、制造等后续部门的其他应用系统所需产品数据的基础。PBOM是工艺设计部门以EBOM中的数据为依据，根据工厂的加工水平和能力，对EBOM再设计出来的。它用于工艺设计和生产制造管理，使用它可以明确地了解零件与零件之间的制造关系。MBOM是制造部门根据已经生成的PBOM，对工艺装配步骤进行详细设计后得到的，反映了零件、装配件和最终产品的制造方法和装配顺序，也反映了物料在生产车间之间的合理流动和消失过程。MBOM是面向生产的批次BOM，技术人员可以在上面做适应现场生产的临时工艺改动，如图2-1-13所示。

（3）结构化工艺　CAPP数字化工艺系统提供了结构化工艺设计与卡片式工艺设计模式，并通过工艺附件的形式使用二维工程图、三维模型、图片、动画、流程图等多种形式的工艺表达，如图 2-1-14 所示。

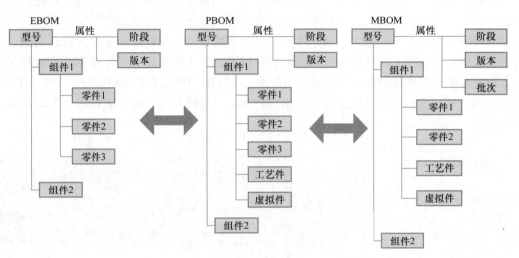

图2-1-13　BOM管理

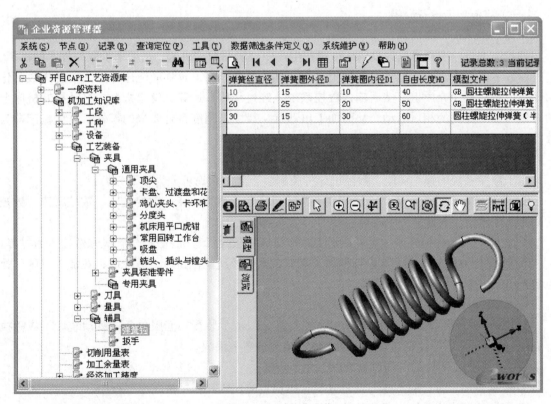

图2-1-14　结构化工艺

（4）工艺在车间现场的展示　通过与 MES 的集成，在生产现场 MES 触摸屏终端上，加载工艺浏览器对指定的工艺数据包、工序、汇总报表、关联的文档、多媒体工艺数据进行交互式查看。

3. 应用效果

数字化工艺系统的应用，打通了企业数据孤岛，实现设计数据、工艺数据、制造数据的数据通道；建立了网络化协作工艺工作平台，实现了网上电子流转、审阅与签字，实现了工艺数据的及时传递与有效共享；大大提高了检索资料的准确性和快捷性；快速工艺设计功能，显著提高了工艺设计的效率；高效准确的数据汇总与报表，极大地提高了工作效率；充分利用企业中的各种资源库，集成利用设计部门的设计数据，及时准确将工艺数据提供给下游的 MES/ERP 等系统使用；利用权限管理系统，保证了企业数据的可靠性与安全性，满足国军标对系统保密的安全要求。

第四节　数字化加工与装配

一、数控加工设备

（一）数控加工设备介绍

1. 数控机床工作原理

数控加工技术主要通过数控机床体现在生产中。所谓数控机床，是采用了数控技术的机床，它是用数字信号控制机床运动及其加工过程。具体地说，将刀具移动轨迹等加工信息用数字化的代码记录在程序介质上，然后输入数控系统，经过译码、运算，发出指令，自动控制机床上的刀具与工件之间的相对运动，从而加工出形状、尺寸与精度符合要求的零件，这种机床即为数控机床。

2. 数控机床的种类

由于数控系统的强大功能，数控机床种类繁多，其按用途可分为如下三类：

① 金属切削类数控机床。金属切削类数控机床包括数控车床、数控铣床、数控磨床、数控钻床、数控镗床、数控加工中心等。

② 金属成形类数控机床。金属成形类数控机床有数控折弯机、数控弯管机和数控压力机等。

③ 数控特种加工机床。数控特种加工机床包括数控线切割机床、数控电火花加工机床、数控激光加工机床、数控淬火机床等。

3. 数控机床的组成

数控机床一般由输入/输出装置、数控装置（CNC）装置、伺服单元、驱动装置（或称执行机构）、PLC 及辅助控制装置、机床本体及检测装置等组成。

数控机床加工零件的工作过程分以下几个步骤：

① 根据被加工零件的图样与工艺方案，用规定的代码和程序格式编写程序。

② 将所编程序指令输入机床数控装置中。

③ 数控装置对程序（代码）进行翻译、运算之后，向机床各个坐标的伺服驱动机构和辅助控制装置发出信号，驱动机床的各运动部件，并控制所需要的辅助运动。

④ 在机床上加工出合格的零件。

数控机床的硬件构成如图 2-1-15 所示，下面对其组成部分加以介绍。

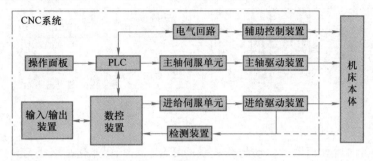

图2-1-15　数控机床的硬件构成

（1）输入装置　数控加工程序可用手工方式通过键盘直接输入数控系统，还可由编程计算机用 RS-232C 或采用网络通信方式传送到数控系统中。

零件加工程序输入过程有两种不同的方式：一种是边读入边加工；另一种是一次将零件加工程序全部读入数控装置内部的存储器，加工时再从存储器中逐段调出进行加工。

（2）数控装置　数控装置是数控机床的中枢。数控装置从内部存储器中取出或接收输入装置送来的一段或几段数控加工程序，经过数控装置的逻辑电路或系统软件进行编译、运算和逻辑处理后，输出各种控制信息和指令，控制机床各部分的工作，使其进行规定的有序运动。

零件的轮廓图形往往由直线、圆弧或其他非圆弧曲线组成，刀具在加工过程中必须按零件形状和尺寸要求进行运动，即按图形轨迹移动。但输入的零件加工程序只能是各线段轨迹的起点和终点坐标值等数据，不能满足要求。因此要进行轨迹插补，也就是在线段的起点和终点坐标值之间进行"数据点的密化"，求出一系列中间点的坐标值，并向相应坐标输出脉冲信号，控制各坐标轴（即进给运动各执行部件）的进给速度、进给方向和进给位移量等。

（3）驱动装置和检测装置　驱动装置接收来自数控装置的指令信息，经功率放大后，严格按照指令信息的要求驱动机床的移动部件，以加工出符合图样要求的零件。驱动装置包括控制器（含功率放大器）和执行机构两大部分。目前的数控机床大都采用直流或交流伺服电动机作为执行机构。

检测装置将数控机床各坐标轴的实际位移量检测出来，经反馈系统输入机床的数控装置中。数控装置将反馈回来的实际位移量值与设定值进行比较，控制驱动装置按指令设定值运动。

（4）辅助控制装置　辅助控制装置的主要作用是接收数控装置输出的开关量指令信号，经过编译、逻辑判别和运算，再经功率放大后驱动相应的电器，带动机床的机械、液压、气动等辅助装置完成指令规定的开关量动作。这些控制包括主轴运动部件的变速、换向和启停指令，刀具的选择和交换指令，冷却、润滑装置的启停，工件和机床部件的松开、夹紧，分度工作台的转位分度等开关辅助动作。现广泛采用 PLC 作数控机床的辅助控制装置。

（5）机床本体　数控机床的机床本体与传统机床相似，由主轴传动装置、进给传动装置、床身、工作台以及辅助运动装置、液压气动系统、润滑系统、冷却装置等组成。

4. 数控机床的加工过程

将被加工零件图样上的几何信息和工艺信息用规定的代码和格式编写成加工程序，然后将加工程序输入数控装置，按照程序的要求，经过数控系统信息处理、分配，使各坐标移动若干个最小位移量，实现刀具与工件的相对运动，完成零件的加工。数控加工中的数据转换过程如

图 2-1-16 所示。

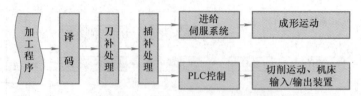

图2-1-16 数控加工中的数据转换过程

（二）先进数控加工设备

数控加工设备向着高精度、自动与高效率、复合加工、智能化、网络与开放的方向发展。

1. 高精度

多种现代综合技术的应用与精益求精的制造方式及管理模式，将机床的几何精度、控制精度、加工精度推向微米、亚微米级的新高度，有力地促进了全球制造业日趋精密化制造的发展趋势。

日本 YASDA 作为全球著名精密机床制造商，其 YMC 430 Ver.Ⅲ超精密微细加工中心，具有卓越的高精高表面粗糙度，支持 ±1μm 精度的加工，全轴（X/Y/Z）高速直线电动机驱动，超精密滚柱导轨，"低振动高精度"的 X-Y 轴工作台，高刚性左右前后对称框架，立柱内部、主轴头内部、X-Y 轴工作台具备液体温控系统，实现稳定的高精度加工。采用 FANUC31i-B5（iHMI）数控装置，配备机器人接口，可实现 24h 无人加工，降低生产成本，提高生产效率，如图 2-1-17 所示。

日本大隈 LB3000EXⅡ数控卧式机床通过应对热变形保持机床精度稳定和可靠性，采用了"热亲和"技术（长时间连续加工尺寸分散值由 10μm 减少到 5μm），高精度全数字伺服控制，电主轴、高频淬火矩形滑动导轨，X/Z 轴快进速度为 25/30m/min，具有仅需 0.1s 分度定位的独创 PREX 电动机驱动的刀塔。日本大隈 LB3000EXⅡ数控卧式机床如图 2-1-18 所示。

图2-1-17 YMC 430 Ver.Ⅲ超精密微细加工中心

图2-1-18 日本大隈LB3000 EXⅡ数控卧式机床

2. 自动与高效率

现代机床通过多种自动化技术已经将效率大大提高，但新的增效措施仍在不断涌现中，目前的发展趋势主要集中在多轴多刀多工位加工、机器人与机床的结合以及减少辅助时间等方面。

意大利 VIGEL 公司的 TW400H 高效双主轴卧式加工中心如图 2-1-19 所示，该加工中心采用了双主轴双工位同步五轴加工、轻载高速和重载低速工况的优化平衡以及可交换工作台，实现了边工作边装载。

牧野机床（中国）有限公司 a500Z 五轴卧式加工中心如图 2-1-20 所示，它基于投资回报率（ROI）理论设计的高速高效机床，减少一切非必要的切削时间，专注于高速高效生产。

图2-1-19　VIGEL公司的TW400H高效双主轴卧式加工中心　　　图2-1-20　a500Z五轴卧式加工中心

3. 复合加工

　　得益于高档数控系统强大的控制能力、日益精湛的设计与制造技术，复合机床以其强大的工艺、工序集约复合能力，顺应了一机多能、多品种、小批量以及一次装夹完成全部加工的个性化市场需求，越来越受到市场的欢迎。"一台机床一个车间"已经不是梦想，而是实实在在的现实。

　　大隈机械（上海）有限公司 MU-5000V 车铣复合加工中心如图 2-1-21 所示，融合了"机、电、情、知"的机床设计，龙门式结构加双耳轴支撑的 A/C 轴可倾转台，采用五大智能技术，具有与三轴加工机相同的加工精度和加工能力、强大的铣削与车削能力以及良好的能见性和可操作性。

　　OKUMA 系统的振动抑制技术可根据传感器信号，计算并变换主轴至最佳转速，同时还可将多个最佳主轴转速候补值显示在界面上，通过触摸屏进行人工选择，如图 2-1-22 所示。

图2-1-21　大隈MU-5000V车铣复合加工中心

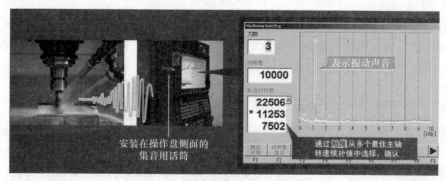

图2-1-22　振动抑制技术

　　埃马克（中国）公司 VLC 200 GT 立式车磨加工中心如图 2-1-23 所示，主要用于盘套类零件（如齿轮）一次装夹的车削与磨削加工，还可通过模块化选项实现倒角和去毛刺，结构紧凑，倒立式主轴兼具上下料功能，表面粗糙度可以达到 $Ra1.2\mu m$ 以下，仅需几微米磨削余量，既减少砂轮的磨损也减少砂轮的修整次数与时间，提升加工效率，可与埃马克其他模块化机床实现最佳连接。

4. 智能化

智能化是数控技术的高级发展形态，是现代科技与人工智能相互融合的产物。智能技术所要面对和解决的是复杂环境以及多变条件下加工过程中众多动态随机的、不确定的、以前只能通过停机并人工干预才能解决的问题，如工作环境、材料、工件的质量、尺寸、形状和位置、刀具磨耗程度、切削条件、工艺系统刚度等因素的变化或综合效应引发的问题，自动进行动态调整，通过自我感知、自我决策、自我执行来实现加工过程的自适应控制，达到提高加工品质、效率、效益以及降低操作难度等目的。现代

图2-1-23　VLC 200 GT立式车磨加工中心

机床所具有的智能技术已经大大改变了人们对传统机械的认知和感受，人机关系日渐密切友好，人机相互作用的效果更加明显。

意大利萨瓦尼尼（Salvagnini）的P2 Lean新一代紧凑型多边折弯中心借助传感器系统，精确测量加工过程中厚度、张力强度的变化值，通过Mac 2.0.a软件，计算回弹量并自动进行调整控制。该设备可满足每一个折弯要求，只要简单告诉设备所需要的折弯状态，设备即可在最短的时间内自动完成，如图2-1-24所示。

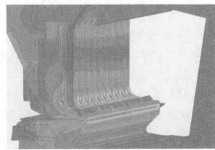

图2-1-24　萨瓦尼尼的P2 Lean多边折弯中心

德国海德汉（Heidenhain）的TNC 640数控系统的负载自适应控制（LAC）可以在自动确定工件当前质量、转动惯量和摩擦力的基础上，连续前馈并自适应控制其变化，使加工参数跟随工件的变化而变化。负载自适应控制如图2-1-25所示。

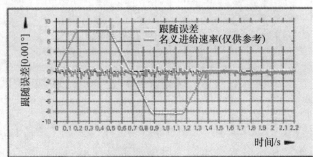

回转工作台的优化前端控制，无附加力和跟随误差在公差带(±0.001*)内

图2-1-25　TNC 640的负载自适应控制

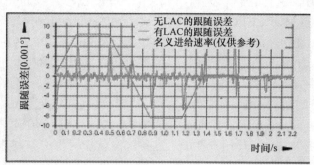

外部负载改变
无LAC：前端控制无变化，跟随误差超出公差带(±0.008°)
用LAC：前端控制中LAC工作，跟随误差在公差带(±0.001°)内

图2-1-25　TNC 640的负载自适应控制（续）

TNC 640 数控系统的进给速度自适应智能控制技术可实现主轴最大功率条件下的进给速度自动调整。当进给速度小于定义最小值、切削条件异常或刀具磨损、破损严重时，系统会自动报警并停机。

三菱 EA8SM 数控电火花加工机通过智能化和自动化，可对复杂形状零件进行高速高效适应性放电加工，大幅缩短了抬刀时间。它拥有高效加工电路、抵损耗电路、镜面加工电路和硬质合金精加工电路，可根据加工需求任意选用。EA8SM 数控电火花加工机如图 2-1-26 所示。

5. 网络与开放

以网络化、信息化为主要特征的第四次工业革命，首先要求作为制造业基础的数控机床改变单纯作为生产制造末端的封闭角色，发展出个人计算机那样的开放性，成为某一信息化制造系统或某一云系统的基础单元和信息节点。这就要求现代机床成为信息的互通者和信息的使用者，信息的互通需要具备强大的网络功能，信息的使用需要各类应用软件和开放兼容的应用环境。现代机床在这些方面正在发生巨大的变化，成为新的竞争焦点。

西门子 SINUMERIK 840D sl 数控系统采用基于以太网的标准通信解决方案，内置以太网功能，无需外挂通信处理器，具有强大的网络集成功能。通过基于组件的自动化（Component Based Automation，CBA）技术功能强大的 PLC 通信，可实现灵活组网以及操作站的动态连接。西门子数控系统通过开放的人机界面（Human Machine Interface，HMI）和实时控制内核（NC Realtime Kemal，NCK），满足客户的个性化需求。各种图像、软件或是工艺功能都可轻松融入该系统。西门子 SINUMERIK 840D sl 数控系统如图 2-1-27 所示。

图2-1-26　EA8SM数控电火花加工机　　　　　图2-1-27　西门子SINUMERIK 840D sl 数控系统

DMG MORI CELO 系统以独特的技术将机床与公司组织连为一体，构成完整持续的数字化、无纸化生产的支撑和基础；它兼容现有的 ERP、PPS（生产计划与控制系统）、PDM、MES 和 CAD/CAM 软件与控制系统，可将生产效率提高 30%；它具有生产计划、辅助功能、技术支持、配置与机床状态监控五类功能的 16 种应用程序，多点触摸屏，实现对数控系统、任务管理、任务规划、网络服务、状态监控、机床维护、工艺流程数据和机床数据等一体化数字化管理、记录和显示。其个人计算机版本能够在个人计算机上使用所有功能，将任意机床或设备集成在整体外围设备中，让用户在加工准备阶段就能对生产与制造流程进行最佳规划与控制。DMG MORI CELO 系统如图 2-1-28 所示。

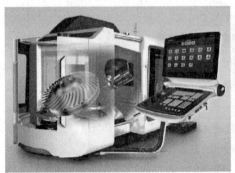

图2-1-28　DMG MORI CELO系统

海德汉 TNC 640 数控系统可接入网络，连接个人计算机、编程站和其他数据存储设备。即使是标准版的 TNC 640 数控系统，也具备 RS-232-C/V.24 数据接口，同时具备最新的高速千兆以太网接口。TNC 640 数控系统可通过 TCP/IP 与网络文件系统（NFS）服务器、Windows 网络通信，无需任何附加软件。数据传输速度最快可达 1000Mbit/s，可确保快速传输数据。该系统能够灵活地集成到设计、编程、仿真、生产计划制订及生产等工艺链中，将现有刀具及原材料、刀具数据、夹具装夹、CAD 数据、NC 程序、检测要求等数字版文件提供给车间和操作人员，并在 TNC 640 数控系统用户界面中显示这些数据的解决方案。标准版的 TNC 640 数控系统也提供实用应用程序，可使用 CAD 阅读器、PDF 阅读器以及网页浏览器在数控系统中直接查看生产工艺数据。该系统使用基于网页的文档软件或 ERP 系统，操作就像进入电子邮件收件箱一样简单。海德汉 TNC 640 数控系统如图 2-1-29 所示。

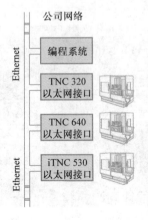

图2-1-29　海德汉TNC 640数控系统

二、产品数字化装配技术

在产品研制过程中，装配环节不容忽视。装配就是将各种零部件按规定的技术标准组装在一起，并经系统调试、检验使之成为合格产品的过程。根据相关数据显示，现代制造业中装配工作量占整个产品研制工作量的 20% ~ 70%，平均为 45%，装配时间占整个制造时间的40% ~ 60%，产品装配质量直接影响产品的整体性能。随着航空航天、轨道交通等产业的发展，火箭、卫星、飞机、动车组及高端数控设备等产品也朝着精密化、复杂化和光机电一体化的方向发展，同时，用以提高产品性能的装配方法也越来越受到重视。面对制造技术迅猛发展对装配技术的需求，计算机和数字化与传统装配相结合的装配技术——数字化装配技术应运而生。数字化装配就是产品装配技术与计算机技术、数字技术、网络技术等的深度交叉、融合与发展。

1. 产品数字化预装配及虚拟装配

20 世纪末，制造业的引领者波音公司完成了具有划时代意义的创举——在无实物样机的情况下，直接进行了第一架 777 客机的图样设计、生产加工、现场装调等，并一次首飞成功。完成这一创举的保障，除了波音公司强大的技术团队外，还有确保飞机设计制造一次成功的关键技术——数字化预装配技术。数字化预装配技术即利用数字化样机对产品的可装配性、可拆卸性、可维修性等进行综合分析、验证及进一步优化装配方案的技术。

最初的数字化预装配技术是为了使产品更具装配性而进行的产品装配几何约束、干涉等问题的分析，虽然考虑了装配工艺问题，但忽略了产品装配过程中的场地、工装及人员等相关因素。随着数字化预装配技术的逐步推广，面向生产现场的装配仿真成为其重点研究与突破方向。

虚拟装配技术是在虚拟现实与数字化预装配技术相互融合的基础上发展而来的。虚拟装配技术利用虚拟现实、计算机图形学、人工智能和仿真等技术，在虚拟环境下对产品的装配过程和结果进行模拟，并对产品的装配顺序、路径、方法等相关问题进行辅助分析，并科学合理地决策，如图 2-1-30 和图 2-1-31 所示。虚拟装配技术是对数字化预装配技术的继承和发展，它强调以数字建模和仿真为手段，并通过计算机上的视图形式来显示产品实际装配的全过程。它主要还是以工艺过程为基线，实时模拟产品在装配过程中可能出现的各类问题，完成产品在实际试装前装配性能的预测，并进一步优化装配工艺及装配手段。

a) 虚拟装配操作   b) 装配路径规划

图2-1-30 卫星虚拟装配系统

图2-1-31　波音787的虚拟装配

在虚拟装配技术方面，西方各国相继建立了一批虚拟装配系统并在相关工程中应用，取得了良好效果。20世纪90年代美国华盛顿州立大学与美国国家标准技术研究所合作开发的虚拟装配设计环境是一个具有代表性的虚拟装配系统，在这个虚拟装配平台上，设计者可以选择最理想的装配顺序，生成合理的装配和拆卸路径以及观察最终结果。我国自20世纪90年代开始虚拟装配技术的跟踪研究，清华大学开展了虚拟装配技术基础研究，也提出很多新理论、新方法。虚拟装配技术已从早期的几何装配建模与仿真向物理建模与仿真方向发展。

2. 计算机辅助装调技术

探究产品装配的发展历程，精密光学系统的装调是极具代表性的，因其结构复杂、精度高，成像质量接近衍射极限，装调难度极大。传统的光学装调方法已无法满足提升光学系统性能的要求，在这样的背景下，随着计算机技术的发展，计算机辅助装调技术出现了。其技术路线就是通过光学检测工具获取所需装调光学系统的测量参数，在各类数据参数的基础上，通过计算机辅助分析及计算，获取整个光学系统各元件的装调参数。特别是在复杂光学系统的装调中，计算机辅助装调技术的优势得以充分发挥。

20世纪80年代，美国的I-TEK公司提出了一种全新的光学系统设计理念，但在系统最终装调中成像质量始终无法接近设计值。后来Egdall等人提出了计算机辅助装调的设想模型，从而使此光学系统达到了很好的装调效果，取得了接近设计值的成像质量。美国Santa Barbara研究中心的Figoski等人利用计算机辅助装调技术平台对离轴无遮拦三反射镜光学系统进行模拟装调，同时对一比例缩小的原型样机进行了实际的装调测试，使整个视场波前误差RMS值达到了0.055λ（$\lambda = 632.8nm$）。

与国外相比较，国内的相关研究机构对于利用计算机辅助装调技术平台的研究稍晚，不过也取得了一些可喜的研究成果。这些成果可分为两类：第一类就是计算机辅助装调技术平台的理论研究，且重点在失调量的数学解算上，如哈尔滨工业大学空间光学工程研究中心在特定的光学系统装调过程中，利用计算机辅助装调技术平台取得了很好的装调效果；第二类就是面向装配过程的精密光学系统计算机辅助装调平台数学模型的研究，如国防科技大学的薛晓光等将机械结构及装配工艺约束等引入光学自动设计模型中，又进一步推动了计算机辅助装调技术平台的发展。

目前，计算机辅助装调技术平台发展的重点方向是研究建立光学系统的装调工艺模型，并通过工艺参数调整，寻找最优的辅助装调参数及路径，指导工人快速精准地装调。

3. 装配精度分析技术

装配精度是决定产品装配的关键参数之一。产品装配精度分析是在产品设计或装调阶段，结合影响装配精度的各类因素，对装调过程中各类装配偏差源或加工误差等进行建模与分析，其目的就是对产品装配精度进行预测及控制，从而提高产品合格率及产品性能。

当前，在装配精度分析领域较新的成果以公差建模、偏差传递与累积、精度控制等方面为主。装配精度分析的基础是公差建模，核心及研究对象是偏差传递与累积，目的是对精度进行整体控制。

公差建模即对公差进行精准描述。其中，公差信息模型是对公差信息的详尽描述，支持各种公差完整表达的同时，更要显示各种信息之间的约束，确保公差信息表达的规范性。公差数学模型主要是对公差信息进行数学表达，是公差数据传递的核心。偏差传递与累积是产品几何尺寸和精度的相互作用及累积的过程，主要以产品尺寸链、变动几何约束等为主。在偏差传递与累积的研究中：上海交通大学的周江奇等完成了三维装配尺寸链的自动搜索、生成；浙江大学将变动几何约束扩展为变动几何约束网络，这在装配偏差的计算中已得到实际应用。

装配精度分析的目的就是更好地控制装配精度，特别是在精密产品的装调过程中，如何制订装调方案，并根据装配场地、人员等各种因素进行优化及部署，从而确保产品的装配精度，提升产品性能，这也是相关工程的重点和难点。根据设计及装配要求，能够确保产品装配并提升精度的装配方法大致有互换法、选择法、修配法和调整法等。目前，控制装配精度主要依赖以上装配方法，并将装配过程中实际测量的数据整合至各类优化算法中，得到精确的装配调整量，以指导现场装调。

虽然各类装配精度控制方法可以提高装配精度和装配成功率，但现场装调仍会受到实体测量、工装、紧固力等因素影响，利用几何变量调整并把控产品精度的方法也很难确保装配精度的一致性。基于这点，在装配精度分析技术的前沿，将利用装配精度实时测量的各类数据、优化并调整装配工艺参数（如零件定位参数、紧固力大小等），以实现对装配精度的控制作为重点研究与突破方向。

第五节　数字化生产管理

一、MES 的基本概念

制造执行系统（Manufacturing Execution System，MES）是美国管理学界在 20 世纪 90 年代提出的新概念，MESA（MES 国际联合会）对 MES 的定义是：MES 能通过信息传递对从订单下达到产品完成的整个生产过程进行优化管理。当工厂发生突发情况时，MES 能对此及时做出反应、报告，并用当前的准确数据对它们进行指导和处理。这种对状态变化的迅速响应使 MES 能够减少企业内部没有附加值的活动，有效地指导工厂的生产运作过程，从而既能提高工厂的及时交货能力，改善物料的流动性，又能提高生产回报率。MES 一般包括订单管理、物料管理、过程管理、生产排程、品质控管、设备控管及对外部系统的 PDM 整合接口与 ERP 整合接口等模块。MES 是将企业生产所需核心业务的所有流程整合在一起的信息系统，它提供实时化、多生产形态架构、跨公司生产管制的信息交换，具有可随产品、订单种类及交货期的变动而弹性调整参数等诸多能力，能有效地协助企业管理存货，降低采购成本，提高准时交货能力，增进企业少量多样的生产控管能力。MES 的功能示意图如图 2-1-32 所示。

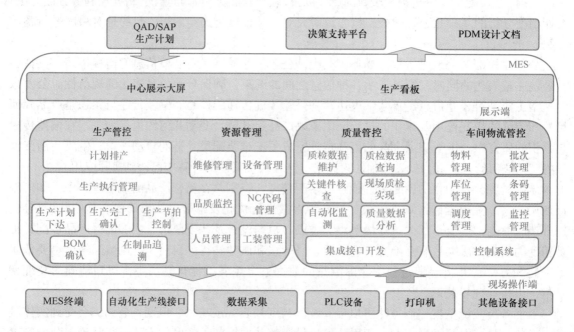

图2-1-32　MES的功能示意图

当今制造业的生存三要素是信息技术（IT）、供应链管理（SCM）和成批制造技术。使用信息技术就是由依赖人工的作业方式转变为作业的快速化、高效化，大量减少人工介入，降低生产经营成本。供应链管理是在从原材料供应到产品出厂的整个生产过程中，使物流资源的流通和配置最优化，这和局部优化的区别就是全面最优化。成批制造技术是在合适的时间生产适量产品的生产计划排产优化技术，并随着生产制造技术的深化，改善对设备的管理。

1. MES 应用功能模型

20 世纪 90 年代初，美国先进制造研究中心（Advanced Manufacturing Research，AMR）在提出了三层结构的基础上，指出 MES 应该包括车间管理、工艺管理、质量管理和过程管理等功能的集成模型。1997 年，MESA 提出了包括 11 个功能的 MES 功能组件和集成模型。该模型强调 MES 是一个与其他系统相连的信息网络中心，在功能上可以根据行业和企业的不同需要与其他系统集成，为实施基于组件技术的可集成的 MES 提供了标准化的功能结构、技术框架和信息结构。MES 的应用功能集成模型如图 2-1-33 所示。

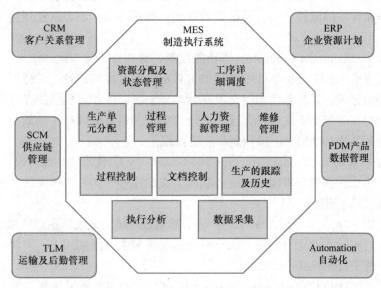

图2-1-33　MES的应用功能集成模型

MES应用功能集成模型的具体功能如下：

1）资源分配及状态管理（Resource Allocation and Status Management）。该功能管理机床、工具、人员、物料、其他设备以及其他生产实体，使之满足生产计划的预定和调度要求，用以保证生产的正常进行；提供资源使用情况的历史记录和实时状态信息确保设备能够正确安装和运转。

2）工序详细调度（Operations Detail Scheduling）。该功能提供与指定生产单元相关的优先级（Priorities）、属性（Attributes）、特征（Characteristics）以及配方（Recipes）等，通过考虑生产中的交错、重叠和并行操作来准确计算出设备上下料和调整时间，基于有限能力的调度实现良好的作业顺序，最大限度地减少生产过程中的准备时间。

3）生产单元分配（Dispatching Production Units）。该功能以作业、订单、批量和工作单等形式管理生产单元间的工作流。通过调整车间已制订的生产进度，对返修品和废品进行处理，用缓冲管理的方法控制任意位置的在制品数量。当车间有事件发生时，要提供一定顺序的调度信息，并按此进行相关的实时操作。

4）过程管理（Process Management）。该功能监控生产过程、自动纠正生产中的错误并向用户提供决策支持，以提高生产效率。通过连续跟踪生产操作流程，在被监控的机器上实现一些比较底层的操作；通过报警功能，使车间人员能够及时察觉到出现了超出允许误差的加工过程；通过数据采集接口，实现智能设备与制造执行系统之间的数据交换。

5）人力资源管理（Labor Management）。该功能以分钟为单位提供每个人的状态。通过时间对比、出勤报告、行为跟踪以及行为（包含资财及工具准备作业）为基础的费用为基准，实现对人力资源间接行为的跟踪能力。

6）维修管理（Maintenance Management）。该功能旨在提高生产和日程管理能力，通过对设备和工具维修行为的指示及跟踪，实现设备和工具的最佳利用效率。

7）过程控制（Process Control）。该功能可以监控生产，针对进行中的作业向作业者提供决策支持或自动纠正差错。这一功能把焦点放在被监控厂的内部机械及装备上，跟踪从一个作业计划到下一个作业计划的流程；包含警报管理系统，能让外部作业者察觉到超出允许误差范围的计划变更。

8）文档控制（Document Control）。该功能控制、管理并传递与生产单元有关的工作指令、配方、工程图、标准工艺规程、零件的数控加工程序、批量加工记录、工程更改通知以及各种转换操作间的通信记录，并具备信息编辑及存储功能，将向操作者提供的操作数据或向设备控制层提供的生产配方等指令下达给操作层。它还包括对其他重要数据（例如与环境、健康和安全制度有关的数据以及 ISO 信息）的控制与完整性维护。

9）生产的跟踪及历史（Product Tracking and Genealogy）。依靠该功能可以看出作业的位置，通过状态信息了解谁在作业、供应商的财务状况、关联序号、实时生产条件、警报状态及在作业后和生产联系的其他事项。

10）执行分析（Performance Analysis）。该功能通过对历史记录和预期结果的比较，提供以分钟为单位报告的实际作业运行结果。执行分析的结果包含资源利用率、资源可用性、生产单元的周期、日程遵守及标准遵守的测试值。

11）数据采集（Data Collection/Acquisition）。该功能通过数据采集接口来获取并更新与生产管理功能相关的各种数据和参数，包括产品跟踪、产品维护历史记录以及其他参数。现场数据可以通过车间通过手工方式录入或由各种自动方式获取。

2. MES 的应用情况

MES 在发达国家已实现了产业化，其应用覆盖了离散制造与流程制造领域，并给企业带来了巨大的经济效益。MESA 分别在 1993 年和 1996 年以问卷方式对若干典型企业进行了两次有关 MES 应用情况的调查，这些典型企业覆盖了医疗产品、塑料与化合物、金属制造、电气、电子、汽车、玻璃纤维和通信等行业。调查表明，企业使用 MES 后，可有效地缩短制造周期及生产提前期，减少在制品，减少或消除数据输入时间及作业转换中的文书工作，改进产品质量。MES 已经成为目前世界工业自动化领域的重点研究内容之一。

3. MES 的发展趋势

制造业 MES 正向易于配置、易于变更、易于使用、无客户化代码以及良好的可集成性方向发展，其主要目标是以 MES 为引擎实现全球范围内的生产协同。目前，国际上 MES 技术的主要发展趋势体现在以下几个方面：

1）向着新型体系结构发展，这种新型体系结构的 MES 集成范围逐渐扩大，不仅包括生产制造车间，还覆盖整个企业的业务流程。通过建立统一的工厂数据模型，开发维护工具，使数据更能适应企业的业务流程的变更和重组要求，实现 MES 的可配置。在集成方式上，通过指定 MES 的设计和开发，使不同软件供应商的 MES 和其他的信息化构件实现标准的互连和互操作性，同时实现"即插即用"的功能。

2）具有开放式、可配置、客户化、可变更的特性，可根据企业业务流程的变更或重组进行系统重构和快速配置。网络技术的发展对制造业的影响越来越大，新型 MES 与网络技术相结合，支持网络化功能，可以实现网络化协同制造，它通过对分布在不同地点甚至全球范围内的工厂进行实时信息化互连，以 MES 为引擎进行实时过程管理，协同企业所有的生产活动，建立过程化、敏捷化和级别化的管理模式，实现企业生产经营同步化。

3）具有更强的实时性和智能化，可以更精确地跟踪生产过程状态，记录更完整的数据，同时通过获取更多的实时数据来更准确、及时、方便地管理和控制生产过程，实现多源信息的融合和复杂信息的处理与决策。

4）向着企业控制集成标准发展，标准化是推动 MES 发展的强大动力。国际上的 MES 主流供应商纷纷采用 ISA-95 标准，如 ABB、SAP、Rockwell、GE、Honeywell、SIEMENS 等。

二、ERP 的基本概念

企业资源计划（Enterprise Resource Planning，ERP）是由美国高德纳（Gartney）公司于 1990 年提出的。企业资源计划是制造资源计划（Manufacturing Resources Plannning，MRP Ⅱ）下一代的制造业系统和资源计划软件。除了 MRP Ⅱ 已有的生产资源计划、制造、财务、销售、采购等功能外，ERP 还有质量管理，实验室管理，业务流程管理，产品数据管理，存货、分销与运输管理，人力资源管理和定期报告系统的功能。

1. ERP 的定义

ERP 可以从管理思想、软件产品、管理系统三个方面进行定义：① ERP 是一整套企业管理系统体系标准，是在 MRP Ⅱ 的基础上进一步发展而成的，体现了面向供应链的管理思想；② ERP 是综合应用了客户机 / 服务器体系、关系数据库结构、面向对象技术、图形用户界面、第四代语言（4GL）、网络通信等信息产业成果，以 ERP 管理思想为灵魂的软件产品；③ ERP 是整合了企业管理理念、业务流程、基础数据、人力物力、计算机硬件和软件于一体的企业资源管理系统。其主要宗旨是对企业所拥有的人、财、物、信息、时间和空间等资源进行综合平衡和优化管理，协调企业各管理部门，围绕市场导向开展业务活动，提高企业的核心竞争力，从而取得最好的经济效益。所以，ERP 是一款软件，同时也是一个管理工具。它是 IT 技术与管理思想的融合体，也就是借助计算机来达成企业管理目标的先进的管理思想。

2. ERP 的发展历史

20 世纪 40 年代，为解决库存控制问题，人们提出了订货点法，当时计算机系统还没有出现。

20 世纪 60 年代，随着计算机系统的发展，短时间内对大量数据的复杂运算成为可能，人们为解决订货点法的缺陷，提出了物料需求计划（Material Requirement Planning，MRP）理论。MRP 在产品结构的基础上，运用网络计划原理，根据产品结构各层次物料的从属和数量关系，以每一个物料为计划对象，以完工日期为时间基准倒排计划，按提前期长短区别各个物料下达计划时间的先后顺序。它可以回答四个问题：要生产什么；要用到什么；已经有了什么；还缺什么，什么时候下达计划。MRP 作为一种库存订货计划，只说明了需求的优先顺序，没有说明是否有可能实现，它是 MRP Ⅱ 发展的初级阶段，也是 MRP Ⅱ 的基本核心。

20 世纪 70 年代，随着人们认识的加深及计算机系统的进一步普及，MRP 的理论范畴也得到了发展。为解决采购、库存、生产、销售的管理问题，发展出了生产能力需求计划、车间作业计划以及采购作业计划理论，作为一种生产计划与控制系统，闭环 MRP（Closed-loop MRP）诞生。在 MRP、闭环 MRP 阶段，出现了丰田生产方式（看板管理）、TQC（全面质量管理）、JIT（准时生产）以及数控机床等支撑技术。

闭环 MRP 在 MRP 的基础上增加了能力计划和执行计划的功能，构成一个完整的计划和控制系统，从而把需求与可能性结合起来。但是，闭环 MRP 还没有说清楚执行计划会给企业带来什么效益，这种效益又是否实现了企业的总体目标。这就要求企业的财务会计系统能同步从生产系统中获得资金信息，随时控制和指导生产经营活动，使之符合企业的整体战略目标。

20 世纪 80 年代，随着计算机网络技术的发展，企业内部信息得到充分共享，MRP 的各子系统也得到了统一，形成了一个集采购、库存、生产、销售、财务、工程技术等为一体的子系统，发展出了 MRP Ⅱ 理论。作为一种企业经营生产管理信息系统，MRP Ⅱ 阶段的代表技术是 CIMS（计算机集成制造系统）。

MRP Ⅱ 实现了物流和资金流的集成，形成了一个完整的生产经营信息系统。它主要完成企业的计划管理、采购管理、库存管理、生产管理和成本管理等功能，MRP Ⅱ 可以在周密的计划下有效平衡企业的各种资源，控制库存资金占用，缩短生产周期，降低生产成本。

20 世纪 80 年代末、90 年代初，随着 MRP Ⅱ 系统的普遍应用以及市场竞争的日趋激烈，一些企业开始感觉到传统的 MRP Ⅱ 软件所包含的功能已不能满足全范围的信息管理需求，在这一背景下，ERP 理论应运而生。

在诞生初期，对 ERP 的解释是：根据计算机技术的发展和供应链管理，推论各类制造业在信息时代管理信息系统的发展趋势和变革。随着人们认识的不断深入，ERP 已经被赋予了更深的内涵。它强调供应链的管理。除了传统 MRP Ⅱ 系统的制造、财务、销售等功能外，还增加了分销管理、人力资源管理、运输管理、仓库管理、质量管理、设备管理及决策支持等功能；支持集团化、跨地区、跨国界运行，其主要宗旨就是将企业各方面的资源充分调配和平衡，使企业在激烈的市场竞争中全方位地发挥能力，从而取得更好的经济效益。

现阶段，ERP 倡导的观念的是：精益生产、约束理论（TOC）、先进制造技术、敏捷制造以及 Internet/Intranet 技术。

然而，目前大多数 ERP 软件公司缺乏与 ERP 管理系统工程相适应的、完善的 ERP 软件服务体系。即使部分软件公司有一些软件服务规范，但也偏重实施方面，而且在具体使用时可操作性不强，员工的随意性很大，公司管理力度不够，这些因素直接影响着 ERP 软件的服务水平乃至软件公司的整体水平。因此，ERP 软件公司必须尽快建立一个科学、完善的 ERP 软件服务体系，重点解决如何通过有效的服务，确保 ERP 项目的成功这一问题。

三、MES和ERP的关系

ERP 是企业资源计划，主要是对企业的财务资源、人力资源、生产资源等进行规划，从而提高资源的利用效率。从管理方面，ERP 侧重企业的采购、销售、供应等内容。对于生产计划管理环节，ERP 主要侧重企业生产计划的制订和物料需求计划的制订等内容。

MES 即制造执行系统，主要实现的是制造现场的控制，或者说围绕车间管理做工作。MES是将企业的生产计划分解细化，下达到制造岗位，控制相关人员和设备完成生产作业，并收集制造现场数据，以实现现场调度、生产追溯和管理分析。

在制造企业管理信息系统中，ERP 和 MES 属于不同的管理层面。ERP 侧重企业层面，属于企业级管理系统，管理企业上层管理信息；MES 侧重车间现场层面，属于执行层，主要从计划层获取生产计划（生产订单），将细化的生产任务传递给作业人员，同时从作业人员处收集现场信息，反馈给上层系统（ERP 层）。MES 与 ERP 的关系如图 2-1-34 所示。

四、数字化生产管理的应用

下面介绍某企业汽车主减速器装配生产线的 MES 应用案例。

主减速器装配生产线涉及的装配零部件数量、种类较多，而且过程中缺乏及时的现场计划执行反馈信息，使得指挥人员难以准确、实时掌握现场情况，易造成短时间内的生产失控。因此，需要 MES 实现对装配过程中数据的采集与管理，同时支持后续的生产、物流、质量、设备各领域的管理要求，扮演信息传递者的角色，为生产装配、监测、工艺、物流等环节服务。

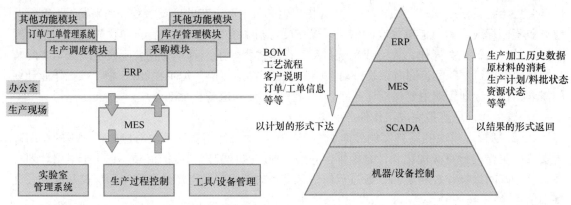

图2-1-34　MES与ERP的关系

MES 在对生产单元、物流配送、生产设备等数据实时采集的基础上，对信息进行实时处理、传输和存储，从而实现装配生产过程的追踪、监测、控制和管理。MES 的总体流程如图 2-1-35 所示，它涉及制订生产计划、生产排产、车间物流管理、现场质量控制以及车间信息发布等。

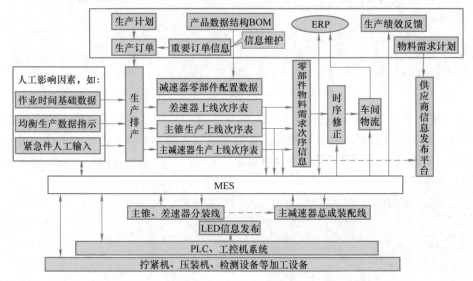

图2-1-35　MES的总体流程

MES 通过作业计划的输入（手工输入或从 ERP 系统下载）进行作业排产，根据具体的排产计划生产各装配线物料的上线顺序和上线数量。一方面，MES 根据产品基本的结构 BOM 生成详细的物料需求清单，将详细的物料需求计划发布在供应商需求平台来实现对供应商物料的动态拉动过程；另一方面，MES 利用工业以太网、现场总线、无线射频识别、条码识别等技术，实现对各加工设备（拧紧机、检测机、压装机等）的数据进行采集与控制，并通过 LED[⊖] 信息发布，实现对装配过程的质量控制、物料拉动、信息发布以及作业指导等功能。具体系统功能如下：

1. 作业计划管理

作业计划管理功能从生产订单输入（手工输入或从 ERP 系统下载）开始，并将生产订单分解成减速器装配线生产车间的日作业计划，并按其生产计划进行排序。生产订单（包含减速器

⊖　LED 为 Light Emitting Diode 的缩写，直译为发光二极管。

信息）将始终储存在 MES 数据库中，作为指导生产及生产工艺的重要参数。如果发生生产情况与订单不匹配或是紧急订单修改的情况，操作员将在系统客户端上进行订单优先级的调整、紧急订单的插入等相关操作，人工或系统自动对订单排程。生产订单将在装配线上线处与实际装配的减速器进行预匹配，同时系统自动生成相应的产品追溯码并记录在 MES 中。根据作业计划的需求，作业计划管理主要包括任务库、计划管理和计划追溯三个部分。

1）任务库即所有拟完成工作任务的集合。

2）计划管理模块的系统实例界面如图 2-1-36 所示。计划管理模块对应生产管理的短期计划安排，主要进行资源优化和计划编排，并为计划的执行和控制提供指导。它位于上层计划管理系统与车间层操作控制之间，通过双向信息交互的形式，为生产计划和车间层控制提供关键基础信息。

生产计划调度	序号	订单号	客户名称	客户类别	产品名称	产品数量	预计工时	供货时间	制订人	制订时间	备注
新生产计划	1	20090108	上海强生	1	Ø100滚切刀	500	8000	2009-5-29	陈明	2009-1-9	原材料：瑞典一胜佰，ASP23
制订生产计划 审核生产计划	2	20090120	荆州平云	3	Ø120滚切刀	400	5000	2009-4-24	陈明	2009-1-22	原材料：武汉全生材料公司，Cr12MoV
查询生产计划	3	20090205	武汉丝宝	2	Ø150滚切刀	350	6000	2009-4-15	陈明	2009-2-6	原材料：武汉江岸车辆厂、锻打 Cr12Mo1V1
生产计划调度 生产工序设计	4	20090210	重庆丝爽	2	Ø80滚切刀	200	5500	2009-5-30	陈明	2009-2-11	原材料：武汉江岸车辆厂、锻打 Cr12Mo1V1
生产工序物料设计	5	20090225	雅妮娜	1	Ø210滚切刀	120	1000	2009-6-19	陈明	2009-2-27	原材料：瑞典一胜佰 ASP60

入库	生产工序设计	生产物料设计
出库 库存 质量管理 设备管理 数据采集 基本信息	订单号：20090205　客户名称：武汉丝宝　客户类别：2 产品名称：Ø150滚切刀　产品数量：500　预计工时：6000 供货时间：2009-4-15　制定人：陈明　制定时间：2009-2-6 备注：原材料：武汉江岸车辆厂、锻打 Cr12Mo1V1	

图2-1-36　计划管理模块的系统实例界面

3）计划追溯模块的系统实例界面如图 2-1-37 所示。计划追溯模块主要是用于对各种状态的计划的执行情况进行查询、导出等操作；计划的追溯还原了企业生产计划执行的过程，根据计划数量、完成数量以及时间等信息，分析出生产装配产品计划的完成率，为后期企业生产的改进提供了数据基础。

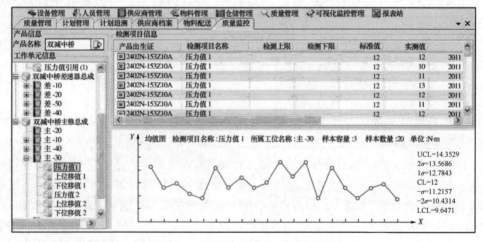

图2-1-37　计划追溯模块的系统实例界面

2. 装配过程信息发布

装配过程信息发布系统通过工作站终端进行发布，信息以不同的方式（显示、打印、屏幕、设备、系统、报警）被发布到各个显示终端上。发布装配车间日作业计划，打印总成装配单、分总成装配单，同时把装配计划传输到上层 ERP 系统中；显示各子工段生产任务目标及已完成、未完成的工单；显示产品质量，如各子工段的完成质量等级等；统计、分析各种生产、质量、设备数据，提供各类完善的数据报表，总体协调工厂的运行，掌控整个工厂的运营状况；同时跟踪车身状态，进行设备、物料、质量详细管理并做相应统计分析。装配过程信息发布的现场生产看板如图 2-1-38 所示。

在 LED 电子看板上发布的日常管理信息还包括：日常通知、宣传标语等；生产进度信息，如生产线当天的生产计划数量、装配数量、合格数量等实时生产情况；生产过程异常信息，如物料短缺、工位故障、超时等。通过该模块，企业相关人员可以实时了解计划完成情况、线上生产状态等；通过工位间的 LED 显示当前正在加工的产品类型以及后续加工的产品类型等信息。

图2-1-38　装配过程信息发布的现场生产看板

3. 装配过程跟踪与监控

MES 需要对车间装配设备的运行状况进行监控，并直接或通过上位机指导生产，同时对设备的运行情况进行管理。MES 将通过设备网络与各个工艺系统设备通信，通过监控站或客户端对车间内的生产情况、设备运行状况、减速器装配在车间的运行路线情况进行实时监控，将报警信息、装配信息储存在系统数据库中，满足对整个车间生产信息基于报表的查询。车间生产及设备运行监控通过与车间内的各子系统的通信，实时采集各控制系统中 PLC 和工艺系统的数据。通过这些数据实时反映的减速器在车间的生产状态，监控和模拟装配线及各种与系统连接的底层控制设备的运行情况，并在监控系统上产生相应的报警。操作人员还可以在此系统上调整参数、进行编辑操作和查询相应的生产信息。

装配过程跟踪与监控可视化监控模块系统界面如图 2-1-39 所示，在组态的可视化监控模块的基础上，实现对各生产工位产品状态信息、设备状态信息、物料信息以及人员信息等实时的监测，根据生产过程异常信息进行相应报警，以便生产管理人员能够直观地监控整个生产过程。

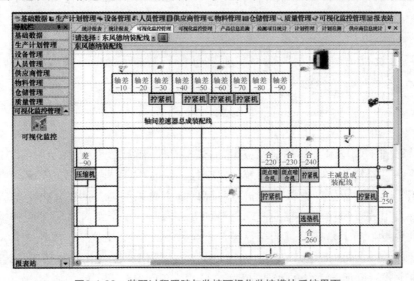

图2-1-39　装配过程跟踪与监控可视化监控模块系统界面

4. 数据采集

数据采集管理模块就是采集、存储、管理以及维护生产过程关键数据的系统。MES 通过它实现对 PLC 现场实时信息的及时掌握，从而对生产性能的提高和生产错误的纠正有及时正确的反映。

5. 质量管理

减速器作为汽车最为重要的部件之一，其质量好坏对整车的质量起着至关重要的作用，这就要求对减速器整个生产过程进行全程跟踪与追溯。制造数据的采集与防错系统模块也就必然成为 MES 的重要模块。通过利用统计过程控制（SPC）技术对关键检测数据进行分析，可以判断当前的加工产品是否处于稳定状态以及加工产品是否达到质量控制的要求等。

6. 与 ERP 等系统的集成

在一般的企业，信息系统可以分成计划层、执行层（MES）和控制层。MES 是一个企业整体信息系统中承上启下的关键一环，它并不是一个"信息孤岛"，而是需要和上游系统、下游系统以及其他系统进行紧密的集成，才能最大地发挥作用，也才能使企业的信息流、数据流、价值流顺畅地运转。对于一个开放的架构，是否拥有良好的集成方案是其成功的关键。作为计划层和控制层中间的执行层，MES 一方面接收计划层（ERP 系统）下达的生产计划以及相关必要信息，安排具体的生产，并向控制层下达指令；另一方面，控制层将执行信息返回给 MES，然后 MES 将订单执行状态反馈给计划层。MES 与其他系统的集成示意图如图 2-1-40 所示。

7. 报表管理

报表查询系统模块是将在系统中集成采集到的各种生产信息按照要求及规格生成或统计成对应的电子文本，方便系统间的信息交互及工厂各个部门间的信息交流。

报表类型主要有产品档案、产品质量报表、供应商报表、人员报表以及设备信息报表，各大类型的报表可以再一步细化。

图2-1-40　MES与其他系统的集成示意图

第六节　数字化远程维护

随着现代科技工业技术尤其是信息技术的迅速发展，航空、航天、通信、工业应用等各个领域的工程系统日趋复杂，大量复杂系统的复杂性、综合性、智能化程度不断提高。伴随着复杂系统的发展，其研制、生产尤其是维护和保障的成本越来越高。同时，由于组成环节和影响因素的增加，发生故障和功能失效的概率逐渐加大，因此，复杂系统故障诊断和维护逐渐成为研究者关注的焦点。基于复杂系统的可靠性、安全性、经济性考虑，以预测技术为核心的故障预测和健康管理（Prognostics and Health Management，PHM）策略获得越来越多的重视和应用，逐渐发展为自主式后勤保障系统的重要基础。

PHM 的概念和技术首先出现在军用装备中，并在航天飞行器、飞机、核反应堆等复杂系统和装备中获得应用。随着技术的不断发展，PHM 在很多工业领域逐渐受到重视，在电子、汽车、船舶、工程结构安全等方面的应用也不断增加。PHM 是对复杂系统传统使用的机内测试（Build-in Test，BIT）和状态（健康）监控能力的进一步扩展，它是从状态监控向健康管理的转变，这种转变引入了对系统未来可靠性的预测能力，借助这种能力识别和管理故障的发生、规划维修和供应保障，其主要目的是降低使用与保障费用，提高装备系统安全性、完好性和任务成功性，从而以较少的维修投入，实现基于状态的维修或视情维修（Condition Based Maintenance，CBM）和自主式保障。

一、PHM的概念和内涵

1. PHM 的基本概念

PHM 包含两方面的内容，即预测（Prognostics）和健康管理（Health Management）。健康程序是指与期望的正常性能状态相比较的性能下降或偏差程度；故障预测是指根据系统现在或历史性能预测性地诊断部件或系统完成其功能的状态（未来的健康状态），包括确定部件或者系统的剩余寿命或正常工作的时间长度；健康管理是根据诊断／预测信息、可用维修资源和使用要求对维修活动做出适当决策的能力。

PHM 代表了一种方法的转变、一种维护策略和概念上的转变，实现了从传统基于传感器的诊断向基于智能系统的预测的转变，从而为在准确的时间对准确的部位进行准确而主动的维护活动提供了技术基础。PHM 技术也使得事后维修或定期维修策略被视情维修所取代。这种转变能够为现实装备保障带来如下方面的提升：

1）提供系统失效的高级告警。

2）提供视情维修能力。

3）为将来的设计、评估和系统分析获得历史数据及知识。

4）通过维护周期的延长或及时的维修活动提高系统的可用性。

5）通过缩减检查成本、故障时间和库存，降低全生命周期的成本。

6）减少间歇性故障和无故障发现（No Fault Found，NFF）的发生。

2. PHM 的内涵

PHM 系统一般应具备如下功能：故障检测、故障隔离、故障诊断、故障预测、健康管理和寿命追踪。对于复杂装备和系统，PHM 应能实现不同层次、不同级别的综合诊断、预测和健康管理。

PHM 技术采用先进的传感器技术获取和采集与系统属性有关的特征参数，然后将这些特征参数和有用的信息相关联，借助智能算法和模型进行检测、分析、预测，并管理系统或设备的工作状态。目前应用较为成熟的 PHM 技术体系是美军 F-35 飞机上的机载智能实时监控系统和地面飞机综合管理的双层体系结构。多级系统实现信息综合，将信息传给地面的联合分布式信息系统（Joint Distribution Information System，JDIS），从而对飞机安全性进行有效判断，实施技术状态管理和维护保障。

二、PHM系统的组成

航空航天、国防军事以及工业各领域中应用不同类型的 PHM 系统，这些 PHM 系统体现的基本思想是类似的，区别主要表现在不同领域具体应用的技术和方法不同。一般而言，PHM 系统主要由以下六个部分构成：

（1）数据采集　利用各种传感器探测、采集被检系统的相关参数信息，将收集到的数据进行有效信息转换以及信息传输等。

（2）信息归纳处理　接收来自传感器以及其他数据处理模块的信号和数据信息，将数据信息转换成后续部件可以处理的有效形式或格式。该部分输出结果包括经过滤波、压缩简化后的传感器数据、频谱数据以及其他特征数据等。

（3）状态监测　接收来自传感器、数据处理以及其他状态监测模块的数据。其功能主要是通过比较这些数据与预定的失效判据等监测系统当前的状态，根据预定的各种参数指标极限值／阈值来提供故障报警能力。

（4）健康评估　接收来自不同状态监测模块以及其他健康评估模块的数据。主要评估被监测系统（也可以是分系统、部件等）的健康状态（如是否有参数退化现象等），可以产生故障诊断记录并确定故障发生的可能性。故障诊断应基于各种健康状态历史数据、工作状态以及维修历史数据等。

（5）故障预测决策　故障预测能力是 PHM 系统的显著特征之一。一方面，PHM 系统可综合利用前述各部分的数据信息，评估和预测被监测系统未来的健康状态并做出判断，建议或决定采取相应的措施；另一方面，它也可以在被监测系统发生故障之前的适宜时机采取维修措施，这体现了 PHM 的系统管理能力，是其另一显著特征之一。

（6）保障决策　这主要通过人 - 机接口和机 - 机接口实现。人 - 机接口包括状态监测模块的警告信息以及健康评估、预测和决策支持模块的数据信息的显示等。机 - 机接口使得上述各模块之间以及 PHM 系统同其他系统之间的数据信息可以进行传递交换。

需要指出的是，上述体系结构中的各部件之间并没有显明界限，存在着数据信息的交叉反馈。PHM 系统的基本组成如图 2-1-41 所示。

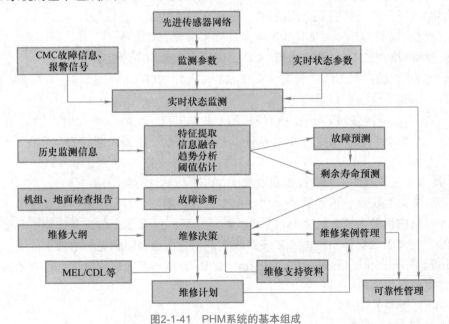

图2-1-41　PHM系统的基本组成

三、PHM技术的发展现状

自 20 世纪 90 年代末以来，综合诊断系统向测试、监控、诊断、预测和维修管理一体化方向发展，并从最初侧重考虑的电子系统扩展到电子、机械、结构、动力等各种主要分系统，逐渐形成综合的故障诊断、预测与健康管理系统。总的来说，PHM 系统是在需求牵引、技术推动下，并借助高技术装备项目（如美国的 JSF）的研制契机而诞生的。

1. 国外发展现状

美军 20 世纪 90 年代末引入民用领域的视情维修，将其作为一项战略性的装备保障策略，其目的是对装备状态进行实时或近实时的监控，根据装备的实际状态确定最佳维修时机，以提高装备的可用度和任务的可靠性。同时，高速数据采集、大容量数据存储、高速数据传输和处理、信息融合、微机电系统（MEMS）和网络等高新技术的迅速发展，意味着允许在装备中完成更多的数据存储和处理功能，以消除过多依赖地面站来处理信息的需求，为提高 PHM 的能力创造了条件。近年来，PHM 技术受到各国军方和工业界的广泛关注，各方都在积极采取各种方式加速这类军民两用技术的开发和利用。

在军事领域，美军为 F-35 JSF 开发的 PHM 系统是最早、也是目前技术水平最高的应用，F-35 的 PHM 系统代表了目前 CBM 应用的最高水准。同时，PHM 技术也已广泛应用于英国、美国、加拿大等国研制的各类飞机系统中，称作"健康与使用监控系统"（HUMS）的集成应用平台。美国各军种及其他机构也开展了与 PHM/HUMS 类似的技术发展项目，如：美国空军研究实验室提出的综合系统健康管理（ISHM）系统方案；海军的综合状态评估系统（ICAS）和预测增强诊断系统（PEDS）项目；陆军的诊断改进计划（ADIP）、嵌入式诊断和预测同步（EDAPS）计划等。

在民用技术领域，PHM 在民用飞机、汽车、复杂建筑、桥梁、核电站、大型水坝等重要装备和工程设施的监控和健康管理中得到广泛应用。其中，PHM 技术在民用航空领域的应用尤其突出。比如，波音公司的民机 PHM 解决方案——"飞机状态管理"（AHM）系统，已在多家航空公司的多种客运或货运客机上大量应用。由美国 ARINC 公司与美国国家航空航天局（NASA）兰利研究中心共同开发的与 PHM 类似的"飞机状态分析与管理系统"（ACAMS），也可应用于飞机领域。在航天应用方面，NASA 第 2 代可重用运载器已采用了航天器综合健康管理（IVHM）系统，并选定 QSI 公司开发的综合系统健康管理（ISHM）方案对航天飞机进行健康监控、诊断推理和最优查故（检查故障），以求降低危及航天任务安全的系统故障。

2. 国内发展现状

目前，国内在故障诊断、预测和健康管理方面，也开展了较为广泛的研究工作。研究需求和研究对象主要集中在航空、航天、船舶和兵器等复杂高技术装备应用领域。研究主体以高校和研究院所居多，主要研究内容集中于体系结构及关键技术研究、智能诊断和预测算法研究（基于模型的方法、基于数据的方法和基于统计的方法），以及测试性和诊断性研究等。总体应用研究规模不大，应用水平相对落后，各机构的研究能力和水平参差不齐，行业或技术领域专业研究组织薄弱。

从工业部门和复杂装备使用者的角度来看，我国现在对综合故障诊断、预测和健康管理技术的需求是明确而迫切的，但是由于理论研究和应用研究没有有效的接口，应用需求尚未得到系统而明确的分析和引导。

四、PHM技术的应用

本案例是某机械加工企业对 PHM 系统的应用。本系统的质量控制技术不依赖零件的质量特性分布，而是通过控制加工过程参数（工序影响因素）的方法来间接控制加工工序的质量特性。这种间接控制方法的优点是不必逐件检测零件，缩短了检验时间。系统根据监控对象将基于 PHM 的机械加工过程质量控制技术研究内容分为四个方面：①刀具状况监测；②设备状况监测；③加工工况监测；④环境状况监测。其中，每一个方面又可以分为许多小的方面。基于 PHM 的加工过程质量控制技术的内容如图 2-1-42 所示。

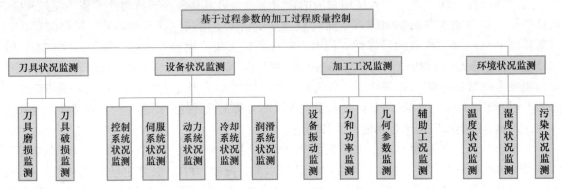

图2-1-42　基于PHM的加工过程质量控制技术的内容

基于PHM的加工过程质量控制技术可采用图 2-1-43 所示的体系结构。该体系分为以下五层：

1）设备层。这即制造单元的设备、部件和部位等物理对象。

2）分布式信息处理层。这即客户端，包括传感器、信息集中控制处理单元和多通道数据采集器。

3）管理与决策层。这即服务器端，对采集到的数据进行智能识别。其处理器具有接收和处理多路输入数据的能力，基于神经网络的数据处理软件可以对每路输入数据进行实时管理与监控，进行工序能力分析等，为加工过程提供足够的分析监控手段。在实际应用中，可以根据需要调用各种评价方法，打印或显示不同的分析内容，并将处理结果通知客户端。

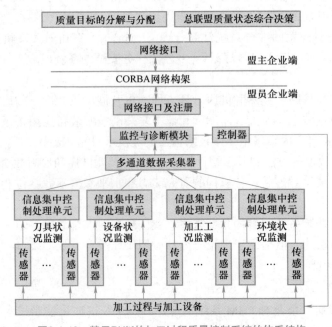

图2-1-43　基于PHM的加工过程质量控制系统的体系结构

4）网络构架层。为解决系统的跨平台性，采用 CORBA 网络构架。

5）企业质量控制中心。企业质量控制中心负责质量信息的动态交流，并对企业提交的质量信息进行处理。一方面，根据需要通过网络收集用户信息和市场信息，形成产品的质量目标，对企业发布质量信息，指导企业根据实际资源情况制订质量计划；另一方面，根据盟员企业提交的质量信息对总联盟的质量状态做出判断。

刀具状况监测的目标是监控加工过程中刀具的磨损程度及破损状态。系统首先从加工过程中获取位移、声发射和切削力等信号以及进给率、切削速度等加工参数，经过信号处理进行特征提取，所获得的特征信息送入服务器端的神经网络等智能识别模块，进行分类识别和决策，最后输出刀具状态信息。

设备状况监测的目标是监控加工过程中设备的精度、故障、环境温度及意外撞击等。系统首先从设备（部件、部位）中获取各种位移、声、力和温度等信号，以及进给率、切削速度等加工参数，经过信号处理后进行特征提取，并将提取的特征信息送入服务器端，通过神经网络等智能识别模块进行分类识别和决策，最后输出设备状态信息。

加工工况监测的目标是监控加工过程中几何参数变动状态、冷却润滑状态、切削温度及切屑形态等。系统首先从加工过程获取各种工况信号，经过信号处理后进行特征提取，并进行识别和决策，最后输出工况信息。

环境状况监测的目标是监控机械加工过程中周围环境的温度、湿度和污染状况等。系统首先从加工车间获取环境状况信号，经过信号处理后进行信息提取，并进行识别和决策，最后输出环境状态信息。

思 考 题

---

1. 简述数字制造和智能制造的区别。

2. 数字化设计与仿真和传统设计相比较有哪些特点？

3. 什么是 CAPP？

4. 什么是 MES？它有何作用？

5. 什么是 ERP？它有何作用？

6. 简述 PHM 的功能和作用。

第二章
CHAPTER 2
工业互联网技术与应用

工业互联网作为新一代信息技术与制造业深度融合的产物，日益成为新工业革命的关键技术支撑和深化"互联网＋先进制造业"的重要基石，并对未来工业发展产生全方位、深层次、革命性的影响。工业互联网平台的建设事关未来 10～15 年工业操作系统的主导权之争，事关一个国家制造业竞争优势的确立、巩固和强化。

第一节　工业互联网概述

一、工业互联网的内涵

工业互联网是互联网和新一代信息技术与工业系统全方位深度融台所形成的产业和应用生态，是工业智能化发展的关键性综合信息基础设施。其本质是以机器、原材料、控制系统、信息系统、产品以及人之间的网络互联为基础，通过对工业数据的全面深度感知、实时传输交换、快送计算处理和高级建模分析，实现智能控制、运营优化和生产组织方式变革。

工业互联网是网络，实现机器、物品、控制系统、人之间的泛在连接。网络是基础，即通过物联网、互联网等技术实现工业全系统的互联互通，促进工业数据的充分流动和无缝集成。

工业互联网是平台，数据是核心。通过工业云和工业大数据实现海量工业数据的集成、处理与分析，并通过对工业数据全周期的感知、采集和集成应用，形成基于数据的系统性智能。

工业互联网是新模式、新业态。工业互联网实现了机器弹性生产、运营管理优化、生产协同组织与商业模式创新，它的发展体现了多个产业生态系统的融合，是构建工业生态系统、实现工业智能化发展的必由之路。图 2-2-1 为工业互联网的示意图。

工业互联网与制造业的融合将带来四方面的智能化提升。一是智能化生产，即实现从单个机器到生产线、车间乃至整个工厂的智能决策和动态优化，显著提升全流程生产效率，提高质量、降低成本；二是网络化协同，即形成众包众创、协同设计、协同制造、垂直电商等一系列新模式，大幅降低新产品的开发制造成本、缩短产品上市周期；三是个性化定制，即基于互联网获取用户个性化需求，通过灵活柔性组织设计、制造和生产流程，实现低成本、大规模定制；四是服务化转型，即通过对产品运行的实时监测，提供远程维护、故障预测、性能优化等一系列服务，并通过反馈优化产品设计，实现企业服务化转型。

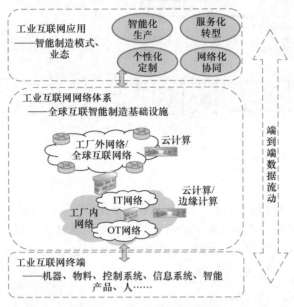

图2-2-1　工业互联网的示意图

　　工业互联网驱动的制造业变革将是一个长期过程，构建新的工业生产模式、资源组织方式也并非一蹴而就，而是从局部到整体、由浅入深，最终实现信息通信技术在工业全要素、全领域、全产业链、全价值链的深度融合与集成应用。

　　工业互联网将改变人类知识沉淀、传播、复用和价值创造范式，成为新工业革命的关键基础设施，也是工业全要素连接的枢纽和工业资源配置的核心。

　　二、工业互联网发展的内在驱动力

　　当前激烈的市场竞争以及对确定性的追求，使客户不再接受生产厂商像以往那样售卖产品或服务。他们要求提供量化结果，如确切的节能数量、产品寿命，机器正常运行时间。就如同我们花50元买个保温杯，如果杯子不保温，至多损失50元。但如果我们花50元给高铁列车买了一个零件，一旦因为这个零件故障导致高铁事故，其损失就会大得可怕，高铁零件的寿命长度必须确定，这就是"结果经济"。

　　"结果经济"要求企业必须为客户提供量化结果，这就意味着需要企业承担更大的风险，以及具备管理这些风险的能力。"结果经济"所要求的生产必定是"精益生产"，其核心就是以最小的资源量投入，包括人力、设备、资金、材料、时间和空间，创造出尽可能多的价值。

　　（1）设备角度的价值点　船舶、飞机、汽车、风车、发动机、轧机等都是设备。设备被获取之后，首先面对的就是如何使用，包括如何使用才能有更好的性能或更低的消耗、如何避免因使用不当造成损失。其次是如何保证正常使用，也就是如何更好更快更高效地解决设备维修、维护、故障预防等问题。除此之外，从设备类的生命周期着眼，分析下一代设备如何进行设计优化从而使用起来更方便等问题。

　　（2）车间角度的价值点　按照精益生产的观点，车间里常见的问题可以划分为七种浪费：等待的浪费、搬运的浪费、不合格品的浪费、动作的浪费、加工的浪费、库存的浪费、制造过多（早）的浪费。数据分析的潜在价值可以归结到这七种浪费。一般来说，这七种浪费的可能性是人发现的，处理问题的思路也是人类专家给出的。人们可以用数据来确定它们是否存在、浪费有多少，并进一步确定最有效的改进方法。

（3）企业角度的价值点　除了生产过程，工业企业的业务还包括研发设计（创新）、采购销售、生产组织、售后服务等多方面的工作。相关工作的价值多与跨越时空的协同、共享、优化有关。比如，把设计、生产、服务的信息集成起来；加强上下级之间的协同、减少管理上的黑洞；把历史数据记录下来，对工业和产品设计进行优化；把企业、车间计划和设备控制及反馈结合起来等。随着企业进入智能制造时代，这一方面的价值将会越来越大。然而，问题越是复杂，落实阶段的困难就越大，应在价值大小和价值落地之间取得平衡。

（4）跨越企业的价值点　跨越企业的价值点包括供应链、企业生态、区域经济、社会尺度的价值。这些价值往往涉及企业之间的分工协作以及业务跨界与重新定义等问题，这些方面的问题是面向工业互联网的新增长点。

三、工业互联网与智能制造

作为当前新一轮产业变革的核心驱动和战略焦点，智能制造立足于物联网、互联网、大数据、云计算等新一代信息技术，贯穿于设计、生产、管理、服务等制造活动的各个环节，是具有信息深度自感知、智慧优化自决策、精准控制自执行等功能的先进制造过程、系统与模式的总称，具有以智能工厂为载体、以生产关键制造环节智能化为核心，以端到端数据流为基础、以全面深度互联为支撑四大特征。智能制造的核心是基于全面互联而形成的数据驱动的智能，图 2-2-2 所示为智能制造的生产过程。

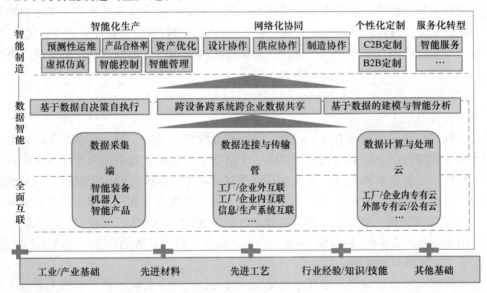

图2-2-2　智能制造的生产过程

智能制造与工业互联网有着紧密的联系，智能制造的实现主要依托两方面基础能力：一是工业制造技术，包括先进装备、先进材料和先进工艺等，这是决定制造边界与制造能力的根本；二是工业互联网，包括智能传感控制软硬件、新型工业网络、工业大数据平台等综合信息技术要素，这是充分发挥工业装备、工艺特性和材料性能，提高生产效率、优化资源配置效率、创造差异化产品和实现服务增值的关键。因此可以认为，工业互联网是智能制造的关键基础，为工业企业产业变革提供了必需的共性基础设施和能力，同时也可以用于支撑其他产业的智能化发展，工业互联网的范畴如图 2-2-3 所示。

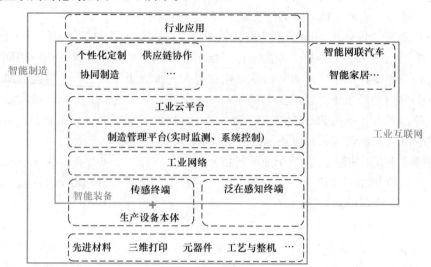

图2-2-3 工业互联网的范畴

工业互联网体系的逐步完善推动了智能制造的快速发展。一方面，工业互联网支撑技术实现纵向升级，为工业互联网的落地应用奠定基础。算法和数据的爆发推动工业互联网技术不断迈向更高层次，使采用多种路径解决复杂工业问题成为可能；传感技术的发展、传感器产品的规模化应用及采集过程自动化水平的不断提升，推动海量工业数据快速积累；工业网络技术发展保证了数据传输的高效性、实时性与高可靠性；云服务为数据管理和计算能力外包提供途径。另一方面，工业互联网技术实现横向融合，为面向各类应用场景形成智能化的解决方案奠定了基础。

四、工业互联网的产生和发展

1. 工业互联网发展的脉络

工业互联网发展的大脉络有两个维度，一个是互联网的发展，另一个是工业的发展。互联网是从消费互联网向产业互联网发展，其中一个很重要的方面，就是面向实际的生产经营，利用互联网提供相关的服务和支撑。工业本身也是有自动化、系统化的一个过程。一开始是从单机控制到工控系统出现，到 ERP 等工业管理系统，再到工业和互联网逐步出现融合发展，直到2012 年工业互联网的概念被提出。随着新技术、新发展理念的引入，工业系统正在从单点的信息技术应用向全面的数字化、网络化、智能化演进。制造业转型升级的需求与信息技术加速渗透，共同催生了工业互联网大发展。

工业互联网不断演进发展，近几年呈爆发式增长，工业互联网平台在传统工业云平台的软件工具共享、业务系统集成基础上，叠加了制造能力开放、知识经验复用与开发者集聚的功能，大幅提升了工业知识生产、传播和利用的效率。工业管理从云平台、大数据平台、物联网平台，演进发展到目前的工业互联网平台。工业互联网平台的发展阶段如图 2-2-4 所示。

2. 全球工业互联网发展的态势

工业互联网最开始由美国提出。美国对技术创新非常重视，在 2011 年就围绕实体经济进行创新发展布局。美国还有"先进制造计划"，积极打造制造业创新网络。2014 年，美国成立了工业互联网联盟（IIC），包含 GE、AT&T、英特尔、思科等企业，在全球形成了很大的影响力。

随着 GE、微软、亚马逊、PTC、罗克韦尔、思科、艾默生、霍尼韦尔等诸多巨头企业积极布局工业互联网平台，以及各类初创企业持续带动前沿平台技术创新，美国当前平台发展具有显著的集团优势，并预计在一段时间内保持其市场主导地位。紧随其后的是西门子、ABB、博世、施耐德、SAP 等欧洲工业巨头，欧洲企业立足自身领先的制造业基础优势，持续加大在工业互联网平台的投入力度，欧洲平台领域进展迅速，成为美国之外主要的竞争力量。中国、印度等新兴经济体的工业化需求持续促进亚太地区工业互联网平台发展，亚洲市场目前增速最快且未来有望成为最大市场。尤其值得一提的是，以日立、东芝、三菱、NEC、FANUC 等为代表的日本企业也一直低调务实地开展平台研发与应用探索并取得显著成效，日本也成为近期工业互联网平台发展的又一亮点。

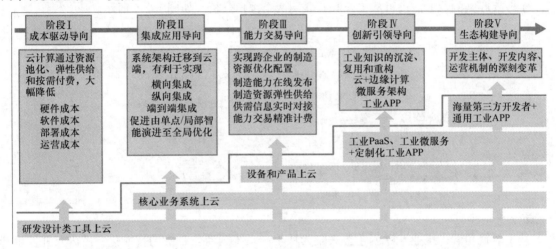

图2-2-4　工业互联网平台的发展阶段

3.我国工业互联网发展的现状

我国也一直在积极布局工业转型发展，从两化融合到两化深度融合再到现在的工业互联网。2017 年 11 月底，国务院发布《关于深化"互联网＋先进制造业"发展工业互联网的指导意见》，工业互联网正式成为国家战略。我国工业互联网平台呈现蓬勃发展的良好局面，全国各类型平台数量总计已有数百家之多，具有一定区域、行业影响力的平台数量也超过了 50 家。既有航天云网、海尔、宝信、石化盈科等工业企业面向转型发展需求构建平台，也有徐工、TCL、中联重科、富士康等大型制造企业孵化独立运营公司专注平台运营，还有优也、昆仑数据、黑湖科技等各类创新企业依托自身特色打造平台。

4.工业互联网平台整体仍处于发展初期

相对于传统的工业运营技术和信息化技术，工业互联网平台的复杂程度更高，部署和运营难度更大，其建设过程需要持续的技术、资金、人员投入，商业应用和产业推广也面临着基础薄弱、场景复杂、成效缓慢等众多挑战。工业互联网平台的发展将是一项长期、艰巨、复杂的系统工程，一是在技术领域，平台技术研发投入成本较高，现有技术水平尚不足以满足全部工业应用需求；二是在商业领域，平台市场还没有出现绝对的领导者，大多数企业仍然处于寻找市场机会的阶段；三是在产业领域，优势互补、协同合作的平台产业生态也还需持续构建。总体而言，上述各方面所面临的挑战充分说明，当前工业互联网平台仍然处于发展初期，还存在众多不确定性因素，预计还需要很长时间才能真正达到成熟发展阶段。

第二节　工业互联网的体系架构

工业互联网通过传输网络实现工业管理网络、控制网络、传感网络与互联网络等的融合，将工业基础设施、工业信息化系统、数据分析决策系统和行业工作者等融为一个整体系统。

一、认识工业互联网的功能视角

工业互联网的业务需求可从工业和互联网两个视角分析，如图 2-2-5 所示。

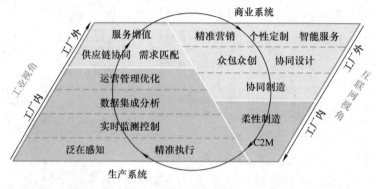

图2-2-5　认识工业互联网的功能视角

从工业视角看，工业互联网主要表现为从生产系统到商业系统的智能化，由内及外，生产系统自身通过采用信息通信技术，实现机器之间、机器与系统、企业上下游之间的实时连接与智能交互，并带动商业活动优化。其业务需求包括面向工业体系各个层级的优化，如泛在感知、实时监测控制、精准执行、数据集成分析、运营管理优化、供应链协同、需求匹配、服务增值等业务需求。

从互联网视角看，工业互联网主要表现为商业系统变革牵引生产系统的智能化，由外及内，从营销、服务、设计环节的互联网新模式新业态带动生产组织和制造模式的智能化变革。其业务需求包括基于互联网平台实现的精准营销、个性定制、智能服务、众包众创、协同设计、协同制造、柔性制造等。

二、工业互联网的总体功能架构

工业互联网的功能视角包括三大体系，即网络体系、数据体系、安全体系。网络、数据和安全是工业互联网工业视角和互联网视角的共性基础和支撑，可以打造人、机、物全面互联的新型网络基础设施。三大智能化闭环即智能生产控制、智能运营决策优化、消费需求与生产制造实现精确对接，形成智能化发展的新兴业态和应用模式，工业互联网的体系架构如图 2-2-6 所示。

1. 网络

"网络"是工业系统互联和工业数据传输交换的支撑基础，包括网络互联体系、标识解析体系和应用支撑体系，表现为通过泛在互联网的网络基础设施、健全适用的标识解析体系、集中通用的应用支撑体系，将连接对象延伸到工业全系统、全产业链、全价值链，实现人、物品、机器、车间、企业等全要素互联，以及设计、研发、生产、管理、服务等各环节的泛在连接。从而构建新型的机器通信、设备有线与无线连接方式，形成实时感知、协同交互的生产模式。

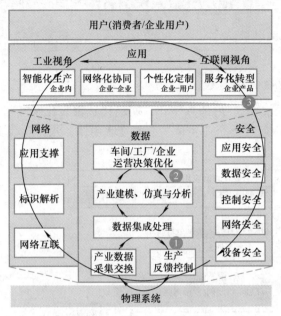

图2-2-6 工业互联网的体系架构

2. 数据

"数据"是工业智能化的核心驱动，包括数据采集交换、集成处理、建模分析、决策优化和反馈控制等功能模块，表现为通过海量数据的采集交换、异构数据的集成处理、机器数据的边缘计算、经验模型的固化迭代、基于云的大数据计算分析，实现对生产现场状况、协作企业信息、市场用户需求的精确计算和复杂分析，从而形成企业运营的管理决策以及机器送装的控制指令，驱动从机器设备、管理到商业活动的智能化。

3. 安全

"安全"是网络与数据在工业中应用的安全保障，包括设备安全、网络安全、控制安全、数据安全、应用安全和综合安全管理，表现为通过涵盖整个工业系统的安全管理体系，避免网络设施和系统软件受到内部和外部攻击，降低企业数据未经授权而被访问的风险，确保数据传输与存储的安全性，实现对工业生产系统和商业系统的全方位保护。

基于工业互联网的网络、数据与安全，将构建面向工业智能化发展的三大优化闭环。一是面向机器设备运行优化的闭环，核心是基于对机器操作数据、生产环境数据的实时感知和边缘计算，实现机器设备的动态优化调整，构建智能机器和柔性生产线；二是面向生产运营优化的闭环，核心是基于信息系统数据、制造执行系统数据、控制系统数据的集成处理和大数据建模分析，实现生产运营管理的动态优化调整，形成各种场景下的智能生产模式；三是面向企业协同、用户交互与产品服务优化的闭环，核心是基于供应链数据、用户需求数据、产品服务数据的综合集成与分析，实现企业资源组织和商业活动的创新，形成网络化协同、个性化定制、服务化转型等新模式。通过三大优化闭环构建基于海量数据"采集交换 - 集成处理 - 建模分析 - 决策与控制"的工业全周期应用服务体系，驱动工业智能化支撑制造资源泛在连接、弹性供给、高效配置的载体。

第三节 工业互联网的网络体系

一、工业互联网网络体系框架

随着智能制造的发展，工厂内部数字化、网络化、智能化及其与外部数据的交换需求逐渐增加，工业互联网呈现以三类企业主体、七类互联主体、八种互联类型为特点的互联体系，如图 2-2-7 所示。

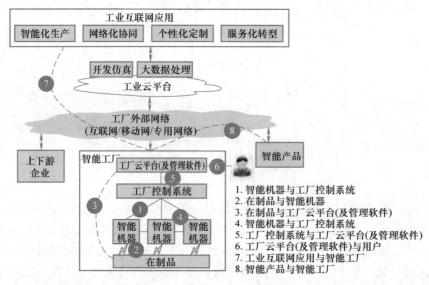

图2-2-7 工业互联网互联示意图

三类企业主体包括工业制造企业、工业服务企业（围绕设计、制造、供应、服务等环节提供服务的各类企业）和互联网企业，这三类企业的角色在不断渗透、相互转换。七类互联主体包括在制品、智能机器、工厂控制系统、工厂云平台（及管理软件）、智能产品、工业云平台、工业互联网应用，工业互联网将互联主体从传统的自动化控制进一步扩展为产品全生命周期的各个环节。八种互联类型包括了七类互联主体之间复杂多样的互联关系，成为连接设计能力、生产能力、商业能力以及用户服务的复杂网络系统。以上互联需求的发展，促使工厂网络发生新的变革，形成工业互联网整体网络架构，如图 2-2-8 所示。

与现有互联网包含的互联体系、域名服务（DNS）体系、应用服务体系三个体系相类似，工业互联网也包含三个重要体系。一是网络互联体系，即以工厂网络 IP 化改造为基础的工业网络体系。它包括工厂内部网络和工厂外部网络。工厂内部网络用于连接在制品、智能机器、工业控制系统、人员等主体，包含工厂 IT 网络和工厂 OT（工业生产与控制）网络；工厂外部网络用于连接企业上下游、企业与智能产品、企业与用户等主体。二是地址与标识体系，即由网络地址资源、标识解析系统构成的关键基础资源体系。工业互联网标识，类似于互联网域名，用于识别产品、设备、原材料等物体。工业互联网标识解析系统，用于实现对上述物体的解析，即通过将工业互联网标识翻译为该物体的地址或其对应信息服务器的地址，从而找到该物体或其相关信息。三是应用支撑体系，即工业互联网业务应用交互和支撑能力，包含工业云平台和工厂云平台，及其提供的各种资源的服务化表述、应用协议。

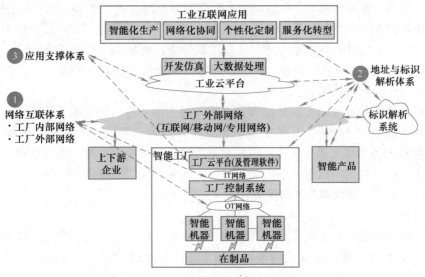

图2-2-8　工业互联网整体网络架构

二、工业互联网网络连接框架

在工业互联网体系架构中，网络是基础，为人、机、物全面互联提供基础设施，促进各种工业数据的充分流动和无缝集成。工业互联网网络连接，涉及了工厂内外的多要素、多主体间的不同技术领域，影响范围大，可选技术多。工业领域内已广泛存在各种网络连接技术，这些技术分别针对工业领域的特定场景进行设计，并在特定场景下发挥了巨大作用和性能优势，但在数据的互操作和无缝集成方面，往往不能满足工业互联网日益发展的需求。工业互联网网络连接的总体目标，是促进系统间的互联互通，从孤立的系统／网络中解锁数据，使得数据在行业内及跨行业的应用中发挥更大价值。

1. 网络连接框架

工业互联网网络连接框架如图2-2-9所示，包括网络互联和数据互通两个层次。网络互联包括工厂内部网络和工厂外部网络。

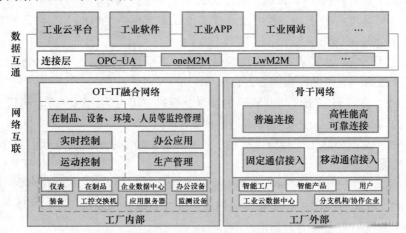

图2-2-9　工业互联网网络连接框架

工厂内部网络用于连接工厂内的各种要素,包括人员(如生产人员、设计人员、外部人员)、机器(如装备、办公设备)、材料(如原材料、在制品、制成品)、环境(如仪表、监测设备)等。通过工厂内部网络,各种要素与企业数据中心及应用服务器互联,支撑工厂内的业务应用。

工厂外部网络用于连接智能工厂、分支机构、上下游协作企业、工业云数据中心、智能产品与用户等主体。智能工厂内的数据中心/应用服务器,通过工厂外部网络与工厂外的工业云数据中心互联。分支机构/协作企业、用户、智能产品也根据配置,通过工厂外部网络连接到工业云数据中心或者企业数据中心。

工业互联网中的数据互通实现数据和信息在各要素间、各系统间的无缝传递,使得异构系统在数据层面能相互"理解",从而实现数据互操作与信息集成。工业互联网要求打破信息孤岛,实现数据的跨系统互通与融合。因此数据互通的连接层,一方面支撑各种工厂要素、出厂产品等产生的底层数据向数据中心汇聚,另一方面为上层应用提供对多源异构系统数据的访问接口,支撑工业应用的快速开发与部署。

2. 实现视图

(1)工厂内部网络 传统的工厂内部网络,主要用于连接生产设备和办公设备,因此呈现为两层三级的结构:OT 网络(又分为现场级和车间级)和 IT 网络,二者通过网关实现互联和安全隔离。

工业互联网工厂内,一方面,工厂的数字化要求很多已有业务流程的数字化由相应的网络来承载,另一方面,大量新的联网设备,如自动导引车(AGV)、机器人、移动手持设备等以及大量新的业务流程,如资产性能管理、预测性维护、人员/物料定位等被引入。新的设备和业务流程的引入,对网络产生新的需求,这使得工厂内传统的两张网(生产网络和办公网络)变为多张网,引起工厂内网络架构的变化。

企业为了打破信息孤岛、提高运营效率,会将原来分散部署在各服务器的业务系统,如MES、PLM、ERP、SCM、CRM 等,集中部署到工厂内数据中心/云平台。各联网设备、业务流程产生的数据,都要能够实时汇聚到数据中心/云平台,进行联合分析,快速决策。业务系统部署的变化也会引起网络架构的变化。

工业互联网基于柔性制造与个性化定制的要求而对生产域内的资源信息进行灵活重构,智能机器能在不同生产域间调整和迁移,这就要求工厂内的网络架构能够适应快速组网与灵活调整的需求。

图 2-2-10 是工业互联网工厂内部网络实施的一个参考。其中,工厂内部网络可以分为骨干网络和各种边缘网络两大部分,二者可以通过工业无源光网络(PON)互联,所有的网络设备由网络控制器进行统一管理。

(2)工厂外部网络 从工业企业关注的角度看,工厂外部网络主要包括智能工厂的三个专线,以及出厂产品的一个连接,如图 2-2-11 所示。

① 上网专线:实现智能工厂与互联网的互联。通过它可以实现用户或者出厂产品通过互联网对智能工厂的访问,这是工业企业基本的专线需求。

② 互联专线:实现智能工厂与分支机构/上下游企业间安全可靠的互联。对于大中型企业,这是常见的专线需求。

③ 上云专线:实现智能工厂与位于公有云的工业云平台的互联。它通常是企业到公有云服务提供商的专线,此类专线需求近年来发展迅速,尤其是随着国家推进"百万企业上云"工程,工业企业对此类专线的需求将更为强烈。

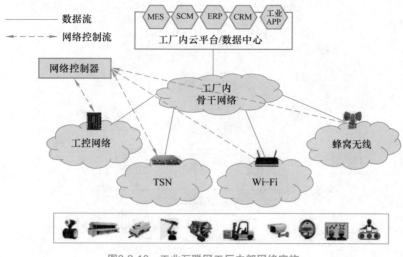

图2-2-10 工业互联网工厂内部网络实施

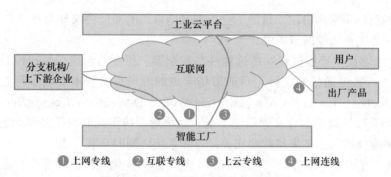

❶上网专线 ❷互联专线 ❸上云专线 ❹上网连线

图2-2-11 工业互联网工厂外部网络实施

④ 上网连线：实现出厂产品到互联网的连接，进而与智能工厂或者工业云平台互联，这是工业企业实现制造服务化的基础。

三、工业互联网网络互联体系

1. 工厂内部网络现状

（1）网络架构 工厂内部网络是在工厂内部用于生产要素以及 IT 系统之间互联的网络。总体来看，工厂内部网络呈现"两层三级"的结构，如图 2-2-12 所示。

"两层"是指"工厂 OT 网络"和"工厂 IT 网络"。其中，工厂 OT 网络主要用于连接生产现场的控制器（如 PLC、DCS、FCS）、传感器、伺服器、监控设备等部件。工厂 OT 网络的主要实现技术分为现场总线和工业以太网两大类。工厂 IT 网络主要由 IP 网络构成，并通过网关设备实现与互联网和工厂 OT 网络的互联和安全隔离。

"三级"是根据目前工厂管理层级的划分，将网络分为现场级、车间级、工厂级/企业级三个层次，每层之间的网络配置和管理策略相互独立。在现场级，工业现场总线被大量用于连接现场检测传感器、执行器与工业控制器，通信速率在数 Kbit/s 到数十 Kbit/s。车间级网络通信主要是完成控制器之间、控制器与本地或远程监控系统之间，以及控制器与工厂级之间的通信连接。大部分厂家采用工业以太网通信方式，也有部分厂家采用自有通信协议进行本厂控制器和系统间的通信。企业 IT 网络通常采用高速以太网以及 TCP/IP 进行网络互联。

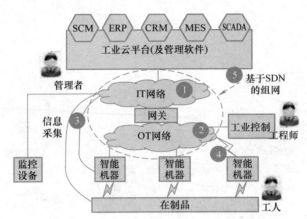

1. 工厂IT网络
2. 工厂OT网络
3. 直达智能机器和在制品的网络连接
4. 泛在的无线连接
5. 基于SDN的IT/OT组网方案

图2-2-12　典型工厂内部网络架构

（2）工业控制网络常用协议　目前工业控制网络常用的通信协议分为三类：现场总线协议、工业以太网协议和工业无线网络协议。

1）现场总线协议主要提供现场传感器件与控制器、控制器与执行器或控制器与各输入输出控制分站间进行数据通信的支持。目前市场常见的现场总线技术有几十种之多，主要包括PROFIBUS、Modbus、HART、CANopen、LonWorks、DeviceNet、ControlNet、CC-Link 等。相比起来，现场总线协议普遍存在通信能力低、距离短、抗干扰能力较差等问题。而且总线协议的开放性和兼容性不够，越来越影响相关设备和系统之间的互联互通。

2）工业以太网协议是随着以太网技术的不断成熟、优化后被引入工业控制领域而产生的通信技术。目前众多工业以太网协议已经逐步进入各类工业控制系统的控制通信应用中，其低成本、高效通信能力以及良好的网络拓扑灵活扩展能力，为工业现场控制水平提升奠定了基础。当前主流的工业以太网技术包括 Ethernet/IP、PROFINET、Modbus TCP、Powerlink、EtherCAT 等。各种工业以太网技术的开放性和协议间的兼容性相较于现场总线有所提高，但由于其在链路层和应用层所采用的技术不同，互联互通性仍不尽如人意，这在一定程度上也影响到工业以太网协议应用向更广泛的领域拓展。

3）工业无线协议在工厂内接移动的设备，以及线缆连接实现困难或无法实现的场合具备很大的必要性。目前用于工业场景的工业无线协议主要有 WLAN、Bluetooth、WirelessHART、WIA-PA、WIA-FA 等。在工厂应用中，信号传输的可靠性可能受到实际环境因素的影响，这对无线通信的应用产生较大的阻力。工业无线协议主要的应用领域还是在非关键工业应用中，例如物料搬运、库存管理、巡检维护等场合。同时，不同国家和地区对于无线通信频段的管制政策不同，客观上也限制了工业无线技术的应用规模，目前工业无线技术的成熟度和发展速度都远不如有线通信技术。

2. 工厂外部网络现状

工厂外部网络主要是指以支撑工业全生命周期各项活动为目的，用于连接企业上下游之间、企业与智能产品、企业与用户之间的网络。目前，大量工业企业已经与公众互联网之间实现互联，但互联网为工业生产带来的价值仍比较有限。从互联形式上来看，工厂的生产流程和企业管理流程仍封闭在工厂内部，从公众互联网的角度来看，工厂内部仍是一个"黑盒"；从应用形式上看，工厂与互联网的结合主要是在产品销售和供应链管理等环节，互联网在工业生产全生命周期中的资源优化配置作用仍未充分体现。

工业互联网场景下工厂外部网络方案将包括四个主要环节。一是基于 IPv6 的公众互联网。工业互联网的终端数量将达到数百亿量级，IPv6 在公众互联网中的部署势在必行，同时还需要考虑 IPv4 到 IPv6 的过渡网络方案。二是基于 SDN 的工业互联网专网或 VPN。对一些网络质量要求较高，或比较关键的业务，需要用专网或 VPN 的方式来承载。专网中需要利用 SDN、NFV 等技术实现业务、流量的隔离，并实现网络开放可编程。三是泛在无线接入。利用 NB-IoT、LTE 增强、5G 等技术，实现对各类智能产品的无线接入。四是支持工业云平台的接入和数据采集。工厂外部网络支持企业信息化系统、生产控制系统，以及各类智能产品向工业云平台的数据传送和服务质量保证。

四、工业互联网标识解析体系与工业互联网地址

工业互联网标识解析体系是关键网络基础设施。在工业互联网中，政府、企业等用户可以通过工业互联网标识解析体系，来访问保存机器、物料、零部件和产品等相关信息的服务器，并通过标识实现对异主、异地、异构信息的智能关联，为信息共享以及全生命周期管理提供重要手段和支撑。工业互联网标识解析体系的应用如图 2-2-13 所示。

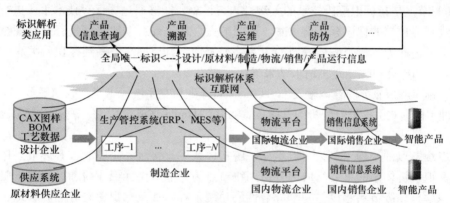

图2-2-13　工业互联网标识解析体系的应用

1. 工业互联网标识解析体系的内涵

工业互联网标识解析体系是工业互联网网络体系的重要组成部分，是支撑工业互联网互联互通的神经枢纽，其作用类似于互联网领域的 DNS。工业互联网标识解析体系的核心包括标识编码、标识解析系统、标识数据服务三个部分：①标识编码，它是能够唯一识别机器、产品等物理资源和算法、工序、标识数据等虚拟资源的身份符号，类似于"身份证"；②标识解析系统，它是能够根据标识编码查询目标对象网络位置或者相关信息的系统，对机器和物品进行唯一性的定位和信息查询，是实现全球供应链系统和企业生产系统的精准对接、产品全生命周期管理和智能化服务的前提和基础；③标识数据服务，它能够借助标识编码资源和标识解析系统开展工业标识数据管理和跨企业、跨行业、跨地区、跨国家的数据共享共用。目前，国内外存在多种标识解析技术，包括标码（Handle）、对象标识符（OID）、物联网标识体系（Ecode）编码、国际物品编码（GS1）等。现有标识解析技术大部分面向物联网个别领域的应用，缺少针对工业互联网特定应用场景、复杂工序流程等特定的应用设计，在数据互认、互操作等方面也缺少技术方案，无法支撑统一管理、高效、安全可靠、互联互通的网络基础设施。

2. 工业互联网标识解析体系的逻辑架构

目前全球范围内已经存在多种标识解析技术方案，我国工业互联网标识解析体系将兼容 GS1、Handle、OID、Ecode 等主要技术方案。我国工业互联网标识解析体系由国际根节点、国家顶级节点、二级节点、企业节点、递归节点等要素组成。

1）国际根节点是指一种标识体系管理的最高层级服务节点，提供面向全球范围公共的根层级标识服务，并不限于特定国家或地区。

2）国家顶级节点是指一个国家或地区内部最顶级的标识服务节点，能够面向全国范围提供顶级标识解析服务，以及标识备案、标识认证等管理能力。国家顶级节点既要与各种标识体系的国际根节点保持连通，又要连通国内的各种二级及以下的其他标识服务节点。

3）二级节点是面向特定行业或者多个行业提供标识服务的公共节点。二级节点既要向上与国家顶级节点对接，又要向下为工业企业分配标识编码及提供标识注册、标识解析、标识数据服务等，同时满足安全性、稳定性和扩展性等方面的要求。作为推动标识产业应用规模性发展的主要抓手，二级节点是打造有价值的行业级标识应用、探索可持续发展业务模式的关键。

4）企业节点是指一个企业内部的标识服务节点，能够面向特定企业提供标识注册、标识解析服务、标识数据服务等，既可以独立部署，也可以作为企业信息系统的组成要素。

5）递归节点是指标识解析体系的关键性入口设施，能够通过缓存等技术手段提升整体服务性能。当收到客户端的标识解析请求时，递归节点会首先查看本地缓存是否有查询结果，如果没有，则会通过标识解析服务器返回的应答路径查询，直至最终查询到标识所关联的地址或者信息，将其返回给客户端，并将请求结果进行缓存。

此外，标识解析服务的查询触发，可以是来自企业信息系统、工业互联网平台、工业互联网 APP 等多种不同形式。标识分配机构是指负责 GS1、Handle、OID、Ecode 等标识编码分配的机构。

3. 工业互联网标识解析二级节点

（1）二级节点的架构　二级节点是标识解析体系中直接服务企业的核心环节。作为国家工业互联网标识解析体系的重要组成部分，二级节点为企业提供标识注册和标识解析服务。工业互联网标识解析二级节点建设是一个综合性的系统工程，涉及标识编码分配和管理、信息系统建设和运营、标识应用对接和推广等工作，整体架构可划分为管理、功能和应用三大体系。二级节点的总体框架如图 2-2-14 所示。其中，管理体系主要用于规范二级节点建设与运营相关的管理要求，包括编码规则、技术标准、管理规范和运营规范等；功能体系主要从信息系统建设的角度，在具备基础设施的前提下，界定二级节点应提供的核心系统功能，包括标识注册、标识解析、业务管理、数据管理、安全保障等；应用体系主要是明确如何基于二级节点与工业互联网平台、工业企业信息系统、企业节点的对接，促进供应链管理、重要产品追溯、产品全生命周期管理等应用；接口规范主要是对二级节点与国家顶级节点、企业节点之间的运营管理监测接口、网络通信接口、数据传输格式等进行标准化约定。

（2）二级节点的功能体系　从功能视角出发，二级节点主要由五部分组成，包括标识注册、标识解析、业务管理、数据管理和安全保障。

1）标识注册。标识注册主要是指针对工业互联网标识编码的规划、申请与分配、使用情况反馈、生命周期管理、标识有效性管理，标识分配使用情况的信息收集以及标识关联信息的采集等功能。此外，标识注册还可以提供企业标识前缀、产品和设备标识的注册变更及删除、实名审核、数据查询、运营统计等服务功能。

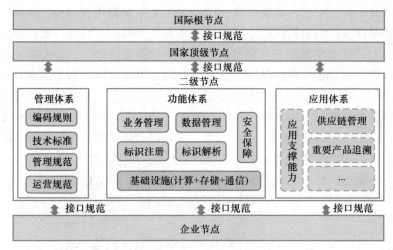

图2-2-14 二级节点的总体框架

2）标识解析。二级节点的标识解析功能主要是为其分配的标识提供公共解析服务。对于由二级节点自身分配的标识编码，二级节点负责对其进行唯一性定位和标识基础应用信息查询。

3）业务管理。业务管理主要是指与工业互联网标识注册和标识解析相关的用户管理、计费管理、审核等功能。其中，用户管理要素包括平台管理员、企业用户和审核员；计费管理主要用于对标识注册、解析过程中产生的费用进行记录和结算；审核主要是为了确保企业注册标识的有效性，即审核该标识对应的产品、设备是否真实存在。

4）数据管理。数据管理是指二级节点对自身的标识编码属性信息、标识注册信息、标识分配信息、标识解析日志等数据进行管理的功能。此外，二级节点的数据管理还包括围绕标识业务开展的标识应用数据、统计分析、数据挖掘等管理。

5）安全保障。安全保障是指保障标识解析二级节点的安全、稳定、高效运行。安全保障建设的主要内容包括自身防护能力建设和安全能力建设两个方面。其中自身防护能力建设主要针对二级节点自身部署安全防护措施，提升防护能力，主要包括标识查询与解析节点身份可信认证、解析资源访问控制、解析过程完整性保护、解析系统健壮性增强等方面；安全能力建设主要包括建设企业安全防护、安全监测、安全审计、安全处置的技术能力，具备体系化的安全管理技术手段，以及向顶级节点和相关系统提供安全协同的技术接口。

4. 工业互联网地址

工业互联网的发展需要大量的IP地址，工业互联网需要支撑海量智能机器、智能产品的接入。而目前已趋于枯竭的IPv4地址难以满足未来工业互联网发展的海量地址空间需求，因此IPv6是工业互联网络发展的必然选择。IPv6在解决工业互联网地址需求的同时，也能为工厂内网各设备提供全球唯一地址，为更好地进行数据交互和信息整合提供了条件。IPv6在工业互联网应用中的技术和管理将成为研究热点。关于IPv6的研究虽然已经开展了很多年，但工业应用有其特殊性，尤其是工厂内网在安全性、可靠性、网络性能等方面都有较高的要求，因此IPv6与工业互联网结合的技术需要进一步深入研究。同时，工业生产关系国计民生，提前开展IPv6地址在工业互联网中分配和管理的研究，将有利于提高主管部门的互联网监管水平。

五、工业互联网应用支撑体系现状

工业互联网应用支撑体系方案包括四个主要环节，如图2-2-15所示。一是工厂云平台，在大型企业内部建设专有云平台，实现企业 / 工厂内的 IT 系统集中化建设，并通过标准化的数据集成，对内开展数据分析和运营优化。还可以考虑混合云模式，将部分数据能力及信息系统移植到公共云平台上，便于实现基于互联网的信息共享与服务协作。二是公共工业云平台，面向中小工业企业开展设计协同、供应链协同、制造协同、服务协同等新型工业互联网应用模式及提供 SaaS 类服务。三是面向行业或大型企业的专用工业云平台，面向大型企业或特定行业，提供以工业数据分析为基础的专用云计算服务。四是工厂内各生产设备、控制系统和 IT 系统间的数据集成协议，以及生产设备、IT 系统到工厂外云平台间的数据集成和传送协议等应用支撑协议。

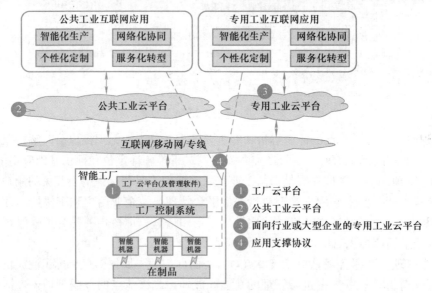

图2-2-15　工业互联网应用支撑体系

工业互联网应用支撑体系包括三个层面：一是实现工业互联网应用、系统与设备集成的应用使能技术，二是工业互联网应用服务平台，三是服务化封装与集成。

工业互联网应用、系统与设备集成的应用使能技术是支撑工业企业内部或工业企业与互联网数据分析平台之间实现数据集成和互操作的基础协议。与互联网中的 HTML 等协议类似，工业互联网中应用使能技术的主要作用是在异构系统（不同的操作系统、不同的硬件架构等）之间实现数据层面的相互"理解"，实现信息集成与互操作、产品 / 设备到云平台的数据集成，并通过互联网支撑协议、网关等实现智能机器、产品、终端等的数据向云端集成。工厂内不同系统间的数据、生产现场系统数据接口各异，应用支撑协议实现了工厂内各现场系统向 IT 系统数据集成的统一。工业互联网系统与设备的集成如图 2-2-16 所示。

工业互联网应用服务平台目前主要体现为可集成部署各类工业云服务能力和资源的平台，以实现在线设计研发、协同开发等工业云计算服务。这类服务主要面向中小工业企业。一是通过在线的集成设计云服务可以为工业企业提供设计资源和工具服务；二是开展基于云平台的多方协作、设计众包等新型开发方式，实现制造资源高效整合。目前也逐步出现一些工业云服务平台，通过利用应用使能技术，实现对生产现场数据的有效采集与分析，并将结果应用于企业管理与决策。

目前工业企业服务化集成主要集中在工厂运营层信息系统中，大型企业通过企业服务总线（ESB）将 ERP、CRM、MES 等信息系统通过 SOA（面向服务的体系结构）化的形式进行资源组织，为企业运营提供基础管理支撑。在此基础上，向工厂 / 车间下沉的 MES 或者 SCADA 系统基本停留在业务逻辑预置开发或以数据库为中心的交互模式，而底层设备、物料等生产资源仍无法实现 SOA 化的服务资源调度。

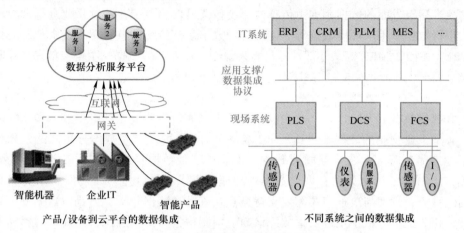

产品/设备到云平台的数据集成　　　　　　　不同系统之间的数据集成

图2-2-16　工业互联网系统与设备的集成

第四节　工业互联网的数据体系

工业互联网的数据体系是面向制造业数字化、网络化、智能化需求，构建基于海量数据采集、汇聚、分析的服务体系，也是支撑制造资源泛在连接、弹性供给、高效配置的载体。工业互联网的数据体系极大延展了传统工业数据的范围，同时还包括工业大数据相关技术和应用。通过数据汇聚和大数据分析等技术，形成智能分析和判断。

一、工业大数据概述

1.工业大数据的内涵

工业大数据是指在工业领域中，围绕典型智能制造模式，从客户需求到销售、订单、计划、研发、设计、工艺、制造、采购、供应、库存 、发货和交付、售后服务、运维、报废或回收再制造等整个产品全生命周期各个环节产生的各类数据及相关技术和应用的总称。来自人、机、物的各种数据（大数据）将人、机、物联通，大量数据的聚集形成数据湖。工业数据湖是一个巨大、动态存储各种工业数据的专用信息间，无论系统是否与外部连接或获取新数据，它都可以自己对已有数据进行分析计算并优化、缓冲数据负载，如图 2-2-17 所示。

图2-2-17　工业数据湖

工业大数据基于网络互联和大数据技术，贯穿于工业的设计、工艺、生产、管理、服务等各个环节，使工业系统具备描述、诊断、预测、决策、控制等智能化功能。工业大数据从类型上主要分为现场设备数据、生产管理数据和外部数据。现场设备数据是来源于工业生产线设备、机器、产品等方面的数据，多由传感器、设备仪器仪表、工业控制系统进行采集产生，包括设备的运行数据、生产环境数据等。生产管理数据是指传统信息管理系统中产生的数据，如SCM、CRM、ERP、MES等。外部数据是指来源于工厂外部的数据，主要包括来自互联网的市场、环境、客户、政府、供应链等外部环境的信息和数据。

2. 工业大数据的特征

工业大数据具有五大特征：一是数据体量巨大，大量机器设备的高频数据和互联网数据持续涌入，大型工业企业的数据集将达到PB级甚至EB级别；二是数据分布广泛，分布于机器设备、工业产品、管理系统、互联网等各个环节；三是结构复杂，既有结构化和半结构化的传感数据，也有非结构化数据；四是数据处理速度需求多样，生产现场级要求实现实时时间分析达到毫秒级，管理与决策应用需要支持交互式或批量数据分析；五是对数据分析的置信度要求较高，相关关系分析不足以支撑故障诊断、预测预警等工业应用，需要将物理模型与数据模型结合，追踪挖掘因果关系。

3. 工业互联网大数据功能架构

工业大数据
架构

工业大数据是工业领域相关数据集的总称，是工业互联网的核心，也是智能制造的关键。工业互联网数据架构从功能视角看，主要由数据采集与交换、数据预处理与存储、数据建模、数据分析与数据驱动下的决策与控制应用四个层次五大部分组成。工业大数据系统参考框架如图2-2-18所示。

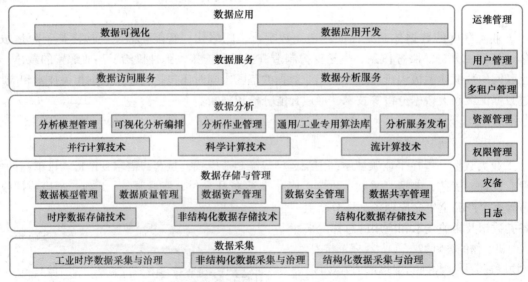

图2-2-18 工业大数据系统参考框架

1）数据采集与交换层主要实现工业各环节数据的采集与交换，数据源既包含来自传感器、SCADA、MES、ERP等内部系统的数据，也包含来自企业外部的数据，主要包含对象感知、实时采集与批量采集、数据核查、数据路由等功能。

2）数据预处理与存储层的关键目标是实现工业互联网数据的初步清洗、集成，并将工业系统与数据对象进行关联，主要包含数据预处理、数据存储等功能。

3）数据建模层根据工业实际元素与业务流程，在数据基础上构建用户、设备、产品、生产线、工厂、工艺等数字化模型，并结合数据分析层提供数据报表、可视化、知识库、数据分析工具及数据开放功能，为各类决策的产生提供支持。

4）决策与控制应用层主要是基于数据分析结果，生成描述、诊断、预测、决策、控制等不同应用，形成优化决策建议或产生直接控制指令，从而实现个性化定制、智能化生产、网络化协同和服务化转型等创新模式，并将结果以数据化形式存储下来，最终构成从数据采集到设备、生产现场及企业运营管理的持续优化闭环。

二、工业大数据分析

1.工业大数据分析的概念

工业大数据分析是利用统计学分析技术、机器学习技术、信号处理技术等技术手段，结合业务知识对工业过程中产生的数据进行处理、计算、分析并提取其中有价值的信息、规律的过程。大数据分析工作应本着需求牵引、技术驱动的原则开展。在实际操作过程中，要以明确用户需求为前提、以数据现状为基础、以业务价值为标尺、以分析技术为手段，针对特定的业务问题，制订个性化的数据分析解决方案。工业大数据分析的流程如图 2-2-19 所示。

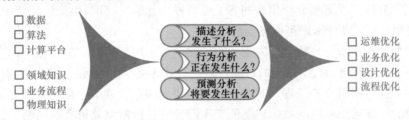

图2-2-19 工业大数据分析的流程

工业大数据分析的直接目的是获得业务活动所需要的各种知识，贯通大数据技术与大数据应用之间的桥梁，支撑企业生产、经营、研发、服务等各项活动的精细化，促进企业转型升级。工业大数据的分析要求用数理逻辑去严格定义业务问题。由于工业生产过程本身受到各种机理约束条件的限制，利用历史过程数据定义问题边界往往达不到工业的生产要求，需要采用"数据驱动＋模型驱动"的双轮驱动方式，实现数据和机理的深度融合，以便解决实际的工业问题。

2.工业大数据分析的基本过程

工业大数据分析的基本任务和直接目标是发现与完善知识，企业开展数据分析的根本目标却是创造价值。这两个不同层次的问题，需要一个转化过程进行关联。为了提高分析工作的效率，需事先制订工作计划，如图 2-2-20 所示。

数据分析起源于用户的业务需求，相同的业务需求会有多个可行方案，每一个方案又有若干可能的实现途径。例如，面对减少产品缺陷的业务需求，可以分成设备故障诊断和工艺优化等方案。而设备诊断又可进一步根据设备和机理的不同，分成更明确的途径，如针对特定设备特定故障的诊断。遇到复杂问题，这些途径可能会被再次细分，直至明确为若干模型。对知识的发现首先了解到的是输入输出关系，如特定参数与设备状态之间的关系，

图2-2-20 工业大数据分析任务的工作方案与探索路径

这些关联关系即为知识的雏形，然后需要寻找适当的算法，提取和固化这些知识。知识发现是个探索的过程，并不能保证每次探索都能成功，上述计划本质上是罗列了可能的方案。只要找到解决问题的办法，并非每一条方案或途径都需要进行探索。在不同的途径中，工作量和成功的概率、价值成本都是不一样的，一般尽量挑选成功概率大、工作量相对较小、价值大成本低的路径作为切入点，尽量减少探索成本。在项目推进或者探索的过程中，还会根据实际的进程，对预定的计划及顺序进行调整。业务计划的制订和执行过程本质上体现了相关领域知识和数据分析知识的融合。其中，方案和途径的选择要兼顾业务需求和数据条件。

3. 工业大数据分析的类型

根据业务目标的不同，工业大数据分析可以分成四种类型。

（1）描述型分析　描述型分析用来回答"发生了什么""体现的是什么知识"。工业企业总的周报、月报、商务智能（BI）分析等，就是典型的描述型分析。描述型分析一般通过计算数据的各种统计特征，把各种数据以便于人们理解的可视化方式表达出来。

（2）诊断型分析　诊断型分析用来回答"为什么会发生这样的事情"。针对生产、销售、管理、设备运行等过程中出现的问题和异常，找出导致问题的原因所在，诊断型分析的关键是剔除非本质的随机关联和各种假象。

（3）预测型分析　预测型分析用来回答"将要发生什么"。针对生产、经营中的各种问题，根据现在可见的因素，预测未来可能发生的结果。

（4）处方型（指导型）分析　处方型（指导型）分析用来回答"怎么办"的问题。针对已经发生和将要发生的问题，找出适当的行动方案，有效解决存在的问题并把工作做得更好。

业务目标不同，所需要的条件、对数据分析的要求和难度就不一样。大体上说，四种问题的难度是递增的：描述型分析的目标只是便于人们理解；诊断型分析有明确的目标和对错；预测型分析不仅有明确的目标和对错，还要区分因果和相关性；而处方型分析，则往往要进一步与实施手段和流程的创新相结合。

同一个业务目标可以有不同的实现路径，还可以转化成不同的数学问题。比如，处方型分析可以用回归、聚类等多种办法来实现，每种方法所采用的变量也可以不同，故而得到的知识也不一样，这就要求对实际的业务问题有着深刻的理解，并采用合适的数理逻辑关系去描述。

4. 工业大数据分析框架

（1）CRISP-DM 模型　CRISP-DM 模型是欧盟起草的跨行业数据挖掘标准流程（Cross-industry Standard Process for Data Mining）的简称。这个标准以数据为中心，将相关工作分成业务理解、数据理解、数据准备、建模、验证与评估、实施与运行六个基本的步骤，如图 2-2-21 所示。在该模型中，相关步骤不是顺次完成，而是存在多处循环和反复。在业务理解和数据理解之间、数据准备和建模之间，都存在反复的过程。这意味着，这两对过程是在交替深入的过程中进行的，而更大的反复过程出现在模型验证评估之后。

对多数数据分析工作来说，人们并不希望有上述反

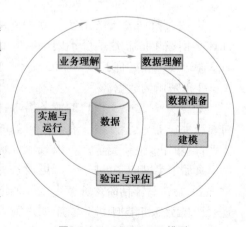

图2-2-21　CRISP-DM 模型

复交替的过程存在，因为反复交替意味着工作的重复和低效。而这种现象出现在公认的标准中，是因为分析过程存在极大的不确定性，这样的反复往往是不可避免的。

长期以来，很多人用 CRISP-DM 模型指导工业大数据分析的过程。在很多场景下，这个模型的原理是可行的、有效的，但是当我们把它用于工业过程数据分析时，却发现问题的复杂度会急剧上升，各个步骤中反复的次数大大增加，验证评估不合格导致从头再来的情况非常普遍。这些现象导致工业大数据分析工作的效率显著下降。

（2）工业大数据分析的指导思想　CRISP-DM 方法基本适用于工业大数据分析，但必须补充新的内涵才能让其成为有效的经济活动。如前所述，工业大数据分析过程的效率低下，很可能是大量无效的循环往复导致的。所以，工业大数据分析方法的关键，是如何减少不必要的反复，提高数据分析的效率。在工业大数据分析过程中用好 CRISP-DM，关键是减少上下步骤之间的反复，避免单向箭头变成双向，尤其要尽量减少模型验证失败后重新进入业务理解这样大的反复。减少无效反复的重要办法是采用工程上常见的"以终为始"的思维方式，即在进行深入研究之前，要进行一个相对全面的调研，从如何应用、如何部署开始，反推需要进行的研究。

"反复"是由探索过程的特点以及知识和信息不足导致的。数据分析是一个探索知识的过程，不可能彻底消除反复现象。所以，我们需要追求的是减少不必要的探索。其中，"不必要的探索"一般是由数据分析人员没有充分掌握已有的领域知识和相关信息导致的。所以，减少不必要的探索，关键是实现数据分析知识和领域知识、相关信息的有机结合。然而，实际分析工作中并不能假设或者要求数据分析人员事先对这些知识和信息有着充分的理解，要解决这个问题，关键是设法让分析师在分析的过程中更加主动、有针对性地补充相关知识，即所谓"人在环上"。最后，要努力提高数据分析的自动化程度，充分利用计算机的计算和存储能力、减少人的介入。人的介入能使分析效率大大降低，减少人的介入，也就能大大提高工作的效率。

CRISP-DM 模型在工业大数据中的应用推进，主要分以下几个阶段：

1）业务理解阶段。该阶段旨在明确业务需求和数据分析的目标。要将模糊的用户需求转化成明确的分析问题，必须清晰到计划采取什么手段、解决什么问题，并将每一个分析问题细化成明确的数学问题，同时基于业务理解制订分析项目的评估方案。

2）数据理解阶段。该阶段的目标是建立数据和业务的关联关系，从数据的角度去深度解读业务。其内容包括：发现数据的内部属性，或是探测感兴趣的子集形成隐含信息的假设；识别数据的质量问题；对数据进行可视化探索等。

3）数据准备阶段。该阶段的目标是为数据的建模分析提供干净、有效的输入数据源。首先基于业务目标筛选有效数据，筛选的数据能够表征业务问题的关键影响因素。其次对数据的质量进行检查和处理，处理数据的缺失情况、异常情况等。最后对数据进行归约、集成变换等，输出建模可用的数据源。

4）建模阶段。该阶段是基于对业务和数据的理解，选择合适的算法和建模工具，对数据中的规律进行固化、提取，最后输出数据分析模型。首先基于业务经验、数据建模经验对业务问题进行逻辑化描述，探索解决问题的算法，反复迭代选择一个最优的算法方案。其次基于输入数据来加工关键因子的特征变量，作为建模输入变量，建立有效可靠的数据模型。

5）验证与评估阶段。首先从业务的角度评估模型的精度，确定其是否能够满足现有业务的要求。其次分析模型中的影响因子的完备性，为模型的下一步迭代指明优化路径。最后考察模型的假设条件，判断其是否满足实际落地的条件，为模型的部署进行可行性验证。

6）模型的实施与运行阶段。在该阶段中，首先要基于分析目标制订模型的使用方案和部署方案，并提前为模型的部署做好环境准备工作。其次针对模型部署过程中出现的质量问题、运行问题、精度问题等，提前做好预备方案。最后基于模型试运行后的结果，制订模型的持续优化方案。

三、工业互联网数据平台

工业互联网数据平台面向制造业的数字化、网络化、智能化需求，构建基于云平台的海量数据采集、汇聚、分析服务体系，它支撑着制造资源的泛在连接、弹性供给和高效配置。其基本特征是：①泛在连接，是指具备对设备、软件、人员等各类生产要素数据的全面采集能力；②云化服务，能实现基于云计算架构的海量工业数据的清洗、存储、管理和计算；③知识积累，是指能够提供基于工业知识机理的数据分析能力，并实现知识的固化、积累和复用；④应用创新，是指能够调用平台功能及资源，提供开放的工业应用程序（APP）开发环境，实现工业APP的创新应用。

工业互联网数据平台本质上是一个面向云应用的软件平台，其四个定位如下：①工业互联网数据平台是传统工业云平台的迭代升级；②工业互联网数据平台是新工业体系的"操作系统"；③工业互联网数据平台是资源集聚共享的有效载体；④工业互联网数据平台是打造制造企业竞争新优势的关键抓手。

1. 工业互联网数据平台的位置

参考工业互联网产业联盟发布的《工业互联网体系架构（版本1.0）》中"应用支撑的实施"部分，从实施部署的角度，工业互联网数据平台可以部署在工厂内部，也可以部署在工厂外部，如图2-2-22所示。

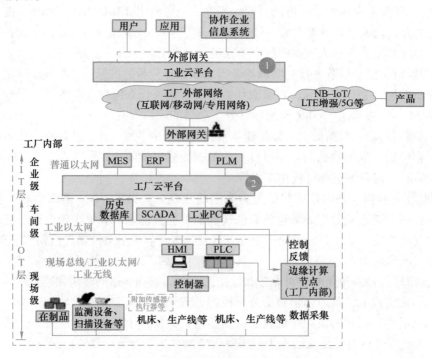

图2-2-22　工业互联网数据平台部署位置

2. 工业互联网数据平台架构

工业互联网数据平台是指可集成工厂内部或外部的各种数据、服务、用户等各类资源，并在此基础上提供工业数据集成分析、应用支撑能力和基础应用能力，以支撑各种工业互联网应用的平台，它是构建产业生态的重要基础，是一个面向云应用的软件平台。

工业互联网数据平台架构如图2-2-23所示。其中边缘层是基础，通过大范围、深层次的数据采集以及异构数据的协议转换与边缘处理，构建工业互联网平台的数据基础。平台层是核心，基于通用PaaS叠加大数据处理、工业数据分析、工业微服务等创新功能，构建可扩展的开放式操作系统。应用层是关键，形成满足不同行业、不同场景的工业SaaS和工业APP，形成工业互联网的最终价值。

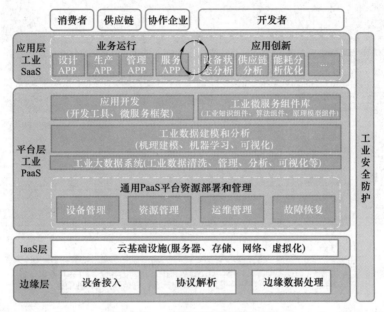

图2-2-23 工业互联网数据平台架构

工业互联网数据平台是一个服务平台，服务是工业互联网数据平台的基本属性。在工业互联网数据平台中，自顶向下，具体表现为：SaaS（软件即服务）、PaaS（平台即服务）、IaaS（基础设施即服务）。每一层都以下一层为提供服务的基础。软件即服务，此处的软件不是原有的工业软件。平台即服务，此处的服务是基于为微系统的微服务，微服务架构是以实现一组微服务的方式来开发一个独立的应用系统的方法。其中每个微服务都运行在自己的进程中。

3. 工业互联网数据平台的功能要素

图2-2-24所示为工业互联网数据平台的功能要素，它规定了工业互联网数据平台应提供的功能、性能、安全等基本通用要求。

工业互联网数据平台可以与设备、系统、智能产品互联，获取各种历史数据和实时数据，也可以与各种提供数据资源的系统互联，以丰富平台可采集与分析的数据，在此基础上实现更加综合与智能的分析。工业互联网平台为各种工业互联网应用提供基础共性支撑。同时工业互联网平台与平台用户交互，为平台用户提供边缘连接、云基础资源、应用开发环境、基础应用能力等，以支撑应用的快速开发、部署和运行。

从功能实现上，工业互联网数据平台架构可以划分为边缘连接、云基础设施、基础平台能力、基础应用能力、保障支撑体系。其中：边缘连接提供靠近边缘的分布式网络、计算、存储及应用等智能服务；云基础设施提供云资源及云资源管理、运行和云服务调用相关的框

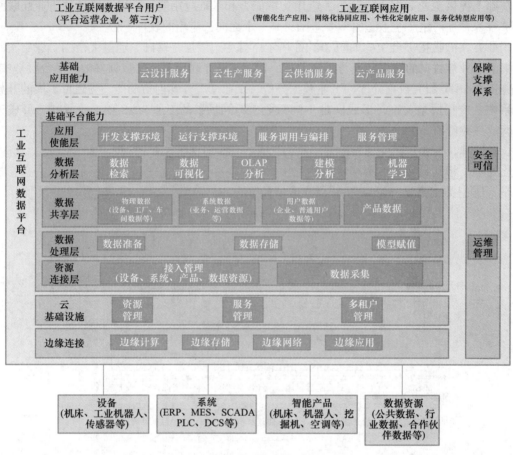

图2-2-24 工业互联网数据平台的功能要素

架支撑；基础平台能力提供数据采集、处理和服务的通用基础功能；基础应用能力围绕产业链上下游协作，为用户提供可重用的微服务或行业服务；保障支撑体系提供平台运维管理和安全可信能力。

从安全实现的角度，平台的建设与平台安全可信应同时保障设计、建设、验收和运营。平台的建设方需在建设方案中考虑安全可信措施，平台安全可信保障应采用与建设方不同的安全能力提供方进行风险识别、安全设计和安全服务，以保证相互监督和相互制衡。

4. 工业软件

（1）工业软件的概念和分类　工业软件不仅仅是软件，它还是一个工业产品，而且是高端工业产品，是一门集工业知识与"know-how"大成于一身的专业学问。工业软件是工业装备中的软装备，没有软装备的支持，就不可能有"数字化、网络化、智能化"。波音777是世界首架全数字化设计的飞机，全机在产品研发全流程中使用了近8000种各类工业软件，其中波音公司对外公开的只是CAD、CAE和PDM等通用技术，但是我们大量引进CAD、CAE、PDM这些技术后才发现，没有背后那7000多种包含工业技术的软件，我们根本达不到波音公司的飞机研制水平。工业软件也是"中国制造2025"实施的主要难点。

工业软件大体有两大类，即嵌入式软件和非嵌入式软件。嵌入式软件是指嵌入控制器或通信、传感装置之中的采集、控制、通信等软件，它可以使产品本身实现数字化；非嵌入式软件是装在通用计算机或者工业控制计算机之中的设计、编程、工艺、监控、管理等软件，它可以使研发手段数字化。工业软件可以细分为如下八类：研发工具类、生产控制类、运营管理类、嵌入产品类、工业互联网类、环境安全类、人工智能类、标准体系架构类。

（2）工业软件的重构和工业 APP 工业互联网平台将带来的工业软件重大变革就是重构工业软件创新、部署与集成方式。传统工业软件即将解构，新型工业服务必将崛起。传统形式的工业软件，尤其是非嵌入式的工业软件将发生巨变，原本相对"固化"的工业软件将打破体系结构，以专业知识为导向，以数字化模型为单位，以工业微系统为载体。工业微服务是将大量工业技术原理、行业知识、基础工艺、模型工具、特定算法等工业知识，进行规则化、软件化、模块化处理，将其封装为可重复使用的组件，工业软件的重构如图 2-2-25 所示。工业微服务的优点是：①门类丰富、容量巨大；②将高深难懂的工业知识，转变为不需要关心其实现细节、界面标准、易学易懂的工业微服务组件；③工业 APP 的开发者不需要具备专业知识，就可通过调用 PaaS 平台提供的各类工业微服务，开发出解决专业问题的工业 APP。传统工业软件架构与工业互联网平台软件架构对比见表 2-2-1。

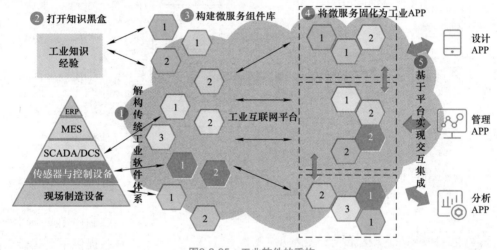

图2-2-25 工业软件的重构

表 2-2-1 软件架构对比

项　　目	传统工业软件架构	工业互联网平台软件架构
部署方式	本地部署	云端部署
系统层级	ISA–95，五层架构	扁平化
软件架构	紧耦合单体架构	微服务架构
开发定位	面向流程或服务的软件系统	面向角色的 APP
开发方式	基于单一语言开发	基于 PaaS 平台多语言开发
系统集成颗粒度	大系统与大系统	微系统与微系统
系统集成技术路线	通过专用接口或中间件集成	基于 API 调用
系统集成程度	局部集成	全局集成

工业 APP 是基于工业互联网平台，承载工业知识和经验，以满足特定需求的工业应用软件，是工业技术软件化的重要成果。工业 APP 的本质是工业知识的沉淀、复用与重构，其根本价值

是解决工业应用问题。业界需要尽快对工业 APP 的内容体系、生态体系、支撑平台体系等方面建立共识，但目前尚无相关标准。工业 APP 能不断解决工业实际问题、支撑工业能力体系建设并推动工业应用模式升级。通过制定相关标准，能够更有效地发展和推广工业 APP，支撑"百万工业 APP"发展目标的实现。

四、工业互联网大数据应用场景

工业互联网大数据的应用覆盖工业生产的全流程和产品的全生命周期。工业大数据的作用主要表现在状态描述、诊断分析、预测预警、辅助决策等方面，并在智能化生产、网络化协同、个性化定制和服务化转型四类场景中发挥着核心的驱动作用。工业互联网大数据技术应用示意图如图 2-2-26 所示。

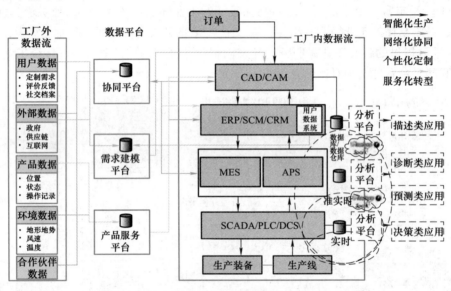

图2-2-26　工业互联网大数据技术应用示意图

1. 智能化生产中的工业互联网大数据应用

1）虚拟设计与虚拟制造。虚拟设计与虚拟制造是指将大数据技术与 CAD、CAE、CAM 等设计工具相结合，深入了解历史工艺流程疏漏，找出产品方案、工艺流程、工厂布局与投入之间的模式和关系，对过去彼此孤立的各类数据进行汇总和分析，建立设计资源模型库、历史经验模型库，优化产品设计、工艺规划、工厂布局规划方案，并缩短产品研发周期。

2）生产工艺与流程优化。生产工艺与流程优化是指应用大数据分析功能，评估和改进当前操作工艺流程，对偏离标准工艺流程的情况进行报警，快速地发现错误或者瓶颈所在，实现生产过程中工艺流程的快速优化与调整。

3）设备预测性维护。设备预测性维护是指建立大数据平台，从现场设备状态监测系统和实时数据库系统中获取设备振动、温度、压力、流量等数据，在大数据平台对数据进行存储管理，进一步通过构建基于规则的故障诊断、基于案例的故障诊断、设备状态劣化趋势预测、部件剩余寿命预测等模型，通过数据分析进行设备故障预测与诊断。

4）智能生产排程。智能生产排程是指收集客户订单、生产线、人员等数据，通过大数据技术发现历史预测与实际的偏差频率，考虑产能约束、人员技能约束、物料可用约束、工装模具约束，通过智能的优化算法，制订计划排程，并监控计划与现场实际的偏差，动态地调整计划排程。

5）产品质量优化。产品质量优化是指通过收集生产线、产品等实时数据和历史数据，根据以往经验建立大数据模型，对质量缺陷产品的生产全过程进行回溯，快速甄别原因，改进生产问题，优化提升产品质量。

6）能源消耗管控。能源消耗管控是指对企业生产线各关键环节能耗排放和辅助传动输配环节的实时监控，收集生产线、关键环节能耗等相关数据，建立能耗仿真模型，进行多维度能耗模型仿真预测分析，获得生产线各环节的节能空间数据，协同操作、智能优化负荷与能耗平衡，从而实现整体生产线柔性节能降耗减排，及时发现能耗的异常或峰值情况，实现生产过程中的能源消耗实时优化。

2. 网络化协同中的工业互联网大数据应用

1）协同研发与制造。协同研发与制造主要是基于统一的设计平台和制造资源信息平台，集成设计工具库、模型库、知识库及制造企业生产能力信息，不同地域的企业或分支机构可以通过工业互联网访问设计平台获取相同的设计数据，也可获得同类制造企业的闲置生产能力，实现多站点协同、多任务并行、多企业合作的异地协同设计与制造要求。

2）供应链配送体系优化。供应链配送体系优化主要是通过射频识别（RFID）等产品电子标识技术、物联网技术以及移动互联网技术获得供应商、库存、物流、生产、销售等完整产品供应链的大数据。利用这些数据进行分析，确定采购物料数量、运送时间等，实现供应链优化。

3. 个性化定制中的工业互联网大数据应用

1）用户需求挖掘。用户需求挖掘主要是指建立用户对商品需求的分析体系，挖掘用户深层次的需求，并建立科学的商品生产方案分析系统，结合用户需求与产品生产，形成满足消费者预期的各品类生产方案等，实现对市场的预知性判断。

2）个性化定制生产。个性化定制生产主要是指采集客户个性化需求数据、工业企业生产数据、外部环境数据等信息，建立个性化产品模型，将产品方案、物料清单、工艺方案通过制造执行系统快速传递给生产现场，进行生产线调整和物料准备，快速生产出符合个性化需求的定制化产品。

4. 服务化转型中的工业互联网大数据应用

服务化转型中的工业互联网大数据应用主要是产品远程服务。产品远程服务是指通过搭建企业产品数据平台，围绕智能装备、智能家居、可穿戴设备、智能联网汽车等多类智能产品，采集产品数据，建立产品性能预测分析模型，提供智能产品的远程监测、诊断与运维服务，创造产品新的价值，实现制造企业的服务化转型。

第五节　工业互联网的安全体系

随着工业互联网的发展，很多工业设备、系统都要连入互联网，这会带来很多安全挑战和风险。现在的工业体系相对封闭，有的企业采用物理隔离或者逻辑隔离的方式来保障系统安全。但是工业互联网的发展会慢慢促进工业系统的开放，互联网上的很多安全风险都会延伸到工业互联网中，所以安全体系建设是工业互联网发展的一个很重要的基础和前提。

一、工业互联网安全体系框架

工业互联网的安全需求可以从工业和互联网两个视角分析。从工业视角看，安全的重点是保障智能化生产的连续性、可靠性，关注智能装备、工业控制设备及系统的安全；从互联网视角看，安全主要是保障个性化定制、网络化协同以及服务化转型等工业互联网应用的安全运行以提供持续的服务能力，防止重要数据的泄露，重点关注工业应用安全、网络安全、工业数据安全以及智能产品的服务安全。工业互联网从防护对象的角度可分为现场设备、工业控制系统、网络基础设施、工业互联网应用、工业数据五个层级，并将各层所包含的对象纳入工业互联网的安全防护范围。因此，从构建工业互联网安全保障体系方面考虑，工业互联网安全体系框架主要包括五大重点，设备安全、网络安全、控制安全、应用安全和数据安全。

二、工业互联网安全框架

工业互联网安全框架从防护对象、防护措施及防护管理三个视角构建。针对不同的防护对象部署相应的安全防护措施，根据实时监测结果发现网络中存在的或即将发生的安全问题并及时做出响应。同时加强防护管理，明确基于安全目标的可持续改进的管理方针，从而保障工业互联网的安全。工业互联网安全框架如图2-2-27所示。

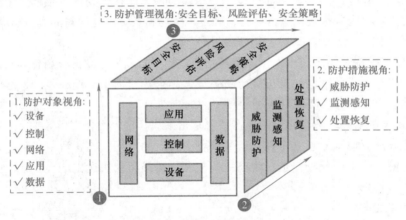

图2-2-27　工业互联网安全框架

其中：防护对象视角涵盖设备、控制、网络、应用和数据五大安全重点；防护措施视角包括威胁防护、监测感知和处置恢复三大环节，威胁防护环节针对五大防护对象部署主被动安全防护措施，监测感知和处置恢复环节通过信息共享、监测预警、应急响应等一系列安全措施、机制的部署增强动态安全防护能力；防护管理视角根据工业互联网安全目标对其面临的安全风险进行安全评估，并选择适当的安全策略作为指导，实现防护措施的有效部署。

工业互联网安全框架的三个防护视角之间相对独立，但彼此之间又相互关联。从防护对象视角来看，安全框架中的每个防护对象，都需要采用一系列合理的防护措施并依据完备的防护管理流程对其进行安全防护；从防护措施视角来看，每一类防护措施都有其适用的防护对象，并在具体的防护管理流程指导下发挥作用；从防护管理视角来看，防护管理流程的实现离不开对防护对象的界定，并需要各类防护措施的有机结合使其能够顺利运转。工业互联网安全框架的三个防护视角相辅相成、互为补充，形成一个完整、动态、持续的防护体系。

1. 防护对象视角

防护对象视角主要包括设备、控制、网络、应用和数据五大防护对象，如图2-2-28所示。

具体内容包括：

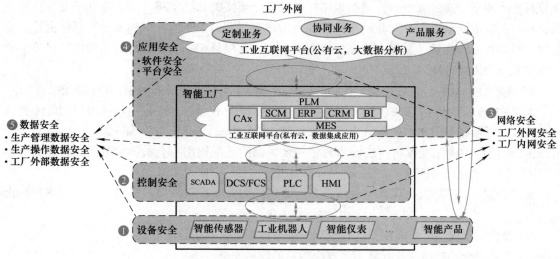

图2-2-28　防护对象视角

1）设备安全：包括工厂内单点智能器件、成套智能终端等智能设备的安全，以及智能产品的安全，具体涉及操作系统／应用软件安全与硬件安全两方面。

2）控制安全：包括控制协议安全、控制软件安全以及控制功能安全。

3）网络安全：包括承载工业智能生产和应用的工厂内部网络、外部网络及标识解析系统等的安全。

4）应用安全：包括工业互联网平台安全与工业应用程序安全。

5）数据安全：包括涉及采集、传输、存储、处理等各个环节的数据以及用户信息的安全。

2. 防护措施视角

为帮助相关企业应对工业互联网所面临的各种挑战，防护措施视角从生命周期、防御递进角度明确安全措施，实现动态、高效的防御和响应。防护措施视角主要包括威胁防护、监测感知和处置恢复三大环节，如图 2-2-29 所示。

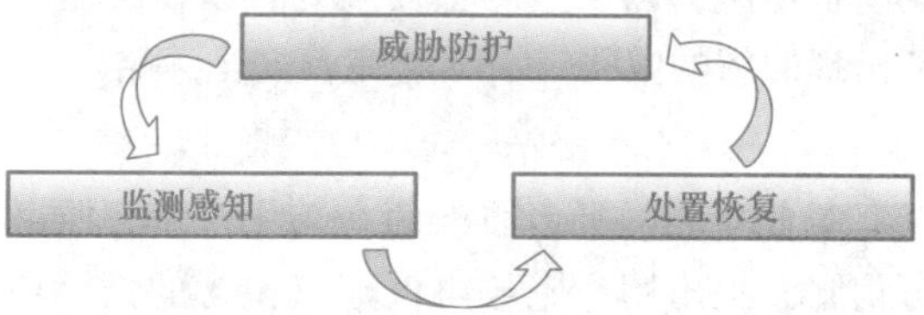

1）威胁防护：针对五大防护对象，部署主被动防护措施，阻止外部入侵，构建安全运行环境，消除潜在安全风险。

2）监测感知：部署相应的监测措施，实时感知内部、外部的安全风险。

3）处置恢复：建立响应恢复机制，及时应对安全威胁，并及时优化防护措施，形成闭环防御。

图2-2-29　防护措施视角

3. 防护管理视角

防护管理视角的设立，旨在指导企业构建持续改进的安全防护管理方针，在明确防护对象及其所需要达到的安全目标后，对于其可能面临的安全风险进行评估，找出当前与安全目标之间存在的差距，制订相应的安全防护策略，提升安全防护能力，并在此过程中不断对管理流程进行改进。防护管理视角的内容如图 2-2-30 所示。

图2-2-30　防护管理视角

（1）安全目标　为确保工业互联网的正常运转和安全可信，应对工业互联网设定合理的安全目标，并根据相应的安全目标进行风险评估和安全策略的选择实施。工业互联网安全目标并非是单一的，需要结合工业互联网不同的安全需求进行明确。工业互联网安全包括保密性、完整性、可用性、可靠性、弹性和隐私安全六大目标，这些目标相互补充，共同构成了保障工业互联网安全的关键特性。

1）保密性：确保信息在存储、使用、传输的过程中不会泄露给非授权用户或实体。

2）完整性：确保信息在存储、使用、传输的过程中不会被非授权用户篡改，同时还要防止授权用户对系统及信息进行不恰当的篡改，保持信息内、外部表示的一致性。

3）可用性：确保授权用户或实体对信息及资源的正常使用不会被异常拒绝，允许其可靠而及时地访问信息及资源。

4）可靠性：确保工业互联网系统在其寿命区间内以及在正常运行条件下能够正确执行指定功能。

5）弹性：确保工业互联网系统在受到攻击或破坏后恢复正常功能。

6）隐私安全：确保工业互联网系统内用户的隐私安全。

（2）风险评估　为管控风险，必须定期对工业互联网系统的各安全要素进行风险评估。对应工业互联网整体安全目标，分析整个工业互联网系统的资产、脆弱性和威胁，评估安全隐患导致安全事件的可能性及影响，结合资产价值，明确风险的处置措施，包括预防、转移、接受、补偿、分散等，确保在工业互联网数据私密性、数据传输安全性、设备接入安全性、平台访问控制安全性、平台攻击防范安全性等方面提供可信服务，并最终形成风险评估报告。

（3）安全策略　工业互联网安全防护的总体策略是要构建一个能覆盖安全业务全生命周期的，以安全事件为核心，实现对安全事件的"预警、检测、响应"动态防御体系，该体系能够在攻击发生前进行有效的预警和防护，在攻击中进行有效的攻击检测，在攻击后快速定位故障，进行有效响应，避免实质损失的发生。安全策略描述了工业互联网总体的安全考虑，并定义了保证工业互联网正常运行的指导方针及安全模型。通过结合安全目标以及风险评估结果，明确当前工业互联网各方面的安全策略，包括对设备、控制、网络、应用、数据等防护对象应采取的防护措施，以及监测感知及处置恢复措施等。同时，为打造持续安全的工业互联网，面对不断出现的新的威胁，需不断完善安全策略。

三、工业互联网平台可信服务参考框架

工业互联网平台服务商在与用户签订服务协议时的参考框架，主要是围绕工业互联网平台可信服务提出用户服务协议建议包含的指标项，让用户放心使用平台服务。工业互联网产业联盟标准中规定了每项指标的定义和规范性描述，规范性描述规范了服务商应向用户承诺或告知的信息，而对每项指标具体水平和实现方式不在标准中具体规定。

指标项共分为五类，分别从基础设施、工业数据连接、工业数据管理服务、平台服务、权益保障方面，围绕工业互联网平台可信服务的关键要素（安全性、隐私性、可靠性、弹性）提出为具体的指标项：

1）基础设施方面，主要包括工业数据存储的持久性、工业数据的可销毁性、工业数据的可迁移性、工业数据的私密性、工业数据的使用知情权、基础设施资源的弹性调度。

2）工业数据连接方面，主要包括工业连接能力、工业连接的可监测性、工业连接的可管理性、工业数据传输安全性、工业设备接入安全性。

3）工业数据管理服务方面，主要包括数据管理能力、数据服务能力。

4）平台服务方面，主要包括平台服务功能、平台访问控制安全性、平台攻击防范安全性、平台服务的可管理性、平台服务的时间确定性、平台服务的可计量性、故障恢复能力。

5）权益保障方面，主要包括服务变更和终止条款、服务赔偿条款、用户约束条款、服务商免责条款。

对于上述指标，工业互联网平台服务商可以根据用户需求进行适当的裁剪或增加。

第六节　工业互联网的实施

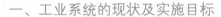

一、工业系统的现状及实施目标

现阶段工业系统的数字化、网络化已具备一定基础，但与工业互联网泛在互联、全生命周期数字链等愿景相比，在网络、数据、安全等方面还存在很大的改造和提升空间。工业系统的现状是：在网络互联方面，工业网络层级复杂，现场总线、工业以太网、普通以太网等多种联网技术并存但以有线为主，工厂与外部互联有限；在数据智能方面，不同层级之间的数据相对隔离，底层设备采集有限，系统间数据集成困难，云、大数据等技术还未有效开展；在安全保障方面，以满足现有工业系统的安全保障需求为主，且更多侧重功能安全。

在工业互联网背景下，工业系统在网络互联、数据智能、安全保障等方面将进行快速的迭代演进，云和大数据技术逐步引入，扁平化的软硬件部署架构成为重要发展趋势，从而引发工业系统各层级网络、数据和安全的深刻变化。结合工业互联网网络、数据和安全等方面的发展趋势，工业互联网目标实现架构如图 2-2-31 所示。

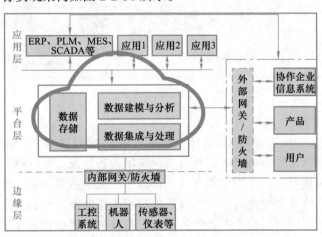

图2-2-31　工业互联网目标实现架构

工业互联网目标实现架构主要呈现四个方面的关键特征：一是体系架构方面，实现层级打通、内外融合，传统工业系统多层结构逐渐演变为应用层、平台层和边缘层三层，整体架构呈现扁平化发展趋势；二是网络互联方面，各种智能装备实现充分网络化，无线成为有线的重要补充，新型网关推动异构互联和协议转换，工厂与产品、外部信息系统和用户充分互联；三是在数据智能方面，工业云平台成为关键核心，实现工厂内外部数据的充分汇聚，支撑数据的存储、挖掘和分析，有效支撑工业信息控制系统和各种创新应用；四是在安全保障方面，各种安全机制与工业互联网各个层次深度融合，实现纵深防御，立体防护，通过多种安全措施保障网络互联和数据集成安全。工业互联网目标架构的实现将是一个长期过程，需要网络、数据、安全等方面逐步协同推进。

二、工业互联网实施的四个层次

工业互联网作为全新的工业生态、关键基础设施和新型应用模式，通过人、机、物的全面互联，实现全要素、全产业链和全价值链的全面连接，正在全球范围内不断颠覆传统制造模式、生产组织方式和产业形态，推动传统产业加快转型升级、新兴产业加速发展壮大。图2-2-32所示为工业互联网四大层次业务构架图，该业务视图包括产业层、商业层、应用层和能力层四个层次，其中产业层主要定位于产业整体数字化转型的宏观视角，商业层、应用层和能力层则定位于企业数字化转型的微观视角。

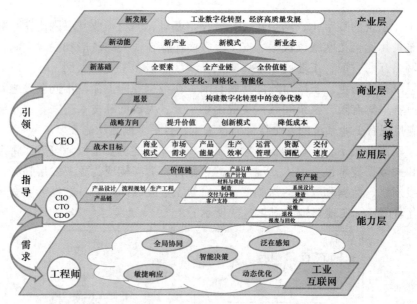

图2-2-32　工业互联网四大层次业务构架图

1. 产业层

"产业层"阐释了工业互联网在促进产业发展方面的主要目标、实现路径与支撑基础。从发展目标看，工业互联网通过将自身的创新活力深刻融入各行业、各领域，最终将有力推进工业数字化转型与经济高质量发展。为了实现这一目标，构建全要素、全产业链和全价值链全面连接的新基础是关键，这也是工业数字化、网络化和智能化发展的核心。全面连接显著提升了数据采集、集成管理与建模分析的水平，使各类生产经营决策更加精准和智能，同时也使各类商业和生产活动的网络化组织成为可能，大幅提高资源配置效率。

2. 商业层

"商业层"主要面向首席执行官（CEO）等企业高层决策者，用以明确在企业战略层面如何通过工业互联网保持和强化企业的长期竞争优势。从目标愿景来看，在数字化发展趋势下，企业应加快依托工业互联网来构建数字化转型的竞争优势，形成以数据为核心驱动的新型生产运营方式、资源组织方式与商业模式，以支撑企业不断成长壮大。为实现上述目标愿景，企业可以通过工业互联网，从提升价值、创新模式和降低成本三大战略方向进行努力。三大战略方向又可以进一步分解和细化为若干战术目标，如商业模式、市场需求、产品质量、生产效率、运营管理、资源调配和交付速度等，这是工业互联网赋能于企业的具体途径。

3. 应用层

"应用层"主要明确了工业互联网赋能于企业业务转型的重点领域和具体场景。应用层主要面向企业首席信息官（CIO）、首席技术官（CTO）、首席设计官（CDO）等信息化主管与核心业务管理人员，帮助其在企业各项生产经营业务中确定工业互联网的作用与应用模式。产品链、价值链、资产链是工业企业最为关注的三个核心业务链条（包括这三者所交汇的生产环节），工业互联网赋能于三大链条的创新优化变革，推动企业业务层面的数字化发展。一是通过对产品全生命周期的连接与贯通，强化从产品设计、流程规划到生产工程的数据集成与智能分析，实现产品链的整体优化与深度协同；二是支撑企业业务活动的计划、供应、生产、销售、服务等全流程全业务的互联互通，同时面向单环节重点场景开展深度数据分析优化，从而实现全价值链的效率提升与重点业务的价值挖掘；三是将孤立的设备资产单元转化为整合互联的资产体系，支撑系统设计、建造、投产、运维、退役到报废与回收等全生命周期多个环节的数据集成串联。

4. 能力层

"能力层"主要是基于产业层、商业层和应用层的目标要求，规定工业互联网应该具有的基础能力特征，即全局协同、泛在感知、敏捷响应、动态优化和智能决策。"能力层"主要面向工程师，从工业互联网的设计、建设、运行、维护等方面，保证其基础能力特征。

四个层次自上而下来看，反映了产业数字化转型的大趋势下，企业如何把握发展机遇，实现自身业务的数字化发展并构建起关键数字化能力；自下而上来看，实际也反映了企业不断构建和强化的数字化能力将持续驱动其业务乃至整个企业的转型发展，并最终带来整个产业的数字化转型。

三、工业互联网网络的实施

1. 网络互联的实施

网络互联的实施主要是解决工业互联网各种设备、系统之间互联互通的问题，涉及现场级、车间级、企业级设备和系统之间的互联，以及企业信息系统、产品、用户与云平台之间的不同互联场景。针对现有的工业系统，既包含现有设备与系统的网络化改造，也包含新型网络连接的建设。网络互联的实施涉及的主要环节如图 2-2-33 所示。

在现场级和车间级，主要实现底层设备横向互联以及与上层系统纵向互通的连接。一是对控制器与机床、生产线等装备装置的通信方式进行改造，如以工业以太网代替现场总线；二是对现有工业装备或装置如机床、生产线等，增加网络接口；三是对现有工业装置或装备附加传感器、执行器等增加与外部的信息交互；四是为了采集生产现场信息或执行反馈控制，部署新的监测设备、扫描设备、执行器等；五是对在制品通过内嵌通信模块或附加标签等方式，增加与工业系统的信息交互功能；六是部署边缘计算节点，汇聚生产现场数据及来自工业控制系统如 PLC 及历史数据库的数据，并进行数据的边缘处理。具体采用的联网方式需要结合通信需求、布线情况、电源供应等，并充分结合 IP 化、无线化等趋势，如：针对在制品，可以采用短距离通信和标识技术，如蓝牙、二维码、RFID 等；针对生产装备或装置，可以直接利用现有的联网方式，也可以考虑利用工业以太网、工业无线等增加联网接口：针对监测设备，如果实时性要求不高，可以采用有线宽带通信、无线宽带、LTE 增强、NB-IoT、5G 等技术。

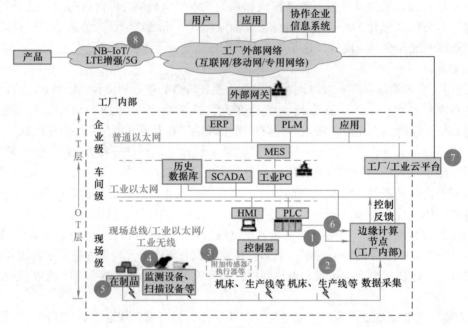

图2-2-33 网络互联的实施

在工厂企业级或工厂外部应注重引入云平台和大数据技术，并通过云平台实现与生产设备或装置、工业控制系统、工业信息系统、工业互联网应用之间的信息交互，以及与协作企业信息系统、智能产品、用户之间的信息交互，以便为制造企业提供不同地域、不同功能的各类系统的横向互联以及与上层应用或跨企业/跨行业各类主体之间的互联，为价值链协作提供支持。具体联网方式也依赖于互联场景，如：针对工厂/工业云平台与生产设备或装置、工业控制系统、工业信息系统之间的互联，可以直接利用现有的互联网或企业级信息网络；针对工厂/工业云平台与协作企业信息系统，可能需要考虑建立安全、可靠的 VPN 专线来实现信息交互：针对工厂/工业云平台与产品，可以采用 NB-IoT、LTE 增强以及 5G 等广域移动通信网络及各种有线通信。

2. 标识解析的实施

标识解析的实施主要通过标识技术的应用，实现对零件、原材料、在制品、产品等信息的自动读写，并借助标识解析系统实现对产品全生命周期的管理以及各级异构系统之间的信息交互。标识解析的实施涉及的主要环节如图 2-2-34 所示。

在工厂内部，为推动标识解析技术的应用：一是根据需求对拟跟踪对象进行标识，可以标识设备、原材料、在制品、产品，另外也可以为部门机构、订单、工艺、人员等赋予标识；二是部署标识读写器，可以嵌入在机床等装备上，也可以单独部署，通过标识读写器实现对标识的自动识读，或同时进行信息的写入；三是建设标识信息系统，实现对企业内部标识及相关信息的管理，同时支持与公共/行业工业互联网标识解析系统的对接。

在工厂外部，核心是围绕产品标识实现跨企业、跨行业、跨地区的产品信息管理。一是需要根据工业互联网标识解析和应用的需求，建设公共标识解析系统、行业级标识解析系统，并与企业标识信息系统标识读写设备对接，以支撑各种基于标识的应用；二是考虑到现在有些企业或行业已经应用标识解析，但以私有解决方案为主，且目前多种标识解析方案共存，为实现跨企业、跨行业的标识及信息交互，需要提供标识映射和信息对接机制。

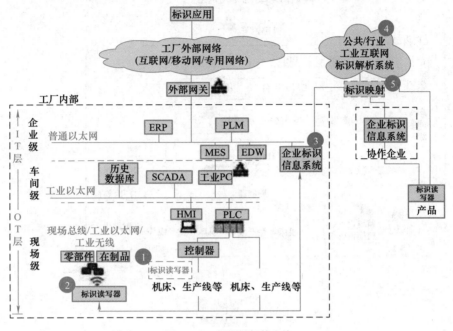

图2-2-34　标识解析的实施

3. 应用支撑的实施

应用支撑的实施主要是为了解决工业互联网每种数据、服务的集成分析和利用问题，并为上层工业互联网应用提供支撑。其中关键是推动工厂／工业云平台的建设，提供数据存储分析处理、应用支撑、开放接口等。工厂／工业云平台的实施包含三种方式。

方式一是工厂云平台的实施，如图2-2-35所示，即在工厂内部部署云平台，汇聚工厂内部的各种数据，包括来自生产线上各类机器、仪表等的数据以及来自工厂信息系统和管理系统的数据，根据需要还可以对外互联汇集来自用户、产品及协作企业的信息，最终目标是实现对设备、生产线和工厂等物理对象以及对工艺、加工流程等的无损数字化映射与描述。在此基础上还可以实现对这些软硬件的服务化组合与调用，同时为MES、ERP等工业信息系统提供运行平台环境。

方式二是工业云平台的实施，如图2-2-36所示，工业云平台部署在互联网等公共网络上，可以汇聚来自设计、生产、物流、市场、产品、用户等工业互联网价值链上的数据，目标是实现围绕生产全生命周期、全价值链的全局数据分析和优化。同时工业云平台通过与工厂信息系统的交互，可以调用工厂内部数据，工厂内部信息系统也可以调用外部数据。

方式三是混合云的实施，如图2-2-37所示，即工厂云平台与工业云平台协同部署的方式。企业内部耦合紧密的信息或系统运行在工厂云平台上，再将适宜对外提供的数据、服务或对外交互的系统运行在工业云平台上。同时工厂／工业云平台与边缘计算节点之间应相互交互，边缘计算节点根据实时性、安全性及隐私等要求，对数据进行本地化处理，将过滤后的数据传送到工厂／工业云平台，形成"基于云计算的全局优化+基于边缘计算的局部优化"的趋势。

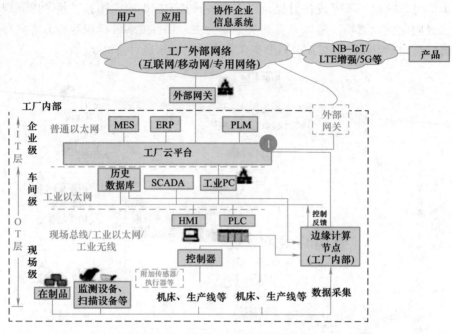

图2-2-35　方式一：工厂云平台的实施

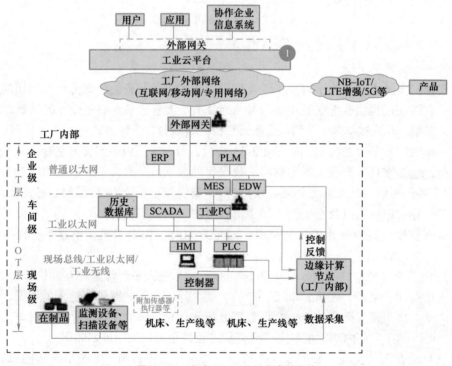

图2-2-36　方式二：工业云平台的实施

四、工业互联网数据的实施

工业互联网数据的实施涉及数据全面的采集与流动、工业数据云平台的建设以及多层次数据处理和分析能力的构建，在此基础上支撑各种智能应用，同时应注意构建数据反馈闭环，以

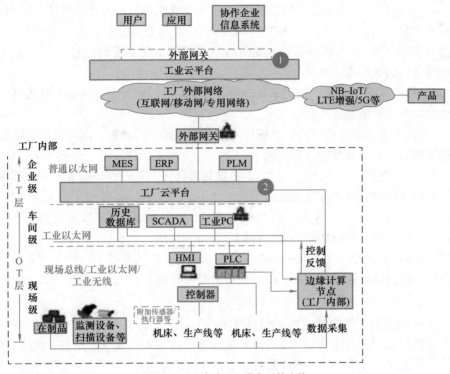

图2-2-37　方式三：混合云的实施

实现信息系统之间以及信息系统与物理系统之间的相互作用。工业互联网数据的实施涉及的主要环节如图 2-2-38 所示。

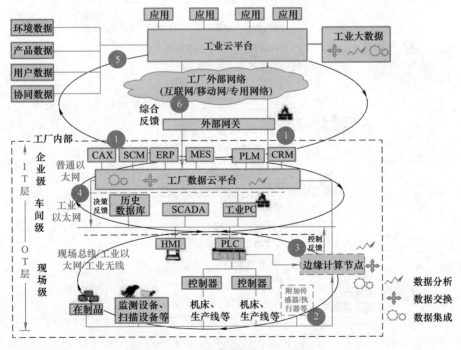

图2-2-38　工业互联网数据的实施

1) 推动工厂管理软件之间的信息交互，目前很多企业在工厂内部已经部署了一些管理软件，如研发设计类软件（CAD、CAE、CAPP、CAM等）、生产管理软件、客户管理软件CRM、供应链管理软件SCM等，但有些企业的这些管理软件之间缺乏有效的信息交互与集成，应推动这些管理软件之间的数据流动。

2) 推进全面数据感知采集，包括采集机器、在制品等的状态信息及生产环境信息，并可以考虑从工业控制系统采集必要的数据。

3) 可以考虑部署边缘计算节点，实现边缘数据的智能分析处理，同时构建边缘数据控制闭环，满足边缘实时控制、数据安全等要求。

4) 利用云和大数据技术，推动工厂内部数据集成分析，同时构建决策反馈闭环，实现对工业生产的控制以及各种智能管理决策的应用。

5) 通过工厂外部的工业云平台，汇聚产品数据、用户数据、环境数据、协同数据等，并利用大数据技术，实现海量复杂数据的综合存储、分析和处理。

6) 构建综合反馈闭环，在工业云平台大数据集成与分析的基础上，建立从工业云平台到企业级信息系统的综合性分析反馈闭环，提升工厂内外的联动。

五、工业互联网安全的实施

随着工业互联网的创新发展，现有相对封闭的工业系统更加开放，将面临新的安全问题和挑战，工业互联网需要通过综合性的安全防护措施来保证设备、网络、控制、数据和应用安全。工业互联网安全的实施涉及的主要环节如图2-2-39所示。

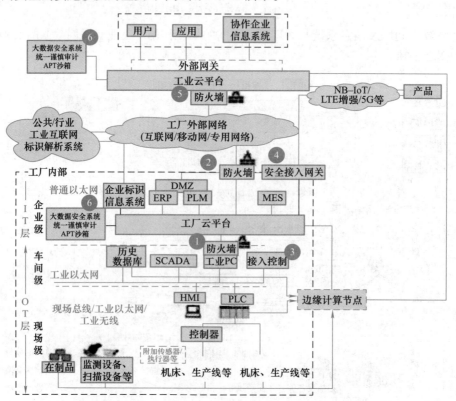

图2-2-39 工业互联网安全的实施

工业互联网各互联单元之间应该进行有效可靠的安全隔离和控制。

1）工业控制系统与工业信息系统之间应部署防火墙。

2）工厂外部对工厂内部云平台的访问应经过防火墙，并提供 DDoS 防御等功能，ERP、PLM 等与外部进行交互的服务和接口应部署在隔离区（DMZ），同时部署网络入侵防护系统，可对主流的应用层协议及内容进行识别，高速高效地自动检测和定位各种业务层的攻击和威胁。

3）所有接入工厂内部云平台、工厂信息系统、工业控制系统的设备，都必须实现接入控制，进行接入认证和访问授权。

4）工厂外部接入工厂内部云平台的智能产品、移动办公终端、信息系统等，应经过有远端防护软件运行的安全接入网关。

5）对公共互联网上工业云平台的各种访问应经过防火墙，并提供 DDoS 防御等功能。

6）采用基于大数据的安全防护技术，在工厂云平台、工业云平台上部署大数据安全系统，基于外部威胁情报、日志分析、流量分析和沙箱联动，对已知和未知威胁进行综合防御，并准确展示安全全貌，实现安全态势智能感知。

此外，工业互联网安全实施应当强化智能产品和网络传输数据的安全防护。

1）智能产品的安全加固。智能产品的部署位置分散，容易被破坏、伪造、假冒和替换，导致敏感信息泄露，因此应当对智能产品进行专门的安全加固，如采用安全软件开发工具包（SDK）、安全操作系统、安全芯片等技术手段，实现防劫持、防仿冒、防攻击和防泄密。

2）外部公共网络数据传输的安全防护。通过外部网络传输的数据，应采用 IPSec VPN 或者 SSL VPN 等加密隧道传输机制或 MPLS VPN 等专网，防止数据泄露、被侦听或篡改。

第七节 工业互联网应用案例

青岛红领集团（以下简称红领）于 1995 年创立，以正装量体定制业务为主，技术服务为辅，形成了西装、裤业、衬衫产业园区。红领从 2003 年开始，以美国市场为实践平台，以两化融合为基础，实践了流程再造、组织再造和自动化改造，同时与互联网技术深度融合，形成了完整的工业互联网体系。在中国服装制造业的发展面临挑战的形势下，红领通过工业大数据技术实现了从传统服装厂到支持服装大规模个性化定制的大数据工厂的转型升级，建立了完整的物联网体系，打造了独特的核心价值，同时形成了传统企业转型升级的解决方案。集团拥有一套由大数据信息系统和数据驱动的能大规模定制化生产的智能生产线，任何一项数据的变动都能驱动其余 9000 多项数据同步变动，使得生产线及时响应变化，每天都能设计、生产 2000 种完全不同的个性化定制产品，实现了大规模定制生产及企业效益的大幅提升。下面分析红领实现基于大数据的个性化定制的架构。

一、生命周期与价值流维度的业务创新

在传统服装业市场日渐疲软之时，红领发现了蕴含在消费者日益寻求彰显自我、追求个性化商品这一市场潮流中的商机，立志为客户提供合身、个性化的西服，以提升西服的附加价值，实现业务模式创新，提高企业效益。为此，红领优化了其产品生命周期的各个阶段。

1）采集客户的个性化需求数据，并允许客户参与西服的个性化设计。西服的需求数据包括以下两方面：

① 量体数据，可通过以下三种方案进行采集：第一，通过红领的三点一线量体法测量采集人体 19 个部位的 24 个数据，以掌握一个人的体型细节；第二，根据客户体验过的大品牌服装尺码在红领数据库中自动匹配；第三，客户自行选择标准号。

② 衣服的个性化数据，包括面料、图案、光泽等，客户可全部自行设计，或只设计其中几项，或采用红领推荐的个性化设计。

2）红领通过借助新技术实现自动化个性设计，即自动化打版，以提高打版速度，缩短生产周期，降低产品价格，支持个性化定制业务创新的实现。在生产与供应链阶段，需要实现个性化定制规模生产——拆解成衣。红领将一件西服的制造过程进行工序分解，然后将定制化设计转化成不同工序的生产指令数据并存储，以在整个制作过程中流转、标识一套衣服。

3）将生产线与信息化进行结合，对车间及生产线进行了智能化改造与柔性改造，实现了个性化产品的工业流水线规模化生产，有效缩短了生产周期，提高了生产量。在运维与服务阶段，红领收集并分析客户对西服的评价、穿着反馈及退换货原因等，不断改善量体数据关联规则、个性化设计选项及推荐规则，以提高产品质量、客户需求贴合度以及客户满意度与忠诚度。

二、企业纵向层的协同

为实现个性化定制，红领在企业各业务层开发或引进了相应的系统，并对生产过程进行智能化改造，使数据能在产品全生命周期内自动流转，实现了数据的实时共享与无缝连接、企业纵向层各系统间的协同以及智能生产。

1）红领在企业转型中引入了互联网思维，并建设互联网平台，提供了用户表达个性化需求并参与产品设计的平台。在客户个性化需求数据采集完成之后生成订单，传送到数据平台。

2）红领开发引进了相关的信息系统，对个性化设计、生产、配送、服务等进行支持，包括：通过 CAD、CAPP 在大数据系统的支持下，实现个性化合身西服的自动打版，并将版型设计转化成相应的生产指令数据，按工序记录在一张电子标签中，作为该西服在整个产品生命周期中的身份证；通过 ERP、SCM、CRM 等系统在大数据系统的支持下实现对订单、供应链及客户关系等的管理。

3）红领对车间及生产线进行了智能化改造与柔性改造，包括：通过 MES、SCADA 系统等对生产过程进行监控与管理；通过引进智能装备 / 系统，如自动裁床、AGV、智能分拣配对系统、智能吊挂摘挂系统、智能分拣送料取料系统、智能对格剪裁系统等，完成生产线的半自动化改造，并对生产工序进行科学拆解、重新编程、重新组合，实现个性化西服的流水线批量生产。

三、IT价值链的支撑

红领实现个性化转型，其核心竞争力便是一套大数据信息系统和数据驱动的能大规模定制化生产的智能化生产线。通过提供存放大数据的网络、基础设施、平台、应用工具、规模定制化生产及其他服务，实现运营效率的提高和业务创新的支撑，包括如下方面：

1）通过互联网平台实现了客户个性化需求数据的采集，通过积累大量的产品设计模型数据，建立起了大数据信息系统。借助大数据技术、人工智能（AI）技术分析设计数据中量体数据一个部位的变化引起的大量的身体其他部位的关联变化规律，如腰围数据的变化会引起的立裆等数据的变化，建立规则库，设计数学模型，从而解决了自动打版中大量数据关联变化的难点问题，实现了个性化设计打版的自动化，并支持客户个性化设计的自动匹配推荐。随着数据的累积，该系统已具有大量的服装版型和设计元素，几乎能满足用户所有的个性化定制需求。

2）通过云计算平台、云端数据库实现了产品全生命周期内数据流动的自动化与无缝衔接。在制作过程中，操作人员或自动化设备通过电子标签访问云端数据库，即可获取该套西服的所有定制化信息，包含个性化需求数据及相应的生产指令数据等。

3）通过物联网技术、AI技术支持生产线的半自动化改造，实现个性化西服的流水线批量生产，并在生产过程中，使用大数据分析解决生产线的平衡和瓶颈问题，使之达到产能最大化、排程最优化及库存和成本最小化。成衣通过物流通道快速配送至客户手中，客户有意见或建议可通过大数据客服平台进行反馈。

红领从一家只能完成几件定制西装的小型服装厂，发展到如今更像是一家互联网企业。红领工厂3000多名员工，全部工序都在信息化平台上完成。红领以大数据为背景，全程数据驱动，全员在互联网上工作，从网络云端上获取信息、数据、指令，并与用户实时对话，这是其在个性化定制研究道路上探索出的服装生产模式。目前，红领的数据平台已具有百万万亿级别的数据规模，红领在自建的RCMTM平台架构基础上打造的"酷特智能平台"，是实现了客户提交订单、产品设计、生产制造、采购营销、物流配送、售后服务一体化的开放性互联网平台，世界各地的客户在"酷特智能平台"上提出个性化产品要求，平台将通过数据驱动自主运营的智能化工厂，生产出满足个性化要求的产品，产品在平台上完成设计、制造、营销、配送。这是一个消费者与生产者直接交互的智能系统，利用"酷特智能平台"，可以大幅提高工厂生产效率，加快资金周转，消除中间环节占据的1/3左右的成本空间，为客户和工厂带来实实在在的利益。

红领的实践说明，工业互联网是传统工业凤凰涅槃的新机遇，互联网工业是助推产业转型升级的有效路径，是新常态下新的经济增长点。

—— 思 考 题 ——

1. 工业互联网的内涵是什么？
2. 工业互联网的总体功能架构是什么？
3. 什么是工业互联网的三大体系？
4. 工业智能化发展的三大优化闭环是什么？
5. 工业大数据的内涵是什么？
6. 工业互联网平台的功能要素是什么？
7. 工业互联网安全框架的三个防护视角是什么？

第三章
CHAPTER 3

先进制造技术与应用

新一代智能制造是新一代人工智能技术与先进制造技术的深度融合，贯穿于产品设计、制造、服务全生命周期各个环节及相应系统的优化集成。不断提升企业的产品质量、效益、服务水平，减少资源消耗，是新一轮工业革命的核心驱动力，也是今后数十年制造业转型升级的主要路径。先进制造技术是一个国家制造业强盛的关键所在，是企业兴旺发达的重要途径，也是企业赢得市场的有力武器。它在国防建设和国民经济发展中处于影响全局、决定全局的战略地位。

第一节 概 述

先进制造技术（Advanced Manufacturing Technology，AMT）是结合机械、电子、信息、材料、能源和管理等各项先进技术而发展起来的高新技术，它是发展国民经济的重要基础技术之一。先进制造技术是制造业为提高竞争力以适应时代的要求而形成的一个高新技术群，经过发展，已形成了完整的体系结构。先进制造技术是当今生产力的主要构成因素，是国民经济的重要支柱。它担负着为国民经济各部门和科学技术的各个学科提供装备、工具及检测仪器的重要任务，成为国民经济和科学技术赖以生存和发展的重要手段。尤其是在航空、航天、微电子、光电子、激光、分子生物学和核能等尖端科技领域，如果没有先进制造技术作为基础，是不可能发展的。

3D 打印技术

一、先进制造技术的起源

"先进制造技术"一词源于美国。第二次世界大战结束之前的制造技术，可以统称为传统制造技术，美国制造业在第二次世界大战后的国际环境背景下得到了空前的发展，形成了一支强大的研究开发力量，强调基础和科学研究的重要性，忽视了制造技术的发展。到了 20 世纪 70 年代，随着日本、德国经济的恢复，美国制造业遇到了强有力的挑战，汽车等行业的霸主地位遭到了强有力的冲击，出口产品的竞争力大大落后于日本和德国，美国经济滞胀，发展缓慢。而日本由于不断主动地采用新制造技术，已成为制造业公认的世界领先者。在此背景下，美国反思了制造技术同国民经济、技术与国力至关重要的相互依赖关系，强调了制造技术的重要性，明确了实现社会经济目标的关键是技术。进而制定了国家关键技术计划，并对其技术政策做了重大调整。与此同时，以计算机为中心的新一代信息技术的发展，也全面推动了制造技术的飞跃。由于经济和增强国防的需要，在剧烈的市场竞争刺激下，各个国家和地区纷纷将传统的制造技术与新发展起来的科技成就相结合，先进制造技术的概念逐步形成并发展。

二、先进制造技术的内涵

先进制造技术是传统制造业不断吸收机械、信息、材料及现代管理技术等方面的最新成果，并将其综合应用于产品开发与设计、制造、检测、管理及售后服务的全过程，实现优质、高效、低耗、清洁、敏捷制造，并取得理想的技术和经济效果的前沿制造技术的总称。从本质上可以说，先进制造技术是传统制造技术、信息技术、自动化技术和现代管理技术等的有机融合。与传统的制造技术相比，先进制造技术以高效率、高质量和对于市场变化的快速响应能力为主要特征。它贯穿了从产品设计、加工制造到产品销售及使用维修等全过程，形成"市场——产品设计——制造——市场"的闭环系统。而传统的制造过程一般单指加工过程。先进制造技术充分应用计算机技术、传感技术、自动化技术、新材料技术、管理技术等最新成果，各专业、学科间不断交叉、融合，其界限逐渐淡化甚至消失。它是技术、组织与管理的有机集成，特别重视制造过程组织和管理体制的简化及合理化。先进制造技术又可看作硬件、软件、人和支持网络（技术的与社会的）综合与统一。先进制造技术并不追求高度自动化或计算机化，而是通过强调以人为中心，实现自主和自律的统一，最大限度地发挥人的积极性、创造性和相互协调性。先进制造技术高度开放，具有高度自组织能力，通过大力协作，充分、合理地利用全球资源，不断生产出最具竞争力的产品。先进制造技术的目的在于以最低的成本、最快的速度提供用户所希望的产品，实现优质、高效、低耗、清洁、敏捷制造，并取得理想的技术和经济效果。制造模式的发展过程如图 2-3-1 所示。

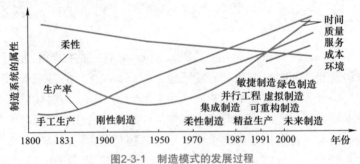

图2-3-1　制造模式的发展过程

三、先进制造技术的主要内容

信息技术和现代管理技术是先进制造技术的两个支柱，而现代管理技术要以先进制造理念为基础。不同的时代具有不同的消费需求和科学技术，不同的消费需求和科学技术又会产生不同的生产技术和生产方式，进而要求不同的管理与之相适应。先进制造理念与信息技术和现代管理技术的有机结合，是必然产生的生产模式。先进制造理念、现代管理技术与先进生产模式三位一体，共同构成了先进制造技术生长的软环境。自 20 世纪 90 年代以来，人们在总结成组技术（GT）、柔性制造系统（FMS）、JIT、MRP Ⅱ、CIMS 等生产模式经验和教训的基础上，提出了许多新的制造概念和生产模式。例如，以组成多功能协同小组工作模式为特征的并行工程（CE），以简化组织和强调人的能动性为核心的精益生产（LP），以动态多变的组织结构和充分发挥技术、组织人员的高度柔性集成为主导的敏捷制造（AM）。传统制造模式和先进制造模式的比较见表 2-3-1。

表 2-3-1 传统制造模式和先进制造模式的比较

主要特性	制造模式			
	传统制造（刚性制造）	柔性制造	精益生产	敏捷制造
价值取向	产品	顾客	顾客	顾客
战略重点	成本、质量	品种	质量	时间
指导思想	以技术为中心	以技术为中心	以人为中心：人因发挥	以人为中心：组织变革
基本原则	分工与专业化、自动化	高技术集成	生产过程管理	资源快速集成
实现手段	机器、技术	技术进步	人因发挥	组织创新
竞争优势	低成本、高效率	柔性	精益	敏捷
制造经济性	规模经济性	范围经济性	范围经济性	集成经济性

四、先进制造模式的概念

1. 先进制造模式的概念与演化

（1）先进制造模式的含义 先进制造模式（Advanced Manufacturing Mode，AMM）是指运用先进制造技术进行制造的模式。

（2）制造模式的演化 回顾历史，人类制造模式的发展大致经历了四个主要阶段：

1）手工与单件生产模式。

2）大批量生产模式。

3）柔性自动化生产模式。

4）高效、敏捷与集成经营生产模式。

2. 先进制造模式的类型

制造模式具有鲜明的时代性。在传统制造技术逐渐向现代高新技术发展、渗透、交汇和演变，形成先进制造技术的同时，出现了一系列先进制造模式。

1）柔性生产模式。

2）计算机集成制造模式。

3）智能制造模式。

4）精益生产模式。

5）敏捷制造模式。

6）虚拟制造模式。

7）极端制造模式。

8）绿色制造模式。

3. 先进制造模式的战略目标

1）以获取生产有效性为首要目标。先进制造模式的共同目标是：快速响应不可预测的市场变化，以满足企业的生产有效性。

2）以制造资源快速有效集成为基本原则。先进制造模式的共同方法是：在更大的空间范围内与更深的层次上快速有效地集成资源，通过增强制造系统的一致性和灵活性来提高企业的应变能力。先进制造模式的经济性在于制造资源快速有效地集成。

3）以人、组织、技术相互结合为实施途径。如何建立先进制造模式？先进制造模式的共同思想是：以人为中心，以人、组织、技术相互结合为实施途径，以保证生产的有效性。人、组织和技术是制造的三大必备资源。人是制造活动的主体，组织反映制造活动中人与人的相互关系，技术则是实现制造的基本手段。

4. 先进制造模式的管理

先进制造模式针对的现实是：未来企业之间的竞争，除了比拼谁的资源和技术具有关键性外，另一个决定性因素是组织的创新优化。制造系统的组织优化包括空间组织优化和时间组织优化。

空间组织优化侧重于制造系统的结构优化，包括逻辑结构和物理结构优化。时间组织优化主要针对信息与物流结构。

现代企业组织结构的特性主要体现在以下几个方面：灵活性、分散性、动态性、并行性、独立性和简单性。

第二节　柔性制造系统

一、柔性制造系统产生的历史背景

自 20 世纪五六十年代以来，一些工业发达的国家与地区在达到了高度工业化水平以后，就进入了从工业社会向信息社会转化的时期。这个时期的主要特征是数字计算机、遗传工程、光导纤维、激光、海洋开发等新技术日益广泛深入的应用。当时人们估计，20 世纪末到 21 世纪初，将出现这样一种新情况，现在已突破的和将要突破的新技术会很快地应用于生产或社会，给社会生产力带来新的飞跃，并相应地为经济、社会带来新变化。对于机械制造业来说，对其发展影响最大的就是计算机的应用，随之出现了机电一体化的新概念，如数控（NC）、计算机数控（CNC）、分布式数控（DNC）、计算机辅助制造（CAM）、计算机辅助设计（CAD）、成组技术（GT）、计算机辅助工艺设计（CAPP）、计算机辅助几何设计（CAGD）、工业机器人（Robot）等新技术。

由于这些技术的综合应用，20 世纪 70 年代末 80 年代初出现了"柔性制造系统"（FMS），这是一个由计算机控制的自动化加工系统，它可以同时加工形状相近的一组或一类产品。柔性制造系统是一种广义上可编程的控制系统，它具有处理高层次分布数据的能力，支持自动化物流，从而实现小批量、多品种及高效率的制造，以适应不同产品周期的动态变化。这种技术的出现是多种内在的和外部的因素共同作用的结果，但最根本的原因有两个：一是市场发展的需要；二是科学发展到一个新阶段，为新技术的出现提供了一种可能性。

1. 从市场的特点来看

20 世纪初，工业化形成初期，市场对产品有充足的需求。这一时期的特点是，产品品种单一，生命周期长，产品数量迅速增加，各类产品的开发、生产、销售主要由少数企业控制。这促使制造企业通过采用自动机或自动生产线来提高生产效率以满足市场的需求。

20 世纪 60 年代后，世界市场发生了很大的变化，对许多产品的需求呈现饱和趋势，在这种饱和的市场中，制造企业面临着激烈的竞争。企业为了赢得竞争就必须按照用户的不同要求开发出新产品。这个时期市场的变化，归纳起来有以下一些特征：

1）产品品种日益增多。为了竞争的需要，生产企业必须根据用户的不同要求，不断开发新产品，即所谓的"量体裁衣"。为适应这种品种的多变，企业必须改变旧有的适用于大批量生产的自动生产线生产方式，代之以应变能力强的、很快适应生产新产品的新的生产形式，寻求一条有效途径解决单件小批量生产的自动化问题。

2）产品生命周期明显缩短。生产生活的需要对产品的功能不断提出新的要求，同时，技术的进步为产品的不断更新提供了可能，从而使产品的生命周期越来越短，以汽车为例，1970年平均生命周期为12年，1980年缩短为4年，1990年仅为18个月。

3）产品交货期缩短。缩短从订货到交货的周期是赢得竞争的重要手段。

2. 从科学技术的发展条件来看

近40年来，科学技术几乎在各个领域都发生了深刻变化，出现了新飞跃，据有关资料统计，人类的科学知识在19世纪是每50年增加1倍，20世纪中叶每10年增加1倍，70年代每5年增加1倍，目前每3年增加1倍。

计算机辅助制造技术的发展应从数控机床的发展算起，自1952年美国麻省理工学院研制成功第一台数控铣床，计算机辅助制造技术就被公认为是实现单件小批量自动化生产的有效途径，仅几十年的时间，就有了飞速的发展。先是控制元器件方面的不断革新，电子管、晶体管、小规模集成电路、中规模大规模集成电路相继出现。与此同时，机床本身也在机械结构和功能方面有了极大的进展，滚珠丝杠、滚动导轨、调频变速主轴的应用，都给机床的结构带来了极大的变化。伺服系统也从步进电动机、直流伺服至交流伺服，控制理论方面也有了长足进步。

20世纪70年代初期出现了CNC，为计算机软件的发展带来了一个极大的转机。过去的硬件数控系统要进行某些改变或是增加一些功能，都要重新进行结构设计，而CNC系统只要对软件做一些修改，就可以适应一种新的要求。与此同时，工业机器人和自动上下料机构、交换工作台、自动换刀装置都有了很大的发展，于是出现了自动化程度更高、柔性更强的柔性制造单元（FMC），又由于自动编程技术和计算机通信技术的发展而出现了一台大型计算机控制若干台机床，或由中央计算机控制若干台CNC机床的计算机直接控制系统，即DNC。20世纪70年代末80年代初，随着计算机辅助管理、物料自动搬运、刀具管理、计算机网络，数据库技术的发展以及CAD/CAM技术的成熟，出现了系统化程度更高、规模更大的柔性制造系统，即FMS。

美国目前的全功能柔性制造系统已应用于航空航天业、军事/国防工业、汽车工业、电子/计算机工业、半导体/光电子工业、食品工业、石油化工业、生物医学工业等方面。

应用柔性制造系统可获得明显效益，主要原因有以下八方面的因素：

1）利用率高。一般情况下，采用柔性制造系统中的一组机床所获得的生产量是单机作业车间环境下用同等数目机床所获得的生产量的3倍。通过计算机对零件作业进行调度，一旦某一机床空闲，计算机便调一零件到该机床，因此柔性制造系统可以获得很高的生产率。零件在物料储运系统上的移动和将相应的NC程序传输给机床是同时进行的，另外，零件到达机床时已被夹在托盘（此工序在单独的装卸站完成，因此机床不用等待零件的装调）。

2）降低主要设备成本。由于主要设备利用率高，因而在加工同样数目的零件时，系统所需的机床数目少于单机情况下的机床数目。通常加工中心的减少量是3∶1的比例。

3）降低直接人工成本。由于机床完全由计算机控制，只需要一个系统管理人员和非技术工人在装卸站进行工件的装卸。不过人工成本的降低是以具备熟练技术人员为条件的。

4）减少在制品的库存量及生产周期。柔性制造系统与常规加工车间相比，其在制品的减少量相当惊人。在设备相同的条件下，采用柔性制造系统可使在制品减少80%，这是零件等待切削加工的时间减少的结果，其原因可以归结为以下几点：

① 生产零件所要求的全部设备集中在一个小范围（柔性制造系统）内。

② 由于零件集中在加工中心加工，因此减少了零件的装夹次数和加工零件的机床数目。

③ 采用计算机有效地调度投入的零件批量且是在系统内调度零件。

5）能响应生产变化的需求。当市场需求变化或工程变化时，柔性制造系统具有生产不同产品的柔性能力。这是通过具有冗余加工能力以及可以避开故障机床的物料储运系统来实现的。

6）产品质量高。柔性制造系统加工的产品同由未连成系统的 NC 机床加工的产品相比，质量得到明显改善。这是由于柔性制造系统具有较高的自动化程度，减少了夹具和机床的数目，夹具结构合理耐用以及零件与机床匹配恰当，保证了工件的一致性及优良性，也大大减少了返修费用。

7）运行柔性。运行柔性从另一方面提高了生产率。目前无人看管运行的系统还不普遍，但是随着高质量的传感器及计算机控制器被开发出来，对非预见性问题如刀具破损、零件流阻塞等能进行检测处理，这种无人看管的系统将会被普及。在此种运行方式下，检测、装夹和维护都可以放在第一班进行。

8）生产力的柔性。在车间平面布置合理的情况下，可以把柔性制造系统初期产量规定得低些，后期再随着需要添加机床，从而增加生产能力。

二、柔性制造系统的定义

至今，对 FMS 尚无统一、严格的定义，许多国家的组织和协会按自己的理解给出了不同的描述。这里引用中华人民共和国国家标准 GB/T 38177—2019《数控加工生产线 柔性制造系统》中关于 FMS 的定义：由一组数控设备、计算机信息控制系统和工件自动储运系统有机结合，可按任意顺序加工一组有不同工序与加工节拍的工件，能适时地自主调度管理，因而可在数控设备技术规范范围内自动适应加工工件和生产批量的变化的制造系统。它包括多个 FMC，能根据制造任务或生产的变化迅速进行调整，适用于多品种的中、小批量生产。其中的 FMC 由计算机控制的数控机床或加工中心、环形（圆形或椭圆形）托盘输送装置或工业机器人组成，可不停机地转换工件进行连续生产。图 2-3-2 为 FMC 的示意图。

柔性制造系统由两台或两台以上的数控加工设备（CNC 机床、加工中心等）或 FMC 组成，配有物料自动输送装置、自动上下料装置（运输及装载设备、托盘库、自动化仓库、中央刀库等），并具有计算机综合控制功能、数据管理功能、生产计划和调度管理功能及监控功能等。图 2-3-3 所示为 FMS-500 系统的示意图。

根据 FMS 在机械制造不同领域的应用，FMS 可分为切削加工 FMS、钣金加工 FMS、焊接 FMS、柔性装配系统等。

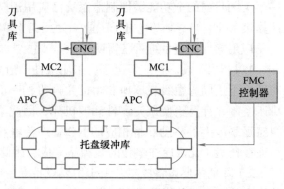

图2-3-2 FMC的示意图

APC—托盘自动交换装置 MC—加工中心 CNC—计算机数字控制

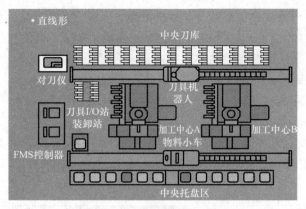

图2-3-3　FMS-500系统的示意图

三、柔性制造系统的组成

FMS 由制造工作站、自动化物料储运系统和 FMS 管理与控制系统三个主要部分组成。制造工作站则主要包括机械加工工作站、清洗站和测量站。

（一）制造工作站

1. 机械加工工作站

一般在柔性制造系统中主要的机械加工设备是加工中心，常带有刀库，可实现主轴和刀库的刀具交换，同时还带有自动托盘交换装置。

加工中心要集成到 FMS 中，需要满足以下基本条件：

（1）硬接口　硬接口包括托盘自动交换装置（Automated Pallet Changer，APC）和第二刀具交换点。APC 采用多种方式，最为常见的双交换台有平行式和回转式两种类型；第二刀具交换点的功能是使加工中心机附刀库通过刀具机器人实现与外界交换刀具。

（2）软接口　软接口具有通过计算机网络或其他通信接口实现与上级控制计算机通信的功能，通常称为 FMS 接口。接口的功能是接收上级控制机发给加工中心的各种命令和数据，同时也能把各种数据和状态上传给控制机。

2. 清洗站

清洗站可以放在柔性制造系统的生产线内，也可分开放置。可以独立，也可与装卸站并为一体。所谓清洗，主要是指清除切屑和清洗油污，清洗对象包括零件、夹具和托盘。清洗不包括去除零件毛刺，通常去毛刺的工作在生产线外进行，因为它对装卸工作有干扰。通过清洗保证零件在下一工序中的定位、装夹和顺利加工。

3. 测量站

检验工序有在线和离线两种方式，各有优点。在线检验仪可通过编程令其投入工作，判定加工误差并直接经由中央计算机进行刀具补偿调整。在线检验的最大优点是能迅速确定制造中的问题，但由于一般检验的速度比生产速度低很多，难以做到 100% 的在线检验。离线检验则由于检验工位离得远、零件定位和夹紧费时或缺少自动检验装置等原因具有滞后性。

（二）自动化物料储运系统

在柔性制造系统中，一般采用自动化物料储运系统，即物料的运输和存储过程均在计算机的统一管理和控制下自动完成。物料储运包含了两个方面内容：第一，FMS 系统内部的物料装卸、搬运及存储；第二，FMS 系统与外部储运系统或其他自动化制造系统之间的物料储运。

在 FMS 系统中采用物料储运系统，并不意味着完全排除人工参与。事实上，在某些环节采用人工来实现有着良好的效果，如在 FMS 物料装卸站常采用人工装卸，因为在毛坯不统一的前提下，如采用机械手等，对机械手的要求很高，实际的操作可能无法令人满意，且机械存在时间长、效率低、编程复杂等缺点，而人却能很容易做好这项工作。

在 FMS 中通常采用的自动化储运设备有传送机、有轨小车、AGV、工业机器人等。

1.传送机

传送机是自动化物料储运系统最早采用的形式之一，由于它造价低廉，控制相对比较容易而有着广泛的应用。它通常分为带式传送机、滚子式传送机和塑料铰链式传送机等。在自动化制造系统中用传送机直接传送工件或托盘有很多应用实例，更常用的是传送托盘，如图 2-3-4 所示。

图2-3-4　传送机用来传送托盘

传送机的驱动装置一般有牵引式和机械驱动式。牵引式驱动装置适用于载荷轻、传送距离短的工作条件，可采用链条、胶带等牵引。对于载荷较大、传动距离长的工作可采用刚性的机械驱动装置。机械驱动装置又可分为单个驱动和分组驱动两种。

传送机上的托盘在驱动装置的驱动下，随链条或胶带向前平稳运动，其速度随载荷的变化而定。托盘在每个制造工作站前可以精确定位，存放在托盘上的零件通过机器人等传送装置送入制造工作站处理。工作站处理完毕的工件被送回到传送机的空托盘上。

托盘在传送机上的定位是根据系统控制机的命令自动实现的。一般的方法为在托盘定位的前方运用传感器、滤码器或视觉系统来识别，确定是否需要定位。如需要则令挡销或挡块将托盘挡住，然后令机器人或其他形式的传送设备进行传送机和制造工作站之间的物料交换。

传送机的另一种形式为单轨空架传送机。单轨空架传送机将需要传送的工件放在一个悬挂式托架上，托架在一条长链的拖动下沿固定在厂房上空的空架导轨运动，通过控制驱动长链运动的电动机，确定运行或停止。这种传送带可以节省地面占用空间，但架设空架导轨会提高造价。

传送机具有控制相对简单、单位时间内输送量大、传送设备造价低廉、实施技术要求低、维护方便、工件（或托盘）定位准确性差、设备占地面积较大等特点。

2.有轨小车

有轨小车是一种无人驾驶的自动化搬运设备。有轨小车沿着预先铺设的导轨，在牵引装置的推动下，按照控制指令行走，实现物料的自动传送。有轨小车一般由导轨系统、小车控制器、托盘交换装置、车架及警告和安全装置组成，如图 2-3-5 所示。

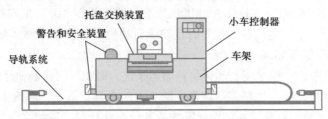

图2-3-5　有轨小车的组成结构

（1）导轨系统　　导轨系统由底座、圆柱形导轨、传动齿条、回零挡块、越限挡块等组成。圆柱形导轨用于承载小车和小车来回运动的导向，传动齿条实现与小车的驱动连接，它们固定在底座上。小车的回零挡块安装在底座的适当位置，当小车的回零开关与导轨上的回零挡块相撞，可使控制小车行走位置的高速计数器清零，同时回零挡块的位置也作为小车行走的参考点。在底座两端装有小车越限挡块，当小车上的极限开关与导轨上的越限挡块相撞时，开关会发出越限急停的信号。

（2）小车控制器　　小车控制器是有轨小车的核心控制单元，它由控制单元和伺服驱动单元组成。它需要有较高的抗振动、抗干扰能力。工业控制机和PLC通常作为有轨小车的控制单元。由于PLC具有高可靠性，它通过配备高速计数器、通信模块等相应的专用模块，可以充分满足工程的实际需要。

有轨小车控制器的控制功能通常包括对小车行走的控制、物料交换控制、与上级控制器的通信、系统故障的处理和安全保护工作等。

（3）车架　　车架是用来固定小车其他部件的，一般由钢架焊接或连接而成。

（4）警告和安全装置　　警告装置用于系统报警时发出蜂鸣声及闪光，以提示操作员及时进行故障处理，确保设备安全。安全装置是防止系统失控时作辅助控制用，它由光、电传感器或机械式触点开关作为传感元件，辅以其他机构组合而成。物料运输小车的前后两侧和输送装置的左右两侧均装有安全挡板，当小车的安全挡板受到冲击时，它会压合触点开关使系统急停并报警。

（5）托盘交换装置　　托盘交换装置用来实现物料的装卸，使装卸时间大幅减少。

有轨小车具有以下特点：起动速度快，行走平稳，定位精确；承载能力大，适合搬运笨重零件；控制系统相对简便、可靠性高、成本低且易维护；传输路径柔性不高，一般适宜在直线布局的系统中采用。

3. AGV

AGV是一个具有电磁或光学自动导引装置，可以沿着事先预定的路径运行，具有依据应用需求进行编程和选择停靠点等功能的运输小车。

AGV具有良好的柔性、高可靠性、容易扩展且易于与其他自动化系统集成，是最具有潜力和优势的FMS自动化运输设备。但AGV也有其自身的缺点，主要表现为一次性投入成本较高，因而使投资回收期变长。另外它主要适用于室内，在恶劣的露天环境下不宜采用。另外，磁导向装置的AGV不能在金属地面上运行。

尽管AGV的形式和使用场合千变万化，但是它的基本组成部分可以分为车架、电池、导向装置、车载充电器、安全装置、车载控制器、通信单元、定位装置、工作平台等，AGV的核心部件如图2-3-6所示。

（1）车架　　车架是AGV的本体，它通常采用金属焊接，表面用铝合金面板封装而成。

（2）电池及车载充电器　　AGV采用的动力源，通常为24V或48V工业电池，由于电池使用时间短，因而电源需要再充电

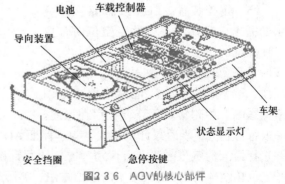

图2-3-6　AGV的核心部件

或重新更换。

AGV 电池更新的方法通常有充电和更换两大类。充电方式也有两种：随时充电及周期性充电。随时充电方式是指 AGV 空闲时，随时可以到充电区进行充电。周期性充电是指当 AGV 退出服务时，去充电区内长时间充电，充足电后再投入运行，一般说完成一次充电需 6h，其中充电时间为 4h，冷却时间为 2h，可使用 17h。AGV 和充电器之间的联接分自动对接和人工对接两种。

更换方式是指依据 AGV 的工作时间，如工作了一班或二班后，用充好电的电池将旧电池替换下来，以满足下一班的生产要求。

（3）AGV 控制系统　AGV 控制系统是 AGV 的重要组成部分，它由车载控制器和地面站控制器构成。车载控制器由中央控制计算机、直流伺服系统驱动单元、电气系统和电磁阀四大部分组成，其中中央控制计算机和直流伺服系统驱动单元是核心部分。中央控制计算机由主机板、A/D、D/A 转换板、计数器板、输入/输出板、导向信号采集板、伺服驱动板等组成。

AGV 车载控制器可以实现以下控制功能：

1）通过脉冲编码器记录 AGV 运行的距离，并以此来控制 AGV 的运行速度和确定 AGV 的位置。

2）监控各种离散信号的输入，如手动控制信号、安全装置激活信号、电池状态信号、导向限位开关、制动状态等，并做相应处理。

3）提供输出激发或控制 AGV 的执行机构，如电动机控制器、充电连接器、安全报警系统及导向单元等。

4）通过通信单元接收地面站控制命令，或反馈小车的状态信息。

地面站控制器的主要功能为：

1）存储 AGV 的运行路径。

2）生成 AGV 的运动控制命令并经通信单元向 AGV 发送命令。

3）接收 AGV 反馈的状态信息，并进行分析、处理。

4）通过通信接口接收上位机的控制命令，或反馈状态信息。

5）采集各类离散信号并做相应处理。

（4）导向装置　导向装置是用来实现 AGV 朝不同方向运行的控制单元，导向控制单元由导向天线、导向电动机、速度控制器、放大器和导向轮组成。AGV 导向控制单元组成如图 2-3-7 所示。

（5）定位装置　AGV 要满足实际应用的需求，在任何一个站点定位时都要保证一定的精度。由于 AGV 在地面上运行时是依靠驱动轮转数累计计算运行距离的，受温度、湿度、地面摩擦力等因素的影响，用轮转数计算行程存在误差。

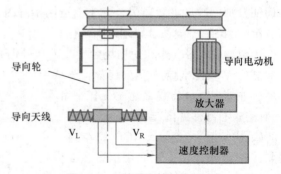

图2-3-7　AGV导向控制单元组成

一般行程越大，误差累计也越大，为了保证 AGV 的准确定位，必须设法消除运行误差的累计并选择恰当的定位方法。分段清零是消除累计误差的常用方法，此外，二次定位即粗定位和精定位相结合也是 AGV 常用的定位方法，如图 2-3-8、图 2-3-9 所示。

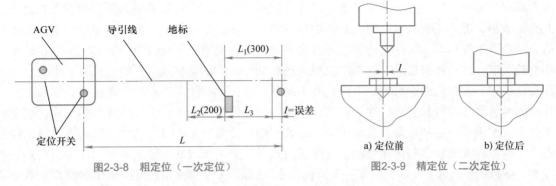

图2-3-8　粗定位（一次定位）　　　　　图2-3-9　精定位（二次定位）

（6）通信单元　通信单元是联系 AGV 与上位机（FMS 控制机或地面站）的桥梁。命令的接收和状态的反馈都得依赖通信单元。通信单元采用的通信方式可分为连续通信和离散通信。连续通信是指 AGV 和上位机之间一直保持联系，可以随时发送和接收信息。连续通信可通过无线通信和红外线收发器实现。无线通信就是分别在地面站和 AGV 上安装无线电发射装置，以一定的功率和频率发送和接收信息。但它一般易受雷击或别的干扰源（大功率电动机、电焊机等）影响，降低通信质量。红外线收发器目前也是常用的方法。通常在 AGV 上安装一个红外线收发器，然后在 AGV 的运行范围内也安装一定数量的红外线收发器，确保 AGV 运行到任一站点或位置都可以保持和上位机的通信。在我国自行研制的柔性制造系统 BFEC 中，AGV 系统采用的通信单元就是红外线收发器，它在系统内安装了 3 个红外线收发器。离散通信是指 AGV 和上位机通信联系只能在某些事先设定的站点进行，在其他位置则无法通信，如图 2-3-10 所示。

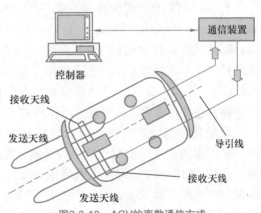

图2-3-10　AGV的离散通信方式

（7）安全装置　AGV 安全装置是确保 AGV 安全运行的保证系统。它主要是为了避免 AGV 之间、AGV 与周边物体、AGV 与人的碰撞。AGV 上的安全装置通常有两类。一类是指为防止前后左右侧底层障碍物的碰撞，而在 AGV 的前后左右安装的安全挡圈（Bumper），因为在安全挡圈上安装有各种碰撞检测传感器，一旦传感器触发，AGV 就会急停。第二类是红外线障碍物检测装置，它安装在 AGV 四周。检测距离通常在 0.3～1m 内可调，检测装置可以通过检测到的信号做出相应反应。一种反应是将 AGV 减速到 0.6m/min 左右，并发出警告信号；另一种反应是立即使 AGV 停止。

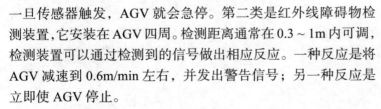

工业机器人基本组成系统

4. 工业机器人

通用工业机器人（机械手）一般由机械主体、传感器、驱动系统和控制器四部分组成。图 2-3-11 所示为日本三菱公司生产的机械手。

机械主体构成了机器人执行动作的基础部件。它通常由机

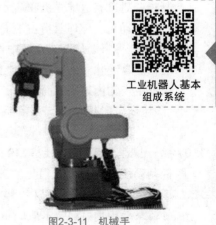

图2-3-11　机械手

器人基座、关节、手爪等组成。基座是机械主体的基础，通常有移动型和固定型两类。关节与人的关节相类似，工业机器人的关节在控制器的控制下通常可使其上的两个零（部）件相对移动或转动。工业机器人所配置的关节可分为五类：线性关节、正交关节、回转关节、扭转关节和旋转关节。它们使得机器人的手爪实现灵巧的动作。手爪是接触工作物的部件。它包括手指及安全机构，并根据作业对象的不同，有不同种类的手爪供使用者选择。机器人只有借助各种各样的传感器才得以具有实用性和通用性，从而完成许多类似于操作人员所做的工作。机器人的各个关节需要一定的驱动装置来驱动，这些驱动装置可以是电气的、液压的或气动的。控制器是工业机器人的控制和指挥中心，它通过输入设备接收人或其他控制系统的命令进行运送与控制，指挥机器人的基座、关节及手爪执行作业。依据对不同类型的机器人的控制需要，控制器也可以分为不同的类型，通常有点位控制器、连续轨迹控制器、单一动作控制器和智能控制器。

由于工业机器人夹持的重量受到一定限制，因此通常用来传输重量较轻的零件或刀具，在轴类零件 FMS 中机器人得到广泛的应用。另外，由于机器人的工作范围是一定的，有时可通过与有轨小车的组合来延伸其工作范围，如图 2-3-12 所示。

5. 自动化物料仓库

在自动化制造系统中，通常希望系统具有较大的存储容量，以便于实现无人化生产。为了达到这一目的，大多系统通过设立自动化物料仓库来解决。

自动化物料仓库又称自动存取系统（Automatic Storage and Retrieval System，ASRS）。自动化物料仓库采用集中式的存储方式，在自动化制造系统的主控系统和物料系统控制机的控制下，实时地完成制造系统中工作站之间的各种物料（如工件、夹具、托盘、刀具、量具等）的传送和存储。自动化物料仓库通常由货架、巷道堆垛机和控制系统等组成。

自动化物料仓库一般可分为平面库和自动化立体库两种。平面库通常应用于大型工件的存储，在一些自动化制造系统，如 FMS 中，又称它为中央托盘库。平面库空间利用率低，在系统规模较小的制造系统中应用较多。

图2-3-12 机器人在FMS中的应用实例

自动化立体库采用高层货架，是使用计算机及 PLC 等管理和控制，货物自动地按给定的控制指令通过巷道堆垛机和辅助设备进行入库及出库作业的新型仓库。

自动化立体库具有占地面积小、空间利用率高、存储量大、周转快、自动化程度高等特点，在 FMS 等自动化制造系统中得到了广泛的应用，成为现代化生产工厂内物流自动化的重要标志之一。自动化立体库集存储控制和信息管理于一体，在实现物料的自动化管理、加速资金周转、保证生产均衡等诸方面创造了巨大的效益。

（三）FMS 管理与控制系统

1. FMS 管理与控制系统的体系结构

管理与控制系统是 FMS 的核心和灵魂。由于 FMS 管理和控制的难度高，为了降低管理与控制系统的复杂性，简化实施过程，采用横向或纵向的分解与集成而形成多层递阶控制结构。递阶控制结构的优点是将一个复杂的系统分解成几个子系统，减少全局控制和开发的难度。这种体系结构是目前技术最成熟，应用最广泛的。

FMS 管理与控制系统通常可采用三级递阶控制结构，即管理级、系统控制级和设备级。这种控制结构系统内的设备数量不宜过多，FMS 单元控制机直接实施对设备或子系统的实时控制，针对目前计算机性能不断提高，而 FMS 规模向中小型方向发展的情况，这种体系结构是比较适宜的。当 FMS 系统的规模比较大，采用三级递阶控制结构对单元控制机来说负荷较大时，则可在第二、三级中间加入工作站级，图 2-3-13 所示为具有工作站级的 FMS 四级递阶控制结构。

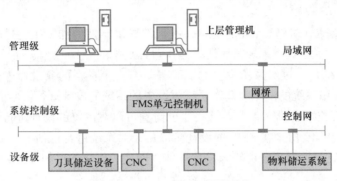

图2-3-13　FMS四级递阶控制结构

由于 FMS 生产计划控制与调度的作用区域在制造企业递阶控制结构中的车间、单元、工作站、设备层，因此，FMS 生产计划控制与调度是通过对制造过程中物料流的合理计划、调度和控制，来缩短产品的制造周期，减少在制品，降低库存，提高生产设备的利用率，最终达到提高 FMS 生产率的目的的。

为了达到上述目的，需要依据 FMS 所采用的体系结构和运行特点对 FMS 生产计划控制与调度的逻辑结构进行合理的规划，提出系统合理的软件配置，确定每个软件的具体功能，图 2-3-14 所示为一种 FMS 计划控制与调度系统的逻辑结构。

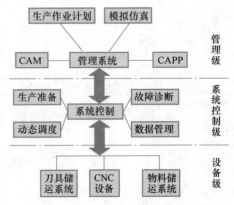

图2-3-14　FMS计划控制与调度系统的逻辑结构

2. FMS 管理系统及其功能

FMS 管理系统的功能是准备 FMS 正常运行的各种数据，即作业清单、零件 NC 程序和刀具文件等。有的 FMS 系统，为了在实际系统运行前对作业计划进行验证，要用到仿真软件。仿真软件能完成对作业计划的评估，并为实际系统的运行提供参考。综上所述，FMS 管理系统软件主要由 FMS 作业计划管理系统、CAM 系统、CAPP 系统和模拟仿真系统组成。

1）作业计划管理系统是管理系统软件中的一个重要组成部分，它制订日作业计划，把周、旬或更长时间的计划逐步落实到 FMS 中完成。FMS 作业计划是生产活动（生产准备、加工）的时间表，它根据厂方提供的生产计划（零件种类、供货日期、需求量等），优化得出月、周、日 / 班 FMS 加工的零件及各班次的刀具配置清单、夹具清单和原材料清单。编制和执行 FMS 作业计划，是为了保证按期、按质、按量完成加工任务。首先要满足生产任务，即在规定的交货期内交货，以满足订货和装配要求。其次要使 FMS 有效地运转起来，以降低产品成本，提高系统的生产率，取得良好的经济效益。

2）CAM 系统是 FMS 中的一个重要环节。在 FMS 中，所有的加工设备都是数控加工、检测和清洗设备，这些设备都需要用数控加工程序进行控制，因此，FMS 要用到大量的数控加工程序。在 CIMS 环境中，CAM 和 CAD 组成一个独立的功能子系统，通过网络和 FMS 系统相连接。而在本节中，把 CAM 归到 FMS 系统最上层的管理软件中。由于在 FMS 中加工的零件都比较复杂，FMS 对数控加工程序也有特殊的要求，因此，采用 CAM 生成 FMS 所用的数控加工程序是非常重要的。

3）CAPP 系统是 CAD 和 CAM 的桥梁，该软件提供零件的加工工艺过程，包括零件加工工艺路线，刀具、夹具、量具清单。这些清单是作业计划中的刀具、夹具、量具清单的数据源头。

4）模拟仿真系统是通过对系统模型的实验去研究一个存在的或设计中的系统。计算机仿真则是借助计算机，用系统的模型对真实系统或设想的系统的设计进行实验的一门综合性技术。系统仿真是指用仿真技术来研究各种系统，通过仿真可以对系统的设计进行评估，也可以对系统的输入进行评估。FMS 仿真在 FMS 的设计阶段用于对系统进行评估，当 FMS 建立后，就用于 FMS 的运行仿真，从而对系统的输入进行评估，以达到优化的目的，并为真实系统的运行提供参考。

3. FMS 控制系统及其功能

FMS 控制系统通常由硬件和软件两方面组成，其组成如图 2-3-15 所示。

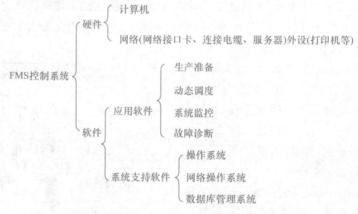

图2-3-15　FMS控制系统的组成

FMS 控制系统的基本功能如下：

1）传送数据（如物料参数、NC 程序、刀具数据等）给 FMS 中的物料系统和加工设备。

2）协调 FMS 中各设备的活动，保证把工件和刀具及时地提供给加工设备，使加工设备高效运转。

3）提供友好的操作界面，使操作者能够输入数据，控制和监视 FMS 的运行。

4）当 FMS 发生故障，能帮助操作者进行故障诊断和故障处理。

下面详细介绍一下应用软件。

（1）生产准备　任何一个 FMS 自动运行前必须完成生产准备工作。生产准备工作可以在每天下班前或上班后系统自动运行前进行。生产准备的主要内容有：

1）获取生产作业计划、工艺计划与 NC 程序。在系统自动运行前，需要从车间控制器或系统决策支持机中获取当天系统加工所需的 FMS 作业计划，有的系统中获取的是双日班计划。在获取作业计划的同时下载相应的刀具需求计划和物料需求计划。检查完成该作业计划中零件加工所需的工艺计划和 NC 程序是否齐备，如不全则从 CAD/CAM 系统或上位机中获取。

2）刀具准备。由于刀具准备需要一定的时间，为了保证 FMS 有较高的生产率和加工设备利用率，一般情况下当天系统加工所需的刀具在系统运行前都已事先进入系统。除非加工中出现刀具破损或刀具寿命到期的情况，才临时从系统外进刀。因此，在 FMS 开工前，应当依据刀具需求清单，事先将所需的刀具进行装配、对刀，并通过生产准备系统将刀具送入 FMS 的中央刀库，相应的刀具参数存入 FMS 单元控制机的数据库系统中和刀具管理控制机上。对不设中央刀库的 FMS 应将刀具送入相应的制造工作站的机附刀库中。

3）工装与工件毛坯准备。工装准备是指准备 FMS 完成当日作业计划所需的夹具并将其安装到随行托盘上，调整完毕。对于使用较为复杂的柔性夹具，准备的周期应适当加长，因为夹具的安装和调整时间与使用夹具的复杂程度和操作人员的技术水平相关。毛坯准备是指将需在 FMS 中加工的零件毛坯送到现场或存放在物料库中。

4）系统配置与数据核对。因为一个 FMS 可能包括多台加工设备，有时系统运行时，依据作业的需要或某种特殊的情况（设备临时维修等），某台设备决定临时离线，可通过生产准备系统进行系统设置。系统数据核对也是 FMS 运行前一项重要的工作，因为系统中每一个数据的变化都将直接影响系统的运行，可能会因一个微小的数据错误造成系统的严重故障，通常采用的办法是将存放在不同位置的数据进行校验，如将存放在单元控制机数据库中的数据与制造工作站的数据校验，一旦发现差异需人工进行校核，并通过生产准备系统中的数据管理系统进行纠正。

生产准备除了完成上述四个主要内容外，一般还具有一些对系统中的单个设备或子系统进行单步控制的功能，通过单步控制功能对系统进行操作，可以使得单元控制机上的数据和制造工作站或底层设备上的数据保持一致。如果通过底层设备控制器对所控制的设备进行单步操作，则往往会造成上下数据的不一致，给系统维护造成一定的麻烦。

（2）动态调度　动态调度就是协调各子系统之间的合作关系；实现工件流、刀具流和信息流自动化传输；使 FMS 能高度自动化地加工。动态调度系统是 FMS 控制系统的核心内容，它将 FMS 生产作业计划调度与控制问题在时间与空间上进行分解。

FMS 的运行过程中设备状态的变化是十分复杂的，面对这种复杂和快速的实时状态变化，动态调度系统必须做出实时的反应，使 FMS 整个系统保持正常、优化运行。因此，FMS 实时动态调度是一项十分复杂的任务。每发出一个实时动态调度命令，首先需要采集系统内所有设备的实时状态数据，并对这些数据进行分析；在数据分析的基础上结合调度优化策略，进行系统运行优化决策，最后生成实时动态调度命令。

因此，要开发这样复杂的控制系统必须要有一套严格、有效的工具和方法来保证开发的成功，通常称这种辅助开发工具为系统建模工具。对离散控制系统常用的系统建模工具有排队论、Petri 网理论、活动循环图（Activity Cycle Diagram，ACD）法等。

在 FMS 调度中存在许多决策点，如工件的投入、工件选择设备、设备选择工件、传送设备选择、成品退出系统等，这些决策点需要动态调度系统依据一定的原则做出正确的决策，确保系统运行优化。在 FMS 控制运行中有以下一些决策点，它们可采用不同的决策规则。

这里以工件投入决策点为例，说明如何确定规则的选用。通常对 FMS 而言，系统执行作业计划时，可以有多个零件同时加入系统加工，究竟哪个零件先进系统加工需要按一定的决策规则来确定，通常零件投入规则有：每种零件的批量比例关系；零件的优先级（按交货日期确定）；当前装卸站的夹具优先等。

（3）系统监控　系统监控是监视整个 FMS 的运行工况，使操作者随时能了解整个 FMS 的运行状态。它能统计出以下系统数据：

1）设备利用率和准备时间。

2）发生故障的平均间隔时间、故障时间。

3）零件投入时间。

4）每个零件的循环时间。

5）操作者开关系统的时间。

6）零件加工时间。

7）缓冲区利用率。

8）设备状态信息。

上述统计数据也按班、日、周、月和年收集起来作为累积资料，供以后分析参考使用。这些数据也可按照系统管理人员的需要，按一定的时间间隔存储到数据库中或打印保存。

（4）故障诊断　故障诊断系统就是诊断出 FMS 各子系统的故障类型，做出对故障处理的决策，把故障信息提示给系统操作人员等。

四、FMS实例

（一）FMS-500 系统概况

FMS-500 是针对液压壳体零件加工的中小型柔性制造系统，具有一班无人值守自动加工的能力。FMS-500 由两台卧式加工中心、自动化工件储运系统、自动化刀具储运系统、FMS 控制系统和决策管理系统组成。

自动化工件储运系统由中央托架库、装卸站和有轨小车组成，为了完成一班无人值守自动加工，中央托盘库的容量为 12 个，托盘尺寸为 500mm×500mm。在自动化工件储运系统控制机的控制下，可以以手动、半自动、全自动三种方式实现中央托盘区、加工中心和装卸站三者之间工件的运送与交换。有轨小车的平均运行速度为 24m/min，重复定位误差小于 0.5mm，最大载重量为 500kg。FMS-500 的自动化工件储运系统如图 2-3-16 所示。

图2-3-16　FMS-500的自动化工件储运系统

自动化刀具储运系统由刀具容量为 210 把刀的中央刀库、四个自由度的直角坐标换刀机器人、具有 24 个刀位的刀具交换站和刀具预调仪所组成。换刀机器人夹持刀具的最大重量为 18kg，平均运行速度为 24m/min，重复定位误差小于 0.5mm。

换刀机器人可以在机床加工过程中进行加工中心机附刀库与中央刀库的刀具交换。FMS-500 的自动化刀具储运系统如图 2-3-17 所示。

图2-3-17　FMS-500的自动化刀具储运系统

刀具预调仪用于测量将进入系统的刀具的实际尺寸，测量结果传送给 FMS 系统控制机（单元机），再由单元机把该数据信息传给相应的加工中心控制器，以便加工中心加工工件时使用。

刀具进出口站为刀具进入或退出系统的暂存装置，其容量为 22 个刀位，每个刀位有红、绿指示灯，用于指示刀具是进入还是退出系统。退出系统的刀具由换刀机器人放入刀具出口站，再由操作人员取出；进入系统的刀具由操作人员放入刀具进口站，再由系统换刀机器人送入系统。

换刀机器人用于刀具在中央刀库、机床刀库和刀具进出口站之间的装卸和传输。这种交换可在机床加工的同时进行，不需要停止机床加工，从而形成一个无准备时间的连续加工过程。FMS-500 中的两台加工中心为型号相同、功能一致的卧式加工中心，分别拥有容量为 60 把的机附刀库，具有随机换刀的功能；并具有刀具破损自动检测以及工件尺寸和位置自动测量的功能。

（二）FMS-500 系统递阶控制结构与系统功能

FMS-500 采用三级递阶控制结构，第一级为管理决策支持级，第二级为单元控制级，第三级为设备控制级。第一级和第二级用以太网（Ethernet）连接，第二级和第三级用工业控制网络连接。由于加工中心控制器不直接具备与工业控制网络的连接，系统中通过网关（Gateway）与加工中心控制器连接。FMS-500 系统递阶控制结构如图 2-3-18 所示。

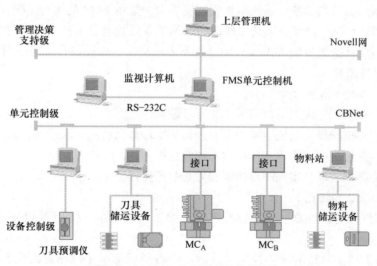

图2-3-18　FMS-500系统递阶控制结构

1. 第一级——管理决策支持级

在管理决策计算机上运行的应用软件有：

（1）自动编程　该软件能进行数控加工程序编制，具有处理由直线、圆弧和列表曲线组成的零件轮廓以及加工中心的钻、镗加工的能力；按加工中心配置进行后置处理；具有图形模拟显示功能，可直观检查编程的效果，作为对编程正确性的初步认定。

（2）作业计划编制　能提供周作业计划和日作业计划：周作业计划内容为一周内将要加工的零件种类、数量及所需要的毛坯种类、数量等；日作业计划内容为每天（或班）所要用的刀具、夹具清单以及零件 NC 加工程序等。

（3）作业计划模拟仿真　通过人机交互方式输入，可在一定的范围内进行系统平面布局的调整和配置的修改。通过对作业计划的仿真，建立系统运行中的各种状态记录，实现对系统的数字仿真和动态图形仿真，并输出仿真结果（包括各设备利用率、系统生产率等），验证作业计划的合理性，为系统的实际运行提供参考。

（4）CAPP 可以为 FMS 上加工的 33 种零件建立 CAPP 库，该库有四个子库，各用相应的程序模块实现。这四个子库包括工艺路线库、设备目录清单、工序库（主要是数控加工工序）和图形库，这些库可随时提供检索调用；可以对库内任何一种零件的工艺过程进行修改，从而产生其他同类零件的工艺过程；可以绘制工序图；可以输出工艺文件。

2. 第二级——单元控制级

在 FMS 单元控制机上运行的应用软件有：

（1）生产准备 通过人机界面进行系统配置、系统初始化（系统设备状态检测、刀具和物料系统数据核对等），获取日作业计划，或编辑、获取零件 NC 程序、系统内设备的单步操作等。

（2）动态调度 研究生产作业计划和系统设备的状态，实时控制整个 FMS 的生产过程。正常情况下，实时动态调度有三种结束的可能：第一种为本班的加工时间已到；第二种为本班日加工计划已完；第三种为操作人员人为中断。通常都是以前两种方式中的一种结束，第三种在有特殊要求时才发生。当实时动态调度完成加工任务后，自动将系统的各种参数存到数据库中，待下一班开工时使用。

（3）系统状态监视与诊断 系统监视实现图形动画显示 FMS 的运行工况，当一班结束后能统计设备利用率、系统生产率、系统工作时间、加工零件数量、刀具的使用情况等。在 FMS 发生故障时，诊断软件会把故障类型及故障的解释显示出来，以便操作人员了解故障情况，通知维修技术人员进行维修。

3. 第三级——设备控制级

（1）刀具预调仪 完成刀具数据采集和刀具数据传送。

（2）加工中心控制器 完成数控加工、刀具与零偏数据传送，以及系统状态监控。

（3）工件传送控制器 实现过程控制和物料数据传送。

（4）刀具传送控制器 实现过程控制和刀具数据传送。

（三）FMS-500 的特点

1）功能完整、可靠性高。以箱体类零件为加工对象的生产实用型 FMS，系统功能完整、可靠性高。

2）采用基于现场总线的工业控制局域网。设备层通信基于现场总线技术开发的工业控制实时局域网，具有速度快、可靠性高、实时性好、成本低等特点，并实现了与 FMS 底层设备的互联。

3）采用实时多任务操作系统 DMOS。基于 DOS 环境开发的实时多任务操作系统 DMOS，充分满足了 FMS 等工业过程实时、并发控制需求。

4）故障处理、故障容忍和系统再调度能力强。动态调度和在线故障诊断技术的结合，大大提高了系统的故障处理、故障容忍和系统再调度能力。

5）具有随机换刀，断刀、姐妹刀、刀具寿命管理与控制功能。

6）有机地将工件和零偏在线测量装置集成到 FMS 中。

7）系统面向 CIMS 集成环境开发，具有计划下载、制造信息反馈等纵向集成功能。

8）性能价格比高，配置灵活。

第三节　计算机集成制造系统

一、概述

计算机集成制造系统（CIMS），是随着计算机辅助设计与制造的发展而产生的，是在信息技术、自动化技术和制造的基础上，通过计算机技术把分散在产品设计与制造过程中各种孤立的自动化子系统有机地集成起来，形成适用于多品种、小批量生产，实现整体效益的集成化和智能化的制造系统。同其他具体的制造技术不同，CIMS 着眼于从整个系统的角度来考虑生产和管理，强调制造系统整体的最优化。它像个巨大的中枢神经网络，将企业的各个部门紧密联系起来，使企业的生产经营活动更加协调、有序和高效。实践证明，CIMS 的正确实施将给企业带来巨大的经济效益和社会效益。

二、CIMS概念的发展

计算机集成制造系统（Computer Integrated Manufacturing System，CIMS）最早由美国的约瑟夫·哈林顿（Joseph Harrington）博士于 20 世纪 70 年代初提出，哈林顿强调，整体观点（系统观点）和信息观点都是信息时代组织、管理生产最基本、最重要的观点。可以说，CIM 是信息时代组织、管理企业生产的一种哲理，是信息时代新型企业的一种生产模式。按照这一哲理和技术构成的具体实现便是 CIMS。

1987 年，我国"863 计划"CIMS 主题专家组认为，CIMS 是未来工厂自动化的一种模式。它把以往企业内相互分离的技术和人员通过计算机有机地综合起来，使企业内部各种活动高速度、有节奏、灵活和相互协调地进行，以提高企业对多变竞争环境的适应能力，使企业经济效益持续稳步地增长。

1991 年，日本能源协会提出，CIMS 是以信息为媒介，用计算机把企业活动中多种业务领域及其职能集成起来，追求整体效益的新型生产系统。

1992 年，ISO TC184/SC5/WG1 提出：CIM 是把人、经营知识和能力与信息技术、制造技术综合应用，以提高制造企业的生产率和灵活性，将企业所有的人员、功能、信息和组织诸方面集成为一个整体。

1993 年，美国制造工程师学会（SME）提出 CIMS 的新版轮图。轮图将顾客作为制造业一切活动的核心，强调了人、组织和协同工作，以及基于制造基础设施、资源和企业责任之下的组织和管理生产的全面考虑。

经过十多年的实践，我国"863 计划"CIMS 主题专家组在 1998 年提出的新定义为将信息技术、现代管理技术和制造技术相结合，并应用于企业产品全生命周期（从市场需求分析到最终报废处理）的各个阶段。通过信息集成、过程优化及资源优化，实现物流、信息流、价值流的集成和优化运行，达到人（组织、管理）、经营和技术三要素的集成，以加强企业新产品开发的 T（时间）、Q（质量）、C（成本）、S（服务）、E（环境），从而提高企业的市场应变能力和竞争能力。

最后，可以将 CIMS 概念总结为：CIMS 是利用计算机技术，将企业的生产、经营、管理、计划、产品设计、加工制造、销售及服务等环节和人力、财力、设备等生产要素集成起来，进行统一控制，求得生产活动最优化的思想方法。CIMS 一般由集成工程设计系统、集成管理信息系统、生产过程实时信息系统、柔性制造工程系统及数据库、通信网络等组成，学科跨度大，技术综合性强，它跨越与覆盖了制造技术、信息技术、自动化及计算机技术、系统工程科学、管理和组织科学等学科与专业。早期的 CIMS 研究主要是针对离散工业的，相应的生产体现为决策支持、计划调度、虚拟制造、数字机床、质量管理等，核心技术难题在于计划调度和虚拟制造等。而随着 CIMS 研究的进一步发展，人们将 CIMS 系统集成的思想应用到了流程工业中，也获得了良好的设计效果，而由于流程工业区别于离散工业的特征，使得流程工业 CIMS 技术主要体现在决策分析、计划调度、生产监控、质量管理、安全控制等，其中核心技术难题在于生产监控和质量管理等。CIMS 是随着计算机辅助设计与制造的发展而产生的。它是在信息技术、自动化技术与制造技术的基础上，通过计算机技术把分散在产品设计制造过程中各种孤立的自动化子系统有机地集成起来，形成适用于多品种、小批量生产，实现整体效益的集成化和智能化的制造系统。

三、CIMS的功能组成

按我国企业的实践经验，CIMS 一般由六部分组成：管理信息集成分系统、工程设计集成分系统、制造自动化集成分系统、质量保证集成分系统、计算机网络集成分系统和 CIMS 分数据库系统。CIMS 的功能组成如图 2-3-19 所示。

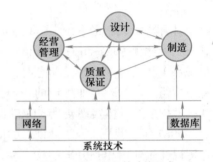

图2-3-19　CIMS的功能组成

1. 管理信息集成分系统

管理信息集成分系统的核心是 MRP 和 ERP。MRP 是根据物料清单（BOM）、库存数据和生产计划计算物料需求的一套技术。

MRP 把主生产计划、物料清单和库存量分别存储在计算机中，经过计算，就可以输出一份完整的物料需求计划了。除此之外，它还可以预测未来一段时间里会有什么物料短缺。

ERP 具有很多的功能：①它有超越 MPR Ⅱ范围的基础功能；②支持混合范式的制造环境；③支持能动的监控能力；④支持开放的客户机/服务器计算环境。除此之外还有主生产计划（MPS）物料清单等。管理信息集成分系统如图 2-3-20 所示。

2. 工程设计集成分系统

工程设计集成分系统涉及 CAD/CAPP/CAM 集成系统、特征建模技术产

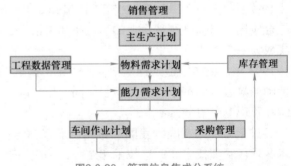

图2-3-20　管理信息集成分系统

品数据交换标准、CAD/CAPP/CAM 集成数据管理、成组技术、并行工程以及工程数据信息系统（EDIS）分系统外部接口。CAD/CAPP/CAM 集成系统是由 CAD/CAPP/CAM 等子系统在分布式数据和计算机网络系统支持下组成的。

（1）CAD 子系统及其功能　CAD 完成产品的方案设计工程分析及优化和详细设计，通过

设计评价决策在设计的有限次迭代，不断优化设计直到获得满意的设计结果。其主要功能包括：

1）三维几何造型：对设计对象用计算机能够识别的方式进行描述。

2）有限元分析：在产品几何模型的基础上，通过单元网络划分确定载荷及约束条件，自动生成有限元模型，并用有限元方法对产品结构的静动态特性、振动强度、热变形、磁场强度及流场等进行计算分析，用不同的颜色描述结构应力及磁力热的分布情况，为设计人员精确研究产品结构的受力变形提供一个重要手段。

3）优化设计：按设计对象建立优化的数学模型，包括目标函数和约束条件，然后选择合适的优化方法对产品的设计参数、方案或结构进行优化设计。这也是保证现代化产品设计达到周期短、质量高的重要技术手段。

CAD 主要有以下鲜明特征：

1）强调产品设计过程中计算机的参与和支持。

2）强调计算机的辅助作用。

3）不可能也没有必要设计产品的所有环节。

CAD 的实现涉及以下关键技术：

1）产品的造型建模技术。

2）单一数据库与相关性设计技术。

3）NURBS 曲面造型技术。

4）CAD 与其他 CAX 系统的集成技术。

5）标准化技术。

（2）CAPP 子系统及其功能　CAPP 进行产品中各种零件的加工过程设计，完成工艺路线与工艺设计，产生工序图和工艺文件，向制造自动化集成分系统、质量保证集成分系统、管理信息集成分系统提供所需要的工艺信息。

（3）CAM 子系统及其功能　CAM 按照 CAD 产生的产品的几何信息和 CAPP 产生的工艺信息，完成零件的数控加工编程及刀具轨迹模拟，为车间提供数据加工指令文件和切削加工时间等信息以及人机交互方式，对机器人的动作进行编程并仿真，以检查机器人的动作和实现机器人的在线控制。CAM 技术连线应用时，将计算机与制造过程直接连接用以控制、监视和协调物料的流动过程。

3. 制造自动化集成分系统

制造自动化集成分系统是制造系统的硬件主体，主要包括专用自动化机床、FMC 及 FMS 等，它主要由以下四部分组成：控制及信息处理部分、伺服装置部分、机械本体部分及传感检测部分。其优越性在于提高了劳动生产率、加工精度和产品质量，易于实现生产过程的柔性化，改善了劳动条件。

在 CIMS 环境中，制造自动化集成分系统运行过程的本质是产品的物化（形成）过程，其中的数据是连接产品设计、生产过程控制和实际产品加工制造之间的桥梁，即 CIMS 中的产品设计方案和工艺规划等工程信息是通过制造自动化集成分系统信息转换为实际产品的。

4. 质量保证集成分系统

质量保证集成分系统的功能主要有：

1）质量计划功能，包含检测计划的生成、检测规则的生成以及检测程序的生成。

2）质量检测功能。

3）质量评价与控制功能。

4）质量信息管理功能。

企业 CIMS 的建立，不仅是通过质量保证集成分系统来提高产品的质量，通过其他分系统也可以改善工作，提高产品质量。质量保证集成分系统的结构如图 2-3-21 所示。

5. 计算机网络集成分系统

计算机网络集成分系统既有计算机网络的共性，又有其自身的特殊性。它并不是计算机网络公司售出的一种网络产品，而是一种用户

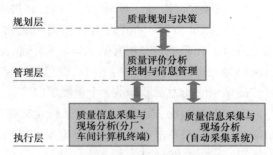

图2-3-21　质量保证集成分系统的结构

根据企业的特点在总体设计的前提下适用于当今的网络产品并予以实施的网络系统。没有一个标准规范的 CIMS 网络产品，只有结合各企业目标和具体情况的特定 CIMS 网络。

CIMS 网络具有如下特点：①它是在一个企业内部运行的计算机网络，它应归属于计算机局部网络的范畴。②CIMS 集成的子系统包含工程设计、制造企业管理与决策三类职能性质不同的领域，它们对通信的要求，如吞吐量、时延、实时性、可靠性等都是不同的，相应的通信协议、拓扑结构、局域网存取控制方法和网络介质等也往往都是各异的。③由于 CIMS 是一个多层体系结构，子网和通信网的选择还要考虑适应系统结构层次上的更具体的需求。④即使在同一服务类型、同一系统结构层次上，CIMS 用户也面临着各种各样局域网和通信产品的选择。⑤在各子网本身的组织上也面临一系列连接的问题。因此，CIMS 的组建应同企业的其他通信设施和今后的综合业务数字网（ISDN）的发展统筹兼顾。

计算机集成制造 CIMS 网络包含了 CIMS 的子网单元技术、CIMS 网络的工厂主干网、网络系统的分析与设计方法以及 CIMS 网络协议软件。CIMS 网络协议软件主要是适于生产环境的 MAP/TOP。我国的上海交通大学计算机系历时 7 年开发的 Min MAP/EAP 是我国具有自主知识产权的网络协议软件。MAP/TOP 是实现 CIMS 的 LAN 协议，随着网络的扩大，后来的 MAP/TOP 网络协议得到了扩展。例如 Min MAP/EAP 及现场总线（Field Bus）等就是其中的一部分。

6. CIMS 分数据库系统

分数据库系统是 CIMS 环境中重要的支持系统。企业在计算机网络系统的支持下，能实现各功能分系统之间的互联和信息传输，而必须采用数据库技术才能有效地对企业中的设计、生产和管理活动提供信息支持。CIMS 对数据库技术的需求主要表现在对异构硬件、软件环境下的分布数据管理，工程技术领域内的数据管理；CIMS 各个单元有不同的管理能力，分区自治和统一运行。

以上的介绍主要是计算机集成制造技术上逐渐发展起来的而现在被认为是不可分割的计算机制造技术有机体，CIMS 就是通过一个个有机体的紧密结合，一步步发展成为具有强大功能的计算机集成制造网络技术，这些只是一个过程，更多具体的内容在此不一一介绍。

四、CIMS 的关键技术

CIMS 是信息技术、先进的管理技术和制造技术在企业中的综合应用，按照 CIM 将企业经营活动中的销售、设计、管理、制造各个环节统一考虑，在信息共享的基础上实现功能集成。其内容包括管理信息系统（MIS）、工程设计集成系统（CAD/CAPP/CAM）、制造自动化系统（MAS/FMS）和质量管理系统（QMS）四个应用分系统及数据库和网络两个技术支持系统。CIMS 在工业发达国家起步较早，不少企业广泛应用了其中的单元技术，但形成了自动化孤岛，要在异

构环境下把这些孤岛集成起来，技术上有很大难度。由此可见，CIMS 的关键技术及核心是集成。

网络和数据库是实现 CIMS 信息集成的支持工具，其中建立异构、分布、多库集成的数据库尤为关键。

（1）工程数据的集成　工程数据库的研制是整个数据库系统的关键，它既要保证 CAD、CAPP、CAM 在集成环境下运行，又要为整个 CIMS 的集成提供必要的信息。

通常专用的 CAD 数据库能管理 CAD 建立的图形文件及 CAM 建立的文本文件，但对设计过程中的参数缺乏有力的支持，无法从 CAD 产生的结果中提取 CAPP 需要的特征。为此，需要在专用数据库中建立各种规范及基于加工的特征图谱，并开发与通用关系数据库的专用接口，形成 CAD 专用数据库和通用关系数据库共同管理的集成工程数据库。

（2）分布式数据的共享　CIMS 工程中各功能分系统分布在不同结点的异构计算机系统上，分布在各结点上的物理数据具有逻辑相关性。为使问题简单化，应尽量做到各结点在数据库上构成分布式的同构系统，除了参与本结点的局部应用外，还通过网络参与全局应用。把数据存放在使用频率最高的结点，减少使用时的远地操作和长距离传送，改善响应时间，是进行数据分布设计的总原则。

分系统之间的信息共享机制取决于它们之间信息互访的途径。通常有远程查询和在远程结点建立副本两种。无论哪种途径，其共享执行机理应由适当的执行指令和相应的存取控制机制组成。数据共享的安全控制要考虑到在整个分布式数据库中设置两个层次的存取控制。一个是在各自结点上的存取控制，称为局部安全控制模式，另一个是结点间数据互访的存取控制，称为共享数据安全控制模式。

如何从 CAD 系统模型中获取 CAPP 所需的信息是目前研究 CAD/CAPP 集成的一个主要问题，也是 CIMS 集成的关键之一。现代商品化 CAD 软件虽然提供了良好的三维实体造型功能，并应用特征技术进行开发，如 Creo 软件，但它仅限于形状造型，其造型特征与输出数据难以被 CAPP 系统提取。加工特征不同于 CAD 造型特征，造型特征侧重于实体，加工特征侧重于型面，大部分加工特征在特征层上难以建立对应关系，不少加工特征须将造型特征按面分解重新组合。

不控制零件的造型过程，而对其结果进行加工特征的自动识别与参数提取是一种希望达到的理想目标，但加工特征的非标准与不确定性使之难以实现。如何通过参数、参数类型及参数关系建立加工特征的识别算法则是关键所在。

加工特征的识别须从相应层上进行，有三种方式：

1）UDF 方式：用户定义特征，实质是将造型与加工特征从标准的角度统一起来（同时生成 CAPP 所需的参数便于提取），这种方式适用于一些符合一般设计标准又与某种加工特征有明确对应关系的型面。

2）AUTO 方式：自动识别方式，主要解决可以与造型特征建立对应关系又有明确识别规则的加工特征的识别与参数提取。

3）SELECT 方式：通过已定义好的加工特征的图形化菜单，让用户按不同的加工特征用鼠标从零件模型上点取相应的型面支持菜单的一组程序，根据所选择的加工特征类型自动从模型中提取相应的参数并进行类型检查与重复提取校核。

（3）BOM 自动生成　在 CIMS 工程中，BOM 是 CAD 产品设计的结果之一，也是 MIS 中主生产计划、物料需求计划、成本核算、物料管理等功能的主要信息依据。故实现 CAD 和 MIS 之间的信息共享，BOM 的自动生成和传输是关键。

产品是现实世界中的复杂对象，由部件和零件组成，而部件又可以由分部件或零件组成，零件可按其特征细化为基本件、标准件、外购件、焊接件等并形成树状结构，如图 2-3-22 所示。

图 2-3-22 中每个结点除了物料号作为标识外还包括三部分信息：图形信息、特征信息、零部件的连接关系。特征信息构成了"物料"关系模式，零部件的连接关系构成了"组合"关系模式。

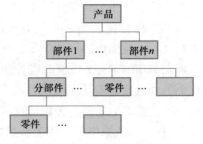

图2-3-22　产品树状结构图

为了使这些局部数据为整个 CIMS 所共享，支持全系统的各项活动，必须把存在图形中的三个数据结构中的数据提升到全局层，构成"物料""组合"两个基表，作为全局信息。对各结点判断工程图的张数，多图情况下，构成多张图的队列。接收模块把获得的全局信息分别插入"物料"表和"组合"表，然后对产品结构信息进行编辑，按产品、部件产生基本件、标准件、外购件明细表的汇总表，从而实现了从 CAD 分系统中产品结构信息向 MRP 分系统建立和传输的全过程。

五、开发应用CIMS的主要方法

CIMS 绝不是现有生产模式的计算机化和自动化，它是在新的生产组织原理和概念指导下形成的一种新型生产实体。因而发展 CIMS 绝不能采用一般新技术的开发应用方法——只解决技术的开发和使用问题，而应采用一套能很好地解决组织管理、技术开发应用和人员培训等一系列问题的新方法。目前国外开发应用 CIMS 比较好的部门和企业也还没有提出一套发展 CIMS 的完整方法。这个问题仍需进一步研究和探讨。

（一）组织管理方面

1. 领导部门或工业系统的组织管理方法

1）要建立强有力的领导班子。

2）要认真制订目标、政策并加强宣传。

3）要有必要的资金保证。

4）要建立信息交流渠道。

5）要重视建立各种集成标准。

6）要重视吸引和保留 CIM 技术人才。

7）要强调多方面技术合作。

2. 企业开发应用 CIMS 的组织管理方法

1）要建立有职权的 CIM 领导班子。

2）要符合公司战略发展方向。

3）要建立相适应的组织管理机构。

4）要坚持使用已建立的新系统，推动它向前发展。

（二）规划设计方面

（1）不可要求过高　在规划设计时不要对 CIMS 提出不切合实际的过高要求，应认真分析整个生产过程，根据实际情况进行规划设计，否则会出现欲速则不达的后果。

（2）不可机械地照搬别的系统　什么系统都不能原封不动地照搬，因为即使是完全相同的 CIMS，由于实施的时间、地点、技术、财力和组织等诸因素的改变，方案也必然会有所变化。

（3）全面规划分期实现　采用这一方法的原因有两个：一是由于 CIMS 本身的特性——工

厂全盘集成自动化；二是因为它需要巨额资金，往往采用分阶段实施的方法。

（4）要高度重视各种标准的应用　标准对规划设计具有特别重要的意义。因为对于任何一个 CIMS 规划设计方案来说，必须使用预先建立的评价标准来评价，如果没有评价标准就很难确定所选择的规划设计方案是不是最佳方案，因而就不能保证 CIMS 的成功。

（三）技术实施方面

1）为保证顺利地实施，首先应编制全面而详细的实施计划，并使计划公开。应根据具体情况不断修改计划，以保证用所能提供的人力物力达到预期目的。

2）采取由小到大、先简后繁的分阶段实施方法以减少或避免实施风险。

3）定期收集实施工作进展情况，总结经验、吸取教训、改善管理。

4）技术人员不可频繁调动。

（四）人员培训方面

1. 要高度重视人员培训问题

一个国家、一个部门乃至一个企业，要开发应用 CIMS，就要有自己的专家、技术人员和熟练的操作人员，就要改变管理人员对 CIMS 的不正确看法，消除阻力；除此之外，还需要提高规划、设备操作和实施人员的工作效率，对各类人员进行培训。

2. 采取多种人员培训方式

现在人员培训方式较多，但基本方法有以下两种：

1）企业本身负责培训和提高 CIMS 相关人员的业务水平。

2）选择专门教育机构负责培训。例如美国 IBM 公司，该公司在美国选择了 48 所 2 年制专科学校和 4 年制大学作为 CIM 教育基地。

六、CIMS 的现状

1. 国外现状

进入 20 世纪 80 年代后，发达国家经过几十年大工业生产的积累，人们的基本物质需求得到了相对满足。为了适应人们日益多样化的需求，市场竞争空前激烈。市场竞争和计算机技术的发展，引起了企业对 CIM 的强烈需求。由于 CIM 对广大制造业企业的生存和发展具有战略意义，而制造业对一个国家的国民经济发展具有举足轻重的作用，因而工业发达国家先后对 CIM 的发展给予了很大关注，制订了长期发展规划，并采取切实有效的措施推进其在众多企业中的应用。

世界各国都十分重视 CIM 等制造系统集成技术的研究与开发，欧美发达国家将 CIM 技术列入其高技术研究发展战略计划，给予重点支持。在 CIM 系统方法论方面，目前已有多种 CIMS 参考体系结构和建模方法，例如，欧洲 ESPRIT 计划中的计算机集成制造开放体系结构（CIM-OSA）、法国波尔多大学 GRAI/LAP 实验室提出的 CIM-GRAI 企业建模方法等都各具特色。在制造系统模式方面，国外的研究人员对各种新的制造系统模式，如大批量定制模式、敏捷制造模式和可持续发展的制造模式等进行了深入研究。这些研究成果充实、丰富了 CIM 的内涵。同时，各种 CIMS 单元技术，如现代产品设计技术、并行工程、产品建模技术、面向产品全生命周期的设计分析技术、先进的单元制造工艺等的研究与开发也取得了长足的进步。随着信息技术的发展，基于 Web 技术的制造应用系统的集成、面向对象和浏览器 / 客户机 / 服务器及 CORBA 和 COM/OLE 规范的企业集成平台和集成框架技术、以因特网和企业内部网及虚拟网络为代表的企业网络技术、异构分布的名库集成和数据仓库技术等系统集成技术领域的发展也十分迅速。

在 CIMS 的应用方面，欧美发达国家已有许多大中型企业实施了 CIMS，不少小型企业也在纷纷采用 CIM 技术。美国、日本及西欧等国的化工过程计算机集成生产系统已经进入应用阶段，如日本三井石油化学工业公司、德曹达公司、高尔公司都相继建立了化工过程 CIMS。美国钢联所属年产 700 万 t 的加里厂，投资 2.7 亿美元建 CIMS，投入运行后每年增加直接效益 1.6 亿美元；日本的新日铁、住友、川崎、日本钢管、神户五大钢铁公司的许多钢铁厂建立了 CIMS；韩国的浦项和光阳钢铁厂也建成了 CIMS，其中光阳钢铁厂是国际公认的现代化程度最高的 CIMS 钢铁企业之一。据美国科学院对在 CIMS 方面处于领先地位的五家制造公司进行的调查，在实施 CIMS 后可获得以下效益：提高生产率 40%～70%；提高产品质量 200%～500%；提高设备利用率 200%～300%；缩短生产周期 30%～60%；减少在制品 30%～60%；减少工程设计量 15%～30%；减少人为费用 5%～20%；提高工程师的工作能力 300%～3500%。

2. 国内现状

我国开展 CIMS 研究与应用已有 30 多年的历史。我国从 1986 年开始实施"863 计划"，CIMS 是其中的一个主题。863/CIMS 的任务是促进我国 CIMS 的发展和应用。

从 1990 年开始，胜利炼油厂、中原制药厂、天津无缝钢管厂等企业已着手 CIM 计划，福建炼油厂和兰州化纤厂等一些连续生产企业已成功地实施了 CIMS，取得了巨大的经济效益。与国外 CIMS 的发展相比较，我国已在深度和广度上拓宽了传统 CIM 的内涵，形成了具有中国特色的 CIM 理论体系。目前，我国 CIMS 不仅重视信息集成，而且强调企业运行的优化，并将计算机集成制造发展为以信息集成和系统优化为特征的现代集成制造系统结合起来。在 CIMS 的研究方面，我国已打造了一支 3000 多人的具有较高水平的 CIMS 研究队伍，CIMS 总体技术的研究已处于国际比较先进的水平。在企业建模、系统设计方法、异构信息集成、基于 STEP 的 CAD/CAPP/CAM/CAE、并行工程及离散系统动力学理论等方面也有一定的特色或优势，在国际上已有一定的影响。863/CIMS 在 30 多年的实践中，也形成了一支工程设计、开发、应用的骨干队伍，总结出了一套适合我国国情的 CIMS 实施方法、规范和管理机制。

1994 年，清华大学国家 CIMS 中心获得了美国 SME 的 CIMS "大学领先奖"，这标志着我国 CIMS 的研究水平进入了国际先进行列。1995 年，北京第一机床厂荣获 SME 的 CIMS "世界工业领先奖"，这标志着我国一些试点企业的 CIMS 的应用达到了国际领先水平。

目前，我国的 CIMS 技术在发展、应用领域也在不断地拓宽。CIMS 的进一步试点推广应用已扩展到机械、电子、航空、航天、轻工、纺织、石油化工、冶金、通信、煤炭等行业的 60 多家企业。我国 863/CIMS 研究已形成了一个健全的组织和一支高水平的研究队伍，实现了我国 CIMS 研究和开发的基本框架，建立了研究环境和工程环境，包括清华大学国家 CIMS 中心和七个单元技术开放实验室：集成化产品设计自动化实验室、集成化工艺设计自动化实验室、柔性制造工程实验室、集成化管理与决策信息系统实验室、集成化质量控制实验室、CIMS 计算机网络与数据库系统实验室、CIMS 系统理论方法实验室。在完成了一大批课题研究工作的基础上，陆续选定了一批 CIMS 典型应用工厂作为利用 CIMS 推动企业技术改造的示范点，其中包括成都飞机工业公司、沈阳鼓风机厂、济南第一机床厂、上海二纺机股份有限公司、北京第一机床厂、郑州纺织机械厂、东风汽车公司、广东华宝空调器厂、中国服装研究设计中心（集团）等。

七、CIMS发展趋势

CIMS 是一种生产哲理指导下的企业信息化、现代化的方向、思想和方法，它不是某种固定的模式，它的出现是科学技术迅速发展和市场竞争日益激烈的必然结果，因而，研究和应用时，要抓住 CIMS "信息的观点、系统的观点"的本质，将先进的信息技术与制造业的实际需求相结合，促进企业新产品自主开发能力、市场开拓能力和整体管理水平的提高。对于的确需要进行大规模技改的企业，要实现较全面的信息集成和生产优化，可能投入较大。对于多数企业，只要针对瓶颈，适当投资，实现局部信息集成，充分利用企业原有资源，融化信息孤岛，降低项目成本，也可以达到生产经营一定范围内的优化，从而取得显著的经济效益和社会效益。

随着信息技术的发展和制造业市场竞争的日趋激烈，未来 CIMS 将向以下八个方面发展：

1）集成化。CIMS 的 "集成"已经从原先企业内部的信息集成和功能集成，发展到当前的以并行工程为代表的过程集成，并正在向以敏捷制造为代表的企业间集成发展。

2）数字化。数字化就是从产品设计的数字化开始，发展到产品生命周期中各类活动、设备及实体的数字化。

3）虚拟化。在数字化基础上，虚拟化技术正在迅速发展，它主要包括虚拟现实（VR）、虚拟产品开发（VPD）、虚拟制造（VM）和虚拟企业等。

4）全球化。随着 "市场全球化" "网络全球化" "竞争全球化"和 "经营全球化"的出现，许多企业都积极采用 "全球制造" "敏捷制造"和 "网络制造"的策略，CIMS 也将实现 "全球化"。

5）柔性化。正积极研究发展企业间动态联盟技术、敏捷设计生产技术、柔性可重组机器技术等，以实现敏捷制造。

6）智能化。这是制造系统在柔性化和集成化基础上，引入各类人工智能和智能控制技术，实现具有自律、智能、分布、仿生、敏捷、分形等特点的下一代制造系统。

7）标准化。在制造业向全球化、网络化、集成化和智能化发展的过程中，标准化技术（STEP、EDI 和 P-LIB 等）已显得越来越重要。它是信息集成、功能集成、过程集成和企业集成的基础。

8）绿色化。这包括绿色制造、具有环境意识的设计与制造、生态工厂、清洁化生产等。它是全球可持续发展战略在制造业中的体现，是摆在现代制造业面前的一个崭新课题。

第四节　并行工程

一、并行工程产生的背景

并行工程产生之前，产品功能设计、生产工艺设计、生产准备等步骤以串行的生产方式进行，如图 2-3-23 所示。这样的生产方式的缺陷在于：后面的工序是在前一道工序结束后才参与到生产链中来，它对前一道工序的反馈信息具有滞后性。一旦发现前面的工作中含有较大的失误，就需要对设计进行重新修改并对半成品进行重新加工，于是会延长产品的生产周期，增加产品的生产成本，造成不必要的浪费。产品的质量也不可避免地受到影响。

20 世纪 80 年代中期以来，迅速开发出新产品，使其尽早进入市场成为赢得竞争胜利的关键。要解决这一问题，必须改变长期以来传统的产品开发模式。1986 年，美国国防工程系统首次提出了"并行工程"的概念，初衷是为了改进国防武器和军用产品的生产，缩短生产周期，降低成本，如图 2-3-24 所示。

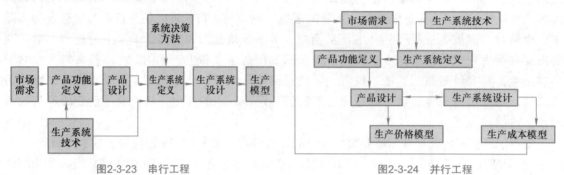

图2-3-23　串行工程　　　　　　　　　　　　图2-3-24　并行工程

二、并行工程的定义

并行工程又称同步工程或周期工程，是针对传统的产品串行生产模式而提出的一个概念、一种哲理和方法。

关于并行工程有很多定义，但是，至今得到公认的是 1986 年美国国防分析研究所在其 R-338 研究报告中提出的定义：并行工程是对产品及其相关过程（包括制造过程和支持过程）进行并行的一体化设计的一种系统化的工作模式。这种工作模式力图使开发者们从一开始就考虑到产品全生命周期（从概念形成到产品报废）中的所有因素，包括质量、成本、进度和用户需求。

并行工程（Concurrent Engineering，CE）是集成地、并行地进行产品及其零部件的设计、制造和相关各种过程的一种系统方法。

并行工程与 CIM 一样，也是企业管理的一种新模式、新思想，两者所追求的目标相同，即"提高企业市场竞争能力，赢得市场竞争"。然而，两者的着眼点和运行模式却有所区别。CIM 强调的是企业内的信息集成，保证企业各部门的信息流通畅无阻；而并行工程强调的是企业产品开发过程的集成。

并行工程具备两个基本特点：一是要求设计和制造过程的多项计划同时交叉进行；二是在设计阶段就考虑到这一项产品的所有要素。

三、并行工程的特性

1. 并行特性

并行工程的最大特点是把时间上有先有后的作业过程转变为同时考虑和尽可能同时（或并行）处理的过程。在产品的设计阶段就并行地考虑了产品整个产品生命周期中的所有因素，研制周期将明显缩短。这样设计出来的产品不仅具有良好的性能，而且易于制造、检验和维护。

2. 整体特性

并行工程认为，制造系统（包括制造过程）是一个有机的整体，设计、制造、管理等过程不再是一个个相互独立的单元，而是被纳入一个整体的系统来考虑。例如，设计过程不仅要做出图样和其他设计资料，还要进行质量控制、成本核算，也要产生进度计划等。这种工作方式是对传统管理机构的一种挑战。

3. 协同特性

将产品寿命循环各个方面的专家组织起来，形成专门的工作小组，大家共同工作，随时对设计出的产品和零件从各个方面进行审查，力求使设计出的产品便于加工、装配、维修及运送，且外观美、成本低、便于使用。其协同特性主要体现在以下方面：

1）多功能的协同组织机构。并行工程根据任务和项目需要，组织多功能工作小组，小组成员由设计、工艺、制造和支持（质量、销售、采购、服务等）方面的不同部门、不同学科代表组成。工作小组有自己的责、权、利和自己的工作计划和目标，成员之间使用相同的术语和共同的信息资源工具，协同完成共同任务。

2）协同的设计思想。并行工程强调一体化、并行地进行产品及其相关过程的协同设计，尤其注意早期概念设计阶段的协调。

3）协同的效率。并行工程特别强调"1+ 1 > 2"的思想，力求排除传统串行模式中各个部门间的壁垒，使各个相关部门协调一致地工作，利用群体的力量提高整体效益。

4. 集成特性

并行工程是一种系统集成方法，具有人员、信息、功能、技术等方面的集成特性。

1）人员集成：管理者、设计者、制造者、支持者以至用户集成为一个协调的整体。

2）信息集成：产品全生命周期中各类信息的获取、表示、表现和操作工具的集成和统一管理。

3）功能集成：产品全生命周期中企业内各部门功能的集成，以及产品开发企业与外部协作企业间功能的集成。

4）技术集成：产品开发全过程中涉及的多学科知识以及各种技术、方法的集成，形成集成的知识库、方法库。

四、并行工程实施的关键技术

并行工程的显著特点在于重视客户的要求，从全局优化的角度出发，对产品整个开发过程进行集成管理与控制。实施并行工程的主要关键技术如下：

1. 产品开发过程的重构

为了使产品开发过程实现并行与协调，并能面向全面质量管理做出决策分析，就必须对产品开发过程进行重构，即从产品特征、开发活动的安排、开发队伍的组织结构、开发资源的配置、开发计划以及全面的调度策略等各个方面不断进行改进。

2. 集成的产品信息模型

并行工程强调产品设计过程中上下游的协调与控制以及多专家系统的协调工作，因此如何开发一个集成的产品信息模型就成为关键问题。

集成的产品信息模型应能够全面表达产品信息、工艺信息、制造信息以及产品生命周期内各个环节的信息，能够表现产品各个版本的演变历史，展示产品的可制造性、可维护性和安全性，且能够使设计小组成员共享模型中的信息。这样的模型应基于 STEP 标准对产品所有信息进行定义和描述，包括用户要求、产品功能、设计、制造、材料、装配、费用和评价等；采用 Express 语言和面向对象的技术，对产品信息模型进行描述和表达，并把 Express 语言中各个实体映射到 C++ 语言中的类，生成 STEP 中性文件，为 CAD、CAPP、可制造性评价以及 CAM 的集成与并行实施提供充分的信息。

3. 并行设计过程的协调与控制

并行设计的本质是产品设计开发的大循环过程包含许多小循环，是一个反复迭代优化的过程。产品设计过程的管理、协调与控制是实现并行设计的关键，产品数据管理（PDM）能够对并行设计起到技术支撑的作用。并行设计中的产品数据是在不断交互中产生的，PDM 能够在数据的创建、更改及审核的同时跟踪监视数据的存取，确保产品数据的完整性、一致性和正确性，保证每一个参与设计的人员都能即时得到正确的数据，从而使设计的返工率达到最低。

五、并行工程应用实例

美国波音飞机制造公司投资 40 多亿美元，在研制波音 777 型喷气客机的过程中，运用 CIMS 和 CE 技术，一方面在企业南北 50km 的区域内，由 200 多个研制小组开展群组协同工作，另一方面也与其他国家的企业开展合作，采用庞大的计算机网络来支持并行设计和网络制造。在美国进行概念设计，在日本进行部件设计，而零件设计则在新加坡完成。在网络上建立了 24h 工作的协同设计队伍，大大加快了产品设计进度。除起落架舱以外建立了电子样机，波音 777 成为世界上第一架无原型样机而一次成功飞上蓝天的喷气客机，也是世界航空发展史上最高水平的"无图样"研制的飞机。从 1990 年 10 月开始设计到 1994 年 6 月仅花了 3 年零 8 个月就试制成功，比波音 767 飞机的研制周期缩短了 13 个月。

第五节　精益生产

一、产生的背景

精益生产（Lean Production, LP）是衍生自丰田生产方式的一种管理哲学，其发展的环境是：当美国汽车工业处于发展的顶点时，日本的汽车制造商们是无法与其在同一生产模式下进行竞争的。丰田公司在参观美国的几大汽车厂之后发现，在美国企业管理中，特别是人事管理方面存在着难以被日本企业接受之处。

在当时的环境下，丰田公司不可能也不必要走大批量生产方式的道路，其管理人员根据自身的特点，逐步创立了一种独特的多品种、小批量、高质量和低消耗的生产方式——精益生产。

精益生产的效率主要体现在：

1）1973 年的石油危机，给日本的汽车工业带来了前所未有的机遇，大批量生产所具有的弱点日趋明显，与此同时，丰田公司的业绩开始上升，质量、产量和效益都跃上一个新台阶，在 1980 年一举超过美国的汽车制造企业，成为当时的世界汽车之王。随着丰田公司与其他汽车制造企业的距离越来越大，精益生产方式开始真正为世人所瞩目。

2）与大批量生产相比，精益生产的一切都是"精简"的：只需要一半的劳动强度、一半的制造空间、一半的工具投资、一半的产品开发时间，由此保证了库存的大量减少、废品的大量减少和品种的大量增加。精益生产与大批量生产的最大区别在于：大批量生产只强调质量"够"好即可，因此难免存在着缺陷；而精益生产则追求完美（低价格、零缺陷、零库存和无限多的品种），见表 2-3-2。

二、精益生产的内涵与特征

1. 精益生产的基本概念

1）精益生产是通过系统结构、人员组织、运行方式和市场供求等方面的变革，使生产系统能很快适应用户需求的不断变化，并能使生产过程中一切无用、多余的东西被精简，最终达到包括市场供销在内的生产各方面最好的结果。

表 2-3-2　精益生产与大批量生产的比较

比较项目	大批量生产	精益生产
追求目标	高效率、高质量、低成本	完善生产，消除一切浪费
工作方式	专业分工，相互封闭	责、权、利统一的工作小组，协同工作，团队精神
组织结构	宝塔式，组织结构庞大	权力下放，扁平式组织结构
产品特征	标准化产品	面向用户的多样化产品
设计方式	串行模式	并行模式
生产特征	大批量、高效率生产	变批量、柔性化生产
库存管理	大库存缓冲	JIT 方式，接近零库存
质量保证	靠机床设备，事后把关	靠生产人员保证
雇员管理	限期雇佣，合同约束	终身雇佣，风雨同舟
用户关系	靠产品质量、成本取胜	用户满意，需求驱动，主动销售
供应商关系	合同关系，短期行为	长期合作，利益共享，风险共担

2）精益生产是新时代工业化的标志——只需要一半的劳动强度，一半的制造空间，一半的工具投资，一半的设计、工艺编制时间，一半的产品开发时间和少得多的库存。

3）精益生产的精髓在于"Lean"——"没有冗余""精打细算"，没有一个多余的人，没有一样多余的东西，没有一点多余的时间；岗位设置必须是增值的，不增值的岗位一律撤除；要求工人是多面手，可以互相顶替。

2. 精益生产的特征

1）以用户为"上帝"。适销的产品、适宜的价格、优良的质量、尽可能快的交货速度、优质的服务是面向用户的基本内容。

2）以"人"为中心。人是企业一切活动的主体，应以人为中心，大力推行独立自主的小组化工作方式。充分发挥一线职工的积极性和创造性，使他们积极为改进产品的质量献计献策，使一线工人真正成为"零缺陷"生产的主力军。

3）以"精简"为手段。精简组织结构，减去一切多余环节和人员；采用先进的柔性加工设备，降低加工设备的投入总量；减少不直接参加生产活动的工人数量；用 JIT 和公告牌等方式管理物料，减少物料的库存量及其管理人员和场地。

4）综合工作组和并行设计。综合工作组是由不同部门的专业人员组成，以并行设计的方式开展工作的小组。该小组全面负责同一型号产品的开发和生产，其中包括产品设计、工艺设计、预算编写、材料购置、生产准备及投产等，还担负根据实际情况调整原有设计和计划的责任。

5）JIT 供货的方式。某道工序在必要的时刻才向上道工序提出供货要求。JIT 供货使外购的库存量和在制品的数量达到最小。与供货企业建立稳定的协作关系是保证 JIT 供货能够实现的措施。

6）"零缺陷"的工作目标。精益生产所追求的目标不是"尽可能好一些"，而是"零缺陷"。即最低的成本、最好的质量、无废品、零库存与产品的多样性。

三、精益生产的体系结构

如果把精益生产体系看作一幢大厦，那么大厦的基础就是计算机网络支持下的小组工作方式。在此基础上的三大支柱就是：①JIT，它是缩短生产周期、加快资金周转和降低成本、实现零库存的主要方法；②GT，它是实现多品种、小批量、低成本、高柔性，按顾客订单组织生产的技术手段；③全面质量管理（TQM），它是保证产品质量、树立企业形象和达到无缺陷目标的主要措施。精益生产的体系结构如图2-3-25所示。

图2-3-25　精益生产的体系结构

（一）JIT

1. JIT 的概念

JIT 即 Just In Time 的缩写，该词本来的含义是："在需要的时候，按需要的量生产需要的产品"。当今的市场环境已经从"只要生产得出来就卖得出去"变成了"只能生产能够卖得出去的产品"。对于企业来说，各种产品的产量必须能够灵活地适应市场需求量的变化，否则由于生产过剩会引起人员、设备、库存费用等一系列的浪费。避免这些浪费的方法就是实施 JIT，只在市场需要的时候生产市场需要的产品。所以，JIT 是实现零库存目标、杜绝浪费的有效手段。它以准时生产为出发点，首先设法解决生产过量的浪费问题，进而解决其他方面（如设备布局不当、人员过多等）的浪费问题，并对设备、人员等资源进行调整。如此循环使成本不断降低，计划和控制水平也随之提高。

2. JIT 的原则

1）后道工序向前道工序提取零部件。与传统的"推动"的生产方式不同，JIT 是一种"拉动"的生产方式。JIT 的零部件仅在后道工序提出要求时才生产，后道工序需要多少，前道工序就生产或供应多少。各工序间以"看板"作为信息的载体，后道工序根据"看板"向前道工序取货，前道工序按"看板"要求只生产后道工序取走数量的工件作为补充，现场操作人员根据"看板"进行生产作业。

2）化大批量为小批量，尽可能按件传送。各工序之间一般都避免成批生产和成批搬运，要求尽可能做到必要的时候只生产一件，只运送一件，任何工序不准生产额外的数量，宁可中断生产，也绝不积压在制品。

3. JIT 的优点

JIT 生产管理方式与传统生产管理方式相比，具有以下优点：

1）无滞留。由于生产中各工序的操作者都按同步的节拍操作，生产进度不是传统方式下以最慢的节奏控制，而是受"拉动"控制，使生产能保持在平均速度上。当某道工序结束时，整个生产同步进入下道工序，在生产过程中无滞留时间。

2）无积压。生产过程实现同步化，不仅上下道工序在时间上衔接紧凑，在空间上也减少了在制品的库存与积压，节省了费用与生产空间。

3）提高了操作者的积极性。由于是按照一个统一的原则对整个生产系统进行管理，这就增加了操作者的集体感。当操作者处在这样一种集体行动中，会产生相互激励的精神，其生产积极性就会得到提高。

4）有利于生产管理功能的整体优化。JIT 不仅考虑生产局部的同步化，而且考虑企业整体生产的同步化问题。它克服了传统方法中质量管理、设备维修和技术工艺管理相脱节的弊端，形成个人、班组、工序、车间乃至全厂层层配套的管理网络系统。

（二）GT

成组技术是精益生产的基本条件，是提高生产柔性、实现高柔性目标的有效手段。

（三）TQC

全面质量管理是实现"无缺陷"目标的有效手段，也是提高企业总体效益和生产柔性的方法。

第六节　敏捷制造

一、敏捷制造产生的背景

20 世纪 70 年代—80 年代，美国由于政策导向失误，其制造业在世界市场所占份额不断下降，逐渐丧失制造领域的霸主地位。为了恢复美国制造业在世界上的领导地位，20 世纪 80 年代末，美国国会指示国防部拟定一个制造技术发展规划，要求同时体现美国国防工业与民品工业的共同利益，并要求加强政府、工业界和学术界的合作。

在此背景下，美国国防部委托理海大学与通用汽车等大公司一起研究制定一个振兴美国制造业的长期发展战略，最终于 1994 年完成了《21 世纪制造业发展战略》报告，在此报告中提出了"敏捷制造"（AM）的概念。

二、敏捷制造的内涵及特点

1. 敏捷制造的内涵

敏捷制造是在先进柔性生产技术的基础上，通过企业内部的多功能项目组（团队）与企业外部的多功能项目组（团队）组成虚拟企业这个动态多变的组织机构，把全球范围内的各种资源，包括人的资源集成在一起，实现技术、管理和人的集成，从而能够在整个产品生命周期内最大限度地满足用户的需求，提高企业的竞争能力，获得企业的长期效益。敏捷制造是在"竞争 - 合作 - 协同"机制下，实现对市场需求做出灵活快速反应的一种生产制造新模式，如图 2-3-26 所示。

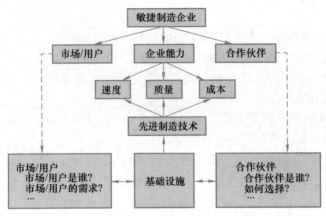

图2-3-26　敏捷制造模式

2. 敏捷制造的特点

敏捷制造的目标是快速响应市场的变化，抓住转瞬即逝的机遇，在尽可能短的时间内向市场提供高性能、高可靠性且价格适宜的环保产品。为了实现这一目标，实现敏捷制造的企业应具有如下特点：

1）技术研发能力强。

2）具有柔性的生产能力。

3）能够个性化生产。

4）企业间的动态合作紧密。

5）能够激发员工的创造精神。

6）具有新型的用户关系。

3. 敏捷制造的关键要素

敏捷制造的目的可概括为："将柔性生产技术，有技术、有知识的劳动力与能够促进企业内部和企业之间合作的灵活管理集成在一起，通过所建立的共同基础结构，对迅速改变的市场需求做出快速反应。"敏捷制造主要包括三个要素：生产技术、管理和人力资源。

三、敏捷制造的组织形式——虚拟企业

1. 产生背景

20世纪90年代以来，随着科技进步和社会发展，世界经济发生了重大变化。人们根据自己生产、工作和生活的需要，对产品的品种与规格、花色式样等提出了多样化和个性化的要求，企业面对不断变化的市场，为求得生存与发展必须具有高度的生产柔性和快速反应能力。为此，现代企业向组织结构简单化、扁平化的方向发展，并产生了能将知识、技术、资金、原材料、市场和管理等资源联合起来的虚拟企业。

虚拟企业（Virtual Enterprise，VE）是敏捷制造在企业组织形式上提出的核心概念。它是企业间在不涉及所有权的前提下，为赢得某一市场机遇而结成的非永久性企业动态联盟。敏捷虚拟企业（Agile Virtual Enterprise）是对市场变化能够快速反应的那类虚拟企业。

2. 定义

虚拟企业又称动态联盟（Virtual Orgnization），是面向产品经营过程的一种动态组织结构和企业群体集成方式，是由一些独立公司组成的临时性网络，这些独立的公司包括供应商、客户、

甚至竞争对手,它们通过信息技术组成一个整体,共享技术、共担成本,并可以进入彼此的市场。虚拟企业没有办公中心、组织章程和等级制度,也没有垂直体系。

具体来说,虚拟企业是指企业群体为了赢得某一个机遇性市场竞争,把某复杂产品迅速开发生产出来并推向市场,由一个企业内部有优势的不同部分和外部有优势的不同企业,按照资源、技术和人员的最优配置,快速组成的一个功能单一的临时性的经营实体。虚拟企业结构如图 2-3-27 所示。

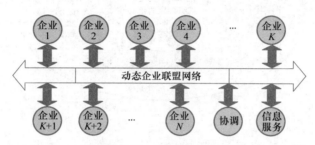

图2-3-27　虚拟企业结构

四、敏捷制造在车灯模具制造中的应用实例

车灯模具生产批量小,一般为单件生产,至少是一模多腔;而且制造工艺较复杂,需要用到许多非标准件,而这些不可能由某个厂家单独完成。任何大而全、小而全的制造模式均会造成效益低下,因而需要优化组合或形成企业动态联盟。

车灯模具的服务对象主要是那些实力雄厚的汽车生产企业,而这些企业的产品更新换代快,需要采用异地设计、异地制造、网络传送有关信息及 CAD/CAPP/CAM 一体化等先进制造技术,这为实施敏捷制造模式提供了机会。在设计制造轿车车灯注塑模具的过程中,按照敏捷制造思想组织了开发团队,引用了动态联盟模式,采用并行工程的一些方法,较好地完成了车灯模具的设计与制造,建立了较完善的敏捷制造体系。

在应用敏捷制造模式过程中,上海小糸车灯有限公司建立的车灯模具敏捷制造系统主要包括以下方面:

(1)结构上包括信息层和工程层　信息层主要采用 Internet 技术,一方面建立企业内部网络,同时对外与用户联系,寻找合作伙伴,迅速对市场做出反应。工程层主要采用并行工程的一些方法,以企业动态联盟形式开展异地设计和异地制造。

(2)基于 Internet 技术的信息交互　采用基于 Web 的客户机/服务器,利用通用网关接口(CGI)等方式实现静态访问和动态访问。

(3)动态联盟的组织形式　依据车灯模具开发的特点,考虑到独家包揽方式会造成低效益,故采用了企业动态联盟组织形式。该动态联盟由盟主(车灯模具承接单位)和若干合作单位组成,按照并行工程思想组织开发团队,团队由那些熟悉市场并具有注塑模具和组织经验的人员组成。

该联盟包括三个组织层次:紧密关系层(利益共享,风险共担)、合作关系层(相互信任,长期互惠)和松散关系层(货比三家,以质论价),如图 2-3-28 所示。

B5 新型车的总体是上海大众合作设计,整车外形确定以后,部分关键车灯由日本小糸公司根据所定外形和光学要求设计,车灯模具由上海小糸车灯有限公司设计制作,经注塑成型做出车灯制品,最后由上海大众组装到车体上,这一过程涉及国内外多个厂家。上海小糸车灯有限公司的车灯模具敏捷制造模式的应用实践表明，敏捷制造模式不仅解决了以往独家包揽造成的低效益问题，而且可以通过多个专业厂家的有效联合来设计制造出用户满意的产品，达到快速响应市场的目的。

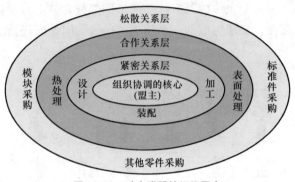

图2-3-28　动态联盟的组织层次

第七节　虚拟制造

一、虚拟制造的基本思想

虚拟制造技术

虚拟制造（Virtual Manufacturing，VM），是国际上近年来提出的一项新型制造技术，即利用仿真与虚拟现实技术，在高性能计算机及高速网络支持下，采用群组协同工作，通过模型来模拟和预测产品功能、性能及可加工性等各方面可能存在的问题，实现产品制造的本质过程。它包括产品的设计、工艺规划、加工制造、性能分析、质量检测等，并进行过程管理和控制。

二、虚拟制造的特点

与实际制造相比较，虚拟制造的主要特点是：

1）无须制造实物样机就可以预测产品的性能，设计人员或用户在计算机上对虚拟模型进行产品设计、制造、测试，甚至可以"进入"虚拟的制造环境检验其设计、加工、装配和操作的完成情况，而不必依赖于传统原型样机的反复修改。

2）可使分布在不同地点、不同部门的不同专业人员在同一个产品模型上同时工作，相互交流，信息共享，减少大量的文档生成及其传递的时间和误差，从而使产品开发以快捷、优质、低耗来响应市场变化。

3）提供关键的设计和管理决策对生产成本、周期和能力的影响信息，以便正确处理产品性能与制造成本、生产进度和风险之间的平衡问题，做出正确的决策。

4）提高生产过程的开发效率，可以按照产品的特点优化生产系统的设计。

5）通过生产计划的仿真、优化资源的利用，缩短生产周期，实现柔性制造和敏捷制造。

6）可根据用户的要求修改产品设计，及时给出报价和保证交货期。

7）产品开发中可以及早发现问题并进行更正。

三、虚拟制造的分类

根据虚拟制造应用环境和对象的侧重点不同，虚拟制造分为：以设计为中心的虚拟制造（Design-centered VM），如虚拟样机；以生产为中心的虚拟制造（Production-centered VM）；以控制为中心的虚拟制造（Control-centered VM），其实现工具为虚拟仪器。

1）以设计为中心的虚拟制造为设计者提供产品设计阶段所需的制造信息，从而使设计最优。设计部门和制造部门之间在计算机网络的支持下协同工作，以统一的制造信息模型为基础，对数字化产品模型进行仿真与分析、优化，从而在设计阶段就可以对所设计的零件甚至整机进行加工工艺分析、运动学和动力学分析及可装配性分析等可制造性方面的分析，以获得对产品的设计评估与性能预测结果。

2）以生产为中心的虚拟制造为工艺师提供虚拟的制造车间现场环境和设备，用于分析改进生产计划和生产工艺，从而实现产品制造过程的最优。在现有的企业资源（如设备、人力、原材料）等条件下，对产品的可生产性进行分析与评价，对制造资源和环境进行优化组合，通过提供精确的生产成本信息对生产计划与调度进行合理化决策。

3）以控制为中心的虚拟制造提供从设计到制造一体化的虚拟环境，对全系统的控制模型及现实加工过程进行仿真，允许评价产品的设计、生产计划和控制策略。以全局优化和控制为目标，对不同地域的产品设计、产品开发、市场营销、加工制造等，通过网络加以连接和控制。

四、虚拟制造的体系结构

面向产品与过程的虚拟制造系统需要对产品、环境和评价的数据、知识、模型进行共同特征抽取与异型制造过程创建。虚拟制造完全是数字模型的集成，将相互孤立的制造技术如CAD、CAM、CAPP等集成在一个虚拟产品制造环境下，以实现对制造过程一一对应的模型化映射关系。面对模型集成各个子系统的功能是虚拟制造技术的关键技术之一，由于产品的多样性和制造过程的动态性，虚拟制造环境是一个动态多变的集成环境，其过程会产生大量数据，虚拟过程的数据管理变得非常复杂。面向产品与过程的虚拟制造系统对产品设计的数据、知识及模型进行共同特征抽取，建立五大相关模型，如图2-3-29所示。

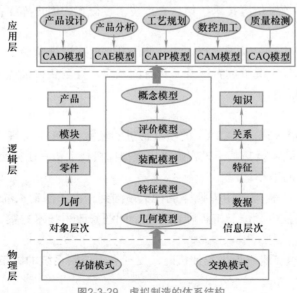

图2-3-29　虚拟制造的体系结构

1）概念模型：从市场调研到产品功能分析和原理确定，为后续其他模型提供信息，引导完成产品方案设计，并提供产品性能参数。

2）评价模型：从产品功能、质量、价格、交货期、售后服务、环境保护、营销等整个产品生命周期范围内进行评价，确保产品的品质和实用性。

3）装配模型：在概念模型的基础上对方案进行具体化，继承概念模型的性能参数和外观参数，确定产品的装配关系和装配约束，分解和传递概念模型的功能和结构。

4）特征模型：实现零件的设计，也称零件模型。它借助各种特征构造零件，同时继承装配模型的参数，是连接设计与制造的纽带。

5）几何模型：特征模型的基础，虽然不具备工程含义，却是产品表示的最基础的手段，给产品最直观的描述，也是制造加工最直接的对象。

五、虚拟制造实施的步骤

建立企业网和工程数据库，初步实现 CAD、CAPP、CAM 功能。进行信息集成，推行 PDM 技术、特征建模技术，形成一个 CAD、CAPP、CAM 的集成系统。

首先在设计、工艺、制造部门建立统一的产品模型，初步实现并行工程；再将企业管理方面的 MIS、MRP Ⅱ 与 CAD/CAM 系统进行集成，实现全厂范围内的信息集成，全面实现并行工程。

在上述工作的基础上，对企业内的生产、经营等多方面的活动进行建模、仿真，最终实现虚拟制造。

六、虚拟制造的应用实例

1. 虚拟样机技术

虚拟样机技术是指在产品设计开发的过程中，把 CAD 技术与 CAE 技术相结合，针对产品在投入使用后的各种工况进行动态仿真分析，预测产品整体性能，从而改进产品设计，提高产品性能。

它本质上是一种模拟仿真技术，涉及多体系统动力学、动力学建模理论及其技术实现，是对先进的建模技术、多领域仿真技术、信息管理技术、交互式用户界面技术和虚拟现实技术等综合应用的技术。

这是全新的研发模式——基于并行工程，使产品在概念设计阶段就可以快速分析多种设计方案，并预测产品在真实工况下的特征及所具有的响应，直至获得最优的工作性能，减少甚至取消了物理样机的研制次数。

2. 应用实例

1）美国国家航空航天局（NASA）的喷气推进实验室（JPL）实现"火星探路者号"探测器成功在火星上的软着陆，就是基于工程师采用虚拟样机技术仿真研究宇宙飞船在进入大气层、减速和着陆等不同阶段的工作过程。

在探测器发射前，工程师运用虚拟样机技术预测到，由于制动火箭与火星风的相互作用，探测器着陆时很可能会发生翻滚。工程师针对这个问题修改了技术方案，从而保证了火星登陆计划的成功。

2）某卡车制造公司在研制新型柴油机时，发现点火控制系统的链条在转速达到 6000r/min 时运动失稳并发生振动。

常规的测量技术无法应用于这样的高温高速环境，工程师只能借助虚拟样机技术，对虚拟样机的动力学及控制系统进行分析，发现了不稳定因素，改进了控制系统，使系统的稳定范围达到 10 000r/min 以上。

思考题

1. 柔性制造的概念是在什么样的背景下出现的？
2. 柔性制造系统主要由哪几部分构成？各部分的功能是什么？
3. 什么是 CIMS?
4. CIMS 由哪几个部分组成？各部分之间的关系是什么？
5. CIMS 在我国发展现状如何？我国应采取什么样的 CIMS 发展策略？
6. CIMS 今后将如何发展？
7. 并行工程与 CIM 有何关系？
8. 简述并行工程的特性。
9. 简述精益生产的特征。

第四章
CHAPTER 4
信息安全技术与应用

智能制造的本质是工业的信息化和智能化,其中网络是神经,大数据是血脉,信息安全是保障。在智能制造背景下,世界变成了一个巨大的物联网,形成了全覆盖的云环境,人类生产过程、产品形态、流通渠道和服务对象都呈现出一体化趋势,产品与消费者之间将达到空前的默契。

智能制造安全系统主要包括功能安全、信息安全和物理安全三个部分。传统的工业控制系统安全最初多关心功能安全和物理安全,即防止工业安全相关系统或者设备的功能失效,当功能失效或故障发生时,保证工业设备或系统仍能保持安全条件或进入安全状态。近年来,随着工业控制系统信息化程度的不断加深,针对工业控制系统的信息安全问题不断凸显,业界对信息安全的重视程度逐步提高。信息安全主要用于保证智能制造领域相关信息系统及其数据不被破坏、更改或泄露,从而确保系统能连续可靠地运行,它包括软件安全、设备信息安全、网络信息安全、数据安全、信息安全防护及评估等标准。

第一节　概述

一、智能制造面临的信息安全挑战

以数字化、网络化和智能化为核心特征的智能制造模式,正在成为产业发展和变革的重要方向,也必将引发新一轮制造业革命,并重新构筑全球制造业竞争格局。中国要建设成为制造强国,必须紧紧把握制造业的发展趋势,加快智能制造的发展。尽管智能制造已是大势所趋,但随着其与互联网的不断融合,一些棘手的问题也开始显现。从信息安全的角度分析,智能制造网络化后攻击剖面大大扩展,将面临设备、控制、网络、应用和数据等多个方面的安全挑战,以及综合各方面的高级持续性威胁(APT)。

1. 设备安全挑战

设备安全挑战是指主要来自伺服驱动器、智能 I/O、智能传感器、仪表及智能产品的安全挑战。这里的安全包括所用芯片安全、嵌入式操作系统安全、编码规范安全、第三方应用软件安全以及功能安全等。设备安全挑战包括漏洞、缺陷以及使用规范和后门等的安全挑战。

2. 控制安全挑战

控制安全挑战是指主要来自各类机床数控系统、PLC、运动控制器所使用的控制协议、控制平台和控制软件等方面的安全挑战，这些系统协议等在设计之初可能未考虑完整性、身份校验等安全需求，存在输入验证、许可、授权与访问控制不严格，不当身份验证，配置维护不足，凭证管理不严，加密算法过时等安全问题。例如：数控系统所采用的操作系统可能是基于某一版本 Linux 操作系统进行裁剪的，所使用的内核、文件系统、对外提供的服务等一旦稳定均不再修改，可能持续使用多年，有的甚至超过十年，而这些内核、文件系统及服务多年所暴露出的漏洞并未得到更新，安全隐患长期保留。

3. 网络安全挑战

网络安全挑战主要来自三方面：各类数控系统、PLC、应用服务器通过有线网络或无线网络连接，形成工业网络；工业网络与办公网络连接形成企业内部网络；企业内部网络与云平台、第三方供应链连接。主要的安全挑战包括：网络数据传递过程中的常见网络威胁（拒绝服务、中间人攻击等）；网络传输链路上的硬件和软件安全（软件漏洞、配置不合理等）；无线网络技术使用带来的网络防护边界模糊等。

4. 应用安全挑战

应用软件安全是指支撑工业互联网业务运行的应用软件的安全，如 ERP、PPS、PDM、MES 等。智能制造领域的应用软件，与常见商用软件类似，将持续面临病毒、木马、漏洞等传统安全挑战。国内各大机床厂商、数控系统厂商正在建立或即将建立云平台及服务，这些云平台及服务也面临着虚拟化中常见的违规接入、内部入侵、多租户风险、跳板入侵、内部外联、社工攻击等内外部安全挑战。

5. 数据安全挑战

数据安全是指智能制造工厂内部现场设备数据、生产管理数据以及工厂外部数据等各类数据的安全问题。不管数据是通过大数据平台存储，还是分布在用户、生产终端、设计服务器等多种设备上，都将面临丢失、泄露及篡改等安全威胁。

6. 高级持续性威胁

智能制造领域中的高级持续性威胁是以上各种挑战的组合，是最难应对、后果最严重的威胁。攻击者目标可能是偷取重点智能制造企业的产品设计资料、产品应用数据等，也可能是在关键时刻让智能制造企业生产停止、合格品率下降、服务不及时等，给企业造成直接损失。攻击者精心策划、为了达成既定目标，长期持续地进行攻击，其攻击过程包括收集各类信息、入侵技术准备、渗透准备、入侵攻击、长期潜伏和等待、深度渗透、痕迹消除等一系列精密环节。

二、智能制造安全威胁的发展态势

1. 工业控制系统安全威胁的发展态势

随着计算机和互联网的发展，特别是信息化与工业化的深度融合以及物联网的快速发展，工业控制系统的安全问题越来越突出。相对安全、相对封闭的工业控制系统已经成为不法组织和黑客的攻击目标。目前工业控制系统信息安全威胁主要包括黑客攻击、病毒、数据操纵、蠕虫和特洛伊木马等。工业控制系统防护的先决条件是：尽可能不影响工业系统的生产，除非安全威胁已经直接对生产过程造成破坏，否则绝大多数情况下，不能以停产为代价来解决信息安全问题。这点对关系国计民生的工业系统尤为重要，比如一个发电厂不能通过停电三天来解决安全问题，这也是工业控制系统安全防护的最大特点和难点。因此产生了以下普遍存在的安全问题：超期服役、带洞工作、带毒运行。

1）超期服役。设备系统"超期服役"的情况普遍存在，而且在通常情况下，几乎不可能通过大规模更换设备或更新系统来解决安全问题。超期服役在这里并不是指设备不能用了却还在继续用，而是指这些设备的软、硬件系统供应商已经不再为设备的系统升级和维护提供服务。

2）带洞工作。设备系统"带洞工作"的情况普遍存在，而为了保证系统的可用性和稳定性，往往明知系统中存在漏洞也不能贸然打补丁。

3）带毒运行。设备系统"带毒运行"的情况普遍存在，特别是对于工业控制系统感染民用木马（并非针对工业控制系统发动攻击的木马）的情况，有一些可以清除，而另一些则不敢清除或不能清除。

所以，工业控制系统的安全防护，往往是建立在大量有缺陷或不可靠的设备系统之上的，这是工业控制系统与其他信息系统在安全方面的一个重大区别。

根据中国国家信息安全漏洞共享平台（CNVD）的统计报告，2010 年工业控制漏洞数量为 32 个，自 2010 年后呈现迅速增长趋势，这与在 2010 年发生的 Stuxnet 蠕虫病毒有直接关系。Stuxnet 蠕虫病毒是世界上第一个专门针对工业控制系统编写的破坏性病毒，自此业界对工业控制系统的安全性普遍关注。工业控制系统的安全漏洞数量增长迅速，截至 2018 年 12 月，CNVD 收录的与工业控制系统相关的漏洞达 1844 个，其中在 2018 年内新增的工业控制系统漏洞数量达到 445 个。CNVD 工业控制新增漏洞年度分布如图 2-4-1 所示。

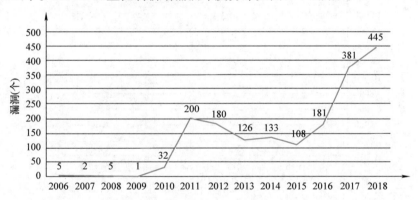

图2-4-1　工业控制新增漏洞年度分布

2006—2018 年被追踪的工业控制系统安全漏洞多数分布在制造业、能源、水务、医疗、食品、石化、轨道交通、冶金、市政、信息技术等关键基础设施行业。关键制造业占比最高，涉及的相关漏洞数量占比达到 55.8%，打破了能源行业稳居第一的局面，能源行业涉及的相关漏洞数量为 43.7%。2018 年工业控制漏洞在各行业的分布如图 2-4-2 所示。

2. 工业互联网安全威胁的发展态势

工业互联网是新一代信息通信技术与现

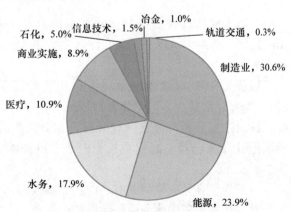

图2-4-2　2018年工业控制漏洞在各行业的分布

代工业技术深度融合的产物，是制造业数字化、网络化和智能化的重要载体，它并不是独立于互联网环境的特殊个体，因此，传统的互联网所具有的漏洞风险，都会在不同层次对工业互联网环境里的主机、网络及各类应用系统造成危害。

2018 年的互联网漏洞数量仍然呈增加趋势，截至 2018 年 12 月，中国国家信息安全漏洞库（CNNVD）新增漏洞 18 780 个，其中没有修复的漏洞数量是 5056 个，CNVD 新增漏洞 14 216 个，如图 2-4-3 所示。

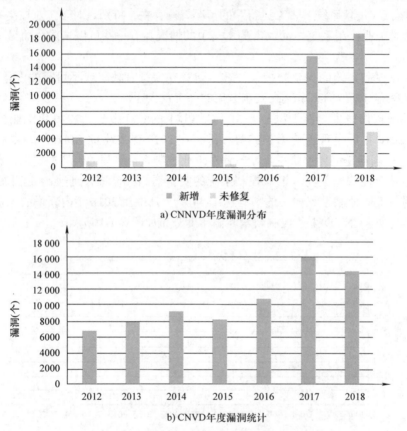

图2-4-3　2018年CNNVD与CNVD的新增漏洞数量

根据 CNNVD 收录的 2018 年的漏洞数据，涉及的漏洞类型主要有如下几种：权限许可和访问控制、跨站脚本攻击、SQL 注入、缓冲区溢出、信息泄露等。其中跨站脚本攻击位居高位，占比为 34%。

根据 CNVD 收录的云及虚拟化相关的漏洞发现，2018 年云及虚拟化相关漏洞数目较 2017 年有轻微减少，但总体数目依然居高不下。这能反映出厂商对于自身产品的安全重视程度（漏洞挖掘分析与修复）有所提升，但依然需要加倍努力。云及虚拟化相关系统的脆弱性问题近几年来已经引起安全行业内的重点关注。截至 2018 年云及虚拟化漏洞的变化趋势如图 2-4-4 所示。

由于大量高危级别的漏洞，以及大多数漏洞具有被远程利用攻击的可能，工业互联网利用云及虚拟化技术所构建的应用系统被远程利用、攻击的可能性空前提高。利用云及虚拟化相关漏洞所造成的安全威胁主要涉及未授权的信息泄露、管理员访问权限获取、拒绝服务攻击、未授权的信息修改以及普通用户的访问权限获取等。

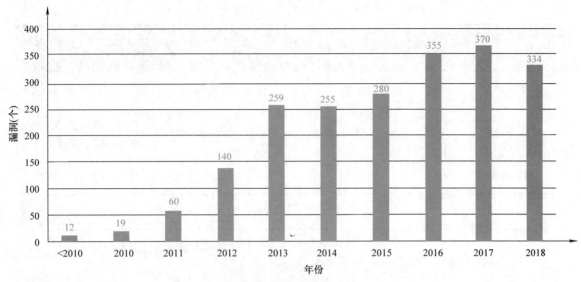

图2-4-4　截至2018年云及虚拟化相关漏洞的变化趋势

三、智能制造的安全防护需求

随着智能制造的不断深入发展和落地，工业企业开始接入互联网，生产设备、管理系统、业务系统以及与众多企业的协同都将互联。例如，已经有很多企业开始支持通过互联网直接向生产系统下单，或者通过移动互联网远程操控工业系统，这使得智能制造领域面临的安全环境越来越复杂。对于工业互联网企业来说，在安全防护上普遍都面临着三重困境：①检测能力的困境，即对于一些可能带来重大损失的安全威胁无法做到及时发现，甚至出现误报；②响应能力的困境，即由于企业网络边界的扩大，安全人才的匮乏，在发生安全事件时响应能力更是大打折扣；③应用安全的困境，即工业控制、管理系统复杂、更新不及时，导致了应用的漏洞百出以及攻防的不对称。

网络安全技术经历了三个发展时代，见表 2-4-1。随着大数据技术、威胁情报、人工智能、协调联动等技术的发展，工业生产在设备、控制、网络、应用及数据防护的基础上，要持续提高监控能力，及时发现攻击威胁和异常，对威胁相关的影响范围、攻击路径、目的、手段进行快速判别，提高整体防护能力，即追本溯源、感知未知、提前防御、快速响应。因此，构建全方位、全角度的安全防护体系以及动态预警响应机制成为目前智能制造安全防护的总目标。

表 2-4-1　网络安全技术的三个发展时代

安全技术发展时代	第一代 （1987—2005 年）	第二代 （2006—2013 年）	第三代 （2014 年至今）
时代背景	病毒出生 技术简单 数量有限	木马产业化 样本海量化 行为复杂化	设备多样化 系统复杂化 攻击多元化
核心技术	特征码 + 黑名单	白名单 + 云查杀 + 主动防御 + 人工智能引擎	大数据 + 威胁情报 + 人工智能 + 协同联动

（续）

安全技术发展时代	第一代 （1987—2005 年）	第二代 （2006—2013 年）	第三代 （2014 年至今）
对抗对象	静态样本	样本与样本行为	人：攻击者与攻击行为
安全目标	先感染，后查杀	"拒敌于国门之外"	追本溯源、感知未知 提前防御，快速响应
对人的要求	高	高	极高

第二节 智能制造设备安全

智能制造的发展使得现场设备由机械化向高度智能化发生转变，并产生了嵌入式操作系统＋微处理器＋应用软件的新模式，这就使得未来海量智能设备可能会直接暴露在网络攻击之下，面临攻击范围扩大、扩散速度增加、漏洞影响扩大等威胁。

设备安全具体应分别从操作系统／应用软件安全与硬件安全两方面出发部署安全防护措施，可采用的安全机制包括固件安全增强、漏洞修复加固、补丁升级管理、硬件安全增强及运维管控等。

一、操作系统/应用软件安全

1. 固件安全增强

设备供应商需要采取措施对设备固件进行安全增强，阻止恶意代码传播与运行。工业互联网设备供应商可从操作系统内核、协议栈等方面进行安全增强，并力争实现对于设备固件的自主可控。

自主可控是保障网络安全和信息安全的前提。能自主可控意味着信息安全容易治理、产品和服务一般不存在恶意后门并可以不断改进或修补漏洞。自主可控技术就是依靠自身研发设计，全面掌握产品核心技术，实现信息系统从硬件到软件的自主研发、生产、升级和维护的全程可控。自主可控是我国信息化建设的关键环节，是保护信息安全的重要目标之一，在信息安全方面意义重大。

2. 漏洞修复加固

设备操作系统与应用软件中出现的漏洞对于设备来说是最直接也是最致命的威胁。设备供应商应对工业现场中常见的设备与装置进行漏洞扫描与挖掘，发现操作系统与应用软件中存在的安全漏洞，并及时对其进行修复。

现在大量的工控厂商会混淆稳定性和安全性的概念，如双系统备份，一定程度上增强的是稳定性，但如果两个系统具有同样的安全缺陷，那也并不会更安全。发现漏洞的最高效、最普遍的技术就是漏洞的扫描和漏洞的挖掘，它们是系统管理员保障系统安全的有效工具，当然使用不当也会成为网络入侵者收集信息的重要手段，所以漏洞发现技术本身也是一把双刃剑。

漏洞的扫描技术根据扫描对象的不同，包括工业网络控制设备、工业网络控制系统、工业网络安全设备及工业网络传输设备等。进行漏洞扫描工作时，首先探测目标系统的存活设备，对存活设备进行协议和端口扫描，确定系统开放的端口协议，同时根据协议的指纹技术识别出主机的系统类型和版本。然后根据目标系统的操作系统和提供的网络服务，调用漏洞资料库中已知的各种漏洞进行逐一检测，通过对探测响应数据包的分析判断是否存在漏洞。漏洞扫描挖掘的过程如图2-4-5所示。

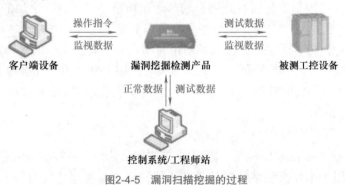

图2-4-5　漏洞扫描挖掘的过程

当前的漏洞扫描主要是基于特征匹配原理，一些漏洞扫描工具通过检测目标主机不同端口开放的服务，记录其应答，然后与漏洞库进行比较，如果满足匹配条件，则认为存在安全漏洞。所以，在漏洞扫描中，漏洞库的定义精准与否会直接影响最后的扫描结果。

3. 补丁升级管理

企业应密切关注重大工业互联网现场设备的安全漏洞及补丁发布，及时采取补丁升级措施，并在补丁安装前对补丁进行严格的安全评估和测试验证。

二、硬件安全

1. 硬件安全增强

对于接入工业互联网的现场设备，应支持基于硬件特征的唯一标识符，为包括工业互联网平台在内的上层应用提供基于硬件标识的身份鉴别与访问控制能力，确保只有合法的设备能够接入工业互联网并根据既定的访问控制规则向其他设备或上层应用发送或读取数据。此外，应支持将硬件级部件（安全芯片或安全固件）作为系统信任根，为现场设备的安全启动以及数据传输的机密性和完整性保护提供支持。

2. 运维管控

企业应在工业现场网络重要控制系统（如机组主控DCS）的工程师站、操作员站和历史站部署运维管控系统，实现对外部存储器（如U盘）、键盘和鼠标等使用USB接口的硬件设备的识别，对外部存储器的使用进行严格控制。同时，注意部署的运维管控系统不能影响生产控制区各系统的正常运行。

设备的安全性问题有可能被意外触发（非恶意攻击）。例如ABB集团与施耐德电气的设备部署在同一个系统中时，ABB的设备收到广播信息后可能就会受到影响；俄罗斯输油管道系统新配发的对讲机的频率干扰了摩托罗拉的控制器，导致管道切断从而系统关闭等。这些都是非恶意攻击但是造成了负面结果的事例。如何有效地管理这类非恶意攻击的问题也需要引起重视。

第三节　智能制造控制安全

　　智能制造使得生产控制由分层、封闭、局部逐步向扁平、开放、全局的方向发展。其中：由分层走向扁平，不仅是生产控制，也是整个大管理的发展趋势；在控制环境方面表现为信息技术（IT）与操作技术（OT）融合，控制网络由封闭走向开放；在控制布局方面表现为控制范围从局部扩展至全局，并伴随着控制监测上移与实时控制下移。生产控制的发展变化改变了传统生产控制过程封闭、可信的特点，造成安全事件危害范围扩大、危害程度加深、信息安全与功能安全问题交织等后果。

　　一、智能制造控制安全分析

　　传统 IT 系统信息安全技术相对成熟，但由于其应用场景与工业控制系统存在许多不同之处，因此，不能直接应用于工业控制系统的信息安全保护。工业控制系统与传统 IT 系统的不同见表 2-4-2。

表 2-4-2　工业控制系统与传统 IT 系统的不同

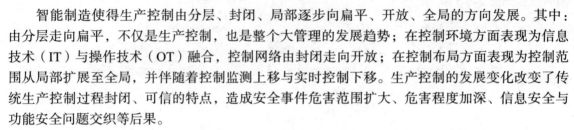

对比项	工业控制系统	传统 IT 系统
体系结构	主要由传感器、PLC、RTU（远程测试终端）、DCS、SCADA 等设备及系统组成	通过互联网协议组成的计算机网络
操作系统	广泛使用嵌入式系统 VxWorks、uCLinux、WinCE 等，并根据功能及需求进行裁剪与定制	通用操作系统 如 Windows、Linux、UNIX 等，功能强大
数据交换协议	专用的通信协议或规约（OPC、Modbus TCP、DNP3 等），一般直接使用或作为 TCP/IP 的应用层	TCP/IP 栈
系统实时性	实时性要求高，不能停机或重启	实时性要求不高，允许传输延迟，可停机或重启
系统升级	兼容性差、软硬件升级困难	兼容性好、软件升级频繁

　　工业控制系统的特点之一在于对可用性的要求。因此，传统信息安全的软件补丁方式和系统更新频率对于工业控制系统不再适用。例如，控制系统的系统升级需要提前几个月进行计划，并且更新时需要将系统设为离线状态，而在工业应用环境下，停机更新系统的经济成本很高。此外，有些系统补丁还可能违反控制系统的规则设定。

　　工业控制系统的另一个特点在于对实时性的要求。工业控制系统的主要任务是对生产过程自动做出实时的判断与决策。尽管传统信息安全对可用性的研究很多，但实时可用性需要提供更为严格的操作环境。例如，传统 IT 系统中经常采用握手协议和加密等措施增强安全性，而在控制系统中，增加安全措施可能会严重影响系统的响应能力，因此不能将传统信息安全技术直接应用于控制系统中。

除了以上两个特点，工业控制系统与传统 IT 系统的最大区别在于工业控制系统与物理世界存在交互关系。总的说来，传统 IT 信息安全中的许多技术措施和设计准则相对成熟，如认证、访问控制、消息完整性、最小权限等，利用这些成熟的技术可以帮助我们防御针对工业控制系统的攻击。但是，传统 IT 信息安全主要考虑信息的保护，对于攻击如何影响物理世界并没有研究。而且，工业控制系统的资源有限，生命周期长，不能直接移植传统 IT 的信息安全技术。因此，虽然目前的信息安全工具可以为工业控制系统提供必要的防御机制，但仅仅依靠这些机制，无法为工业控制系统提供充分的保护。

对于智能制造控制安全防护，可以从控制协议安全、控制软件安全及控制功能安全三个方面来考虑，可采用的安全机制包括协议安全加固、软件安全加固、恶意软件防护、补丁升级、漏洞修复、安全监测审计等。

二、控制协议安全

工业控制协议是随着现代工业自动化的飞速发展而诞生的。工业控制协议的应用覆盖面很广，从应用行业的角度来说，其发展轨迹从工业现场总线、局域网发展到互联互通的无线物联网行业。一般来说协议安全性问题主要可以分为两种：一种是协议自身的设计对安全性考虑的先天不足，即从设计方面引入的安全问题；另一种是协议的不正确实现引起的安全问题。黑客入侵时将对这些不安全的设计或者实现进行相关的渗透和利用。

Modbus、DNP3、OPC 等绝大多数工业控制协议在设计之初，仅仅考虑了功能实现、提高效率、提高可靠性等方面，协议的规约设计本身缺乏安全性，如缺乏认证、授权、加密等安全设计，另外厂商在协议的具体实现时，常常出现功能代码滥用、代码缓冲区溢出而导致的安全性问题。

为保障控制协议在使用过程中的安全性，应重点在身份认证、访问控制、传输加密、健壮性测试四个方面加强防护。

1. 身份认证

为了确保控制系统执行的控制命令来自合法用户，必须对使用系统的用户进行身份认证，未经认证的用户所发出的控制命令不被执行。在控制协议通信过程中，一定要加入认证方面的约束，避免攻击者通过截获报文获取合法地址建立会话，影响控制过程安全。

2. 访问控制

不同的操作类型需要不同权限的认证用户来操作，如果没有基于角色的访问机制，没有对用户权限进行划分，会导致任意用户可以执行任意功能。访问控制技术主要包括入网访问控制、网络的权限控制、目录级安全控制、属性安全控制、网络服务器安全控制、网络监测和锁定控制、网络端口和节点的安全控制。根据网络安全的等级、网络空间的环境不同，可灵活地设置访问控制的种类和数量。

3. 传输加密

在控制协议设计时，应根据具体情况，采用适当的加密措施，保证通信双方的信息不被第三方非法获取。

4. 健壮性测试

控制协议在应用到工业现场之前应通过健壮性测试工具的测试，测试内容可包括风暴测试、饱和测试、语法测试、模糊测试等。

三、控制软件安全

控制软件可归纳为数据采集软件、组态软件、过程监督与控制软件、单元监控软件、过程仿真软件、过程优化软件、专家系统、人工智能软件等类型。保障控制软件的安全方式有软件防篡改、认证授权、软件防护、补丁升级更新、漏洞修复加固、协议过滤、安全监测审计等。

1. 软件防篡改

软件防篡改是保障控制软件安全的重要环节，具体措施包括以下几种：控制软件在投入使用前应进行代码测试，以检查软件中的公共缺陷；采用完整性校验措施对控制软件进行校验，及时发现软件中存在的篡改情况；对控制软件中的部分代码进行加密；做好控制软件和组态程序的备份工作。

2. 认证授权

控制软件的应用要根据使用对象的不同设置不同的权限，以最小的权限完成各自的任务。一般来说认证授权规定了以下几个方面：确认用户身份进入系统后能做哪些操作；限制关键资源的访问；防止合法用户不慎操作造成的破坏；保护资源受控、合法地使用。

3. 软件防护

对于控制软件应采取恶意代码检测、预防和恢复的控制措施。控制软件恶意代码防护的具体措施包括：

1）在控制软件上安装恶意代码防护软件或独立部署恶意代码防护设备，并及时更新恶意代码防护软件和修复软件版本及恶意代码库，更新前应进行安全性和兼容性测试。防护软件包括病毒防护、入侵检测、入侵防御等具有病毒查杀和阻止入侵行为的软件，防护设备包括防火墙、网闸、入侵检测系统、入侵防御系统等具有防护功能的设备。应注意防止在实施维护和紧急规程期间引入恶意代码。

2）建议控制软件的主要生产厂商采用特定的防病毒工具。在某些情况下，控制软件的供应商需要对其产品线的防病毒工具版本进行回归测试，并提供相关的安装和配置文档。

3）采用具有白名单机制的产品，构建可信环境，抵御零日漏洞和有针对性的攻击。

应用程序白名单提供了与传统入侵防御系统、终端杀毒系统、终端安全管理、黑名单技术不同的方法来保护软件安全。黑名单解决方案是把监控对象与已知的非法对象清单做比较。这引出了两个问题：由于不断发现新的威胁，必须不断更新黑名单；存在无法检测或阻止的攻击，如 0day 漏洞和已知的没有可用标志的攻击。相比之下，白名单解决方案是创建一个列表，列表中的所有项都是合法的，并利用了一个很简单的逻辑，即如果不在名单上就阻止它。应用程序白名单技术确保只有安全获得审核的应用才能运行，白名单运行示意图如图 2-4-6 所示。

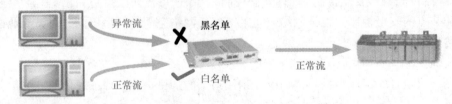

图2-4-6　白名单运行示意图

由于应用程序白名单运行在操作系统的底层，因此它为该主机上的所有应用程序和服务的执行路径引入了新的代码。这就在主机的所有功能中添加了一些延迟，可能会对那些对时间敏感的操作造成难以接受的时间延迟，因而需要进行充分的回归测试。

4. 补丁升级更新

控制软件的变更和升级需要在测试系统中经过仔细的测试，并制订详细的回退计划。对重要的补丁需尽快测试和部署。对于服务包和一般补丁，仅进行必要的测试和部署。

5. 漏洞修复加固

控制软件的供应商应及时对控制软件中出现的漏洞进行修复或提供其他替代解决方案，如关闭可能被利用的端口等。

在实际的应用中，企业自身及时发现漏洞并修复较为困难，而且还要考虑一个时间窗口的问题。对于一些漏洞也可以采取补偿性措施进行处理。当某个特定的数据包会让工业控制系统崩溃或者引起进一步的安全问题时，增加保护设备来拦截这个数据包，这样就不用修改工业控制系统的代码或者打补丁了，这类保护设备实现的功能称为补偿性措施。保护设备放在需要保护的设备或者系统前端。如果用户已经知道某个漏洞风险很大，一定会导致死机或窃取信息，而且也发生过这类情况，那么多数用户都会非常希望有这个补偿性措施，因为补偿性措施比升级工业控制系统软件或者打补丁的风险要低很多。设备存在自身的安全性漏洞，可进行准入检查，可增加保护措施。如果一个针对工业控制系统的攻击不能达到威胁设备自身安全性的层次，那么它所能造成的威胁是非常有限的。

6. 协议过滤

采用工业防火墙对协议进行深度过滤，对控制软件与设备间的通信内容进行实时跟踪，同时确保协议过滤不影响通信性能。

工业防火墙建立在深度数据包解析和开放式特征匹配之上，支持工业控制网络协议，可适用于 DCS、SCADA 等控制系统，不仅具备多种工业控制网络协议数据的检查、过滤、报警、阻断功能，同时拥有基于工业漏洞库的黑名单入侵防御功能、基于机器智能学习引擎的白名单主动防御功能以及大规模分布式实时网络部署和更新等功能。

工业防火墙与通用防火墙的主要差异体现在：

1）通用防火墙除了需具备基本的五元组过滤外，还需要具备一定的应用层过滤防护能力。工业防火墙除了具有通用防火墙的部分通用协议应用层过滤能力外，还具有对工业控制协议应用层的过滤能力。

2）工业防火墙比通用防火墙具有更强的环境适应能力。

3）工业控制环境中，通常流量相对较小，但对控制命令的执行要求具有实时性。因此，工业防火墙的吞吐量性能要求可相对低一些，而对实时性要求较高。

4）工业防火墙比通用防火墙具有更高的可靠性、稳定性等要求。

采用工业防火墙跟踪控制软件与设备间通信内容的部署方式主要有两种：一种是同层级网络不同控制域间的安全防护，如图 2-4-7 所示；另一种是对现场控制层设备进行安全防护，这种方式不适用于对通信实时性有要求的场合，如图 2-4-8 所示。

7. 安全监测审计

通过对工业互联网中的控制软件进行安全监测审计可及时发现网络安全事件，避免发生安全事故，并可以为安全事故的调查提供翔实的数据支持。目前许多安全产品厂商已推出了各自的监测审计平台，可实现协议深度解析、攻击异常检测、无流量异常检测、重要操作行为审计、告警日志审计等功能。

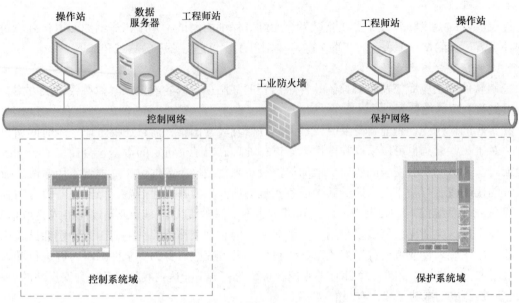

图2-4-7　同层级网络不同控制域间的安全防护

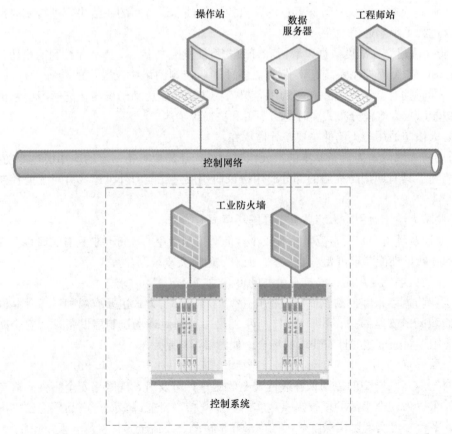

图2-4-8　现场控制层设备进行安全防护

四、控制功能安全

要考虑功能安全和信息安全的协调能力，使得信息安全不影响功能安全，功能安全在信息安全的防护下更好地执行安全功能。现阶段功能安全具体措施主要包括：

1）确定可能的危险源、危险状况和伤害事件，获取已确定危险的信息（如持续时间、强度、毒性、暴露限度、机械力、爆炸条件、反应性、易燃性、脆弱性、信息丢失等）。

2）确定控制软件与其他设备或软件（已安装的或将被安装的）以及与其他智能化系统（已安装或将被安装的）之间相互作用所产生的危险状况和伤害事件，确定引发事故的事件类型（如元器件失效、程序故障、人为错误，以及能导致危险事件发生的相关失效机制）。

3）结合典型生产工艺、加工制造过程、质量管控等方面的特征，分析安全影响。

4）考虑自动化、一体化、信息化可能导致的安全失控状态，确定需要采用的监测、预警或报警机制、故障诊断与恢复机制、数据收集与记录机制等。

5）明确操作人员在对智能化系统执行操作的过程中可能产生的合理可预见的误用以及智能化系统对于人员恶意攻击操作的防护能力。

6）确定智能化装备和智能化系统对于外界实物、电、磁场、辐射、火灾、地震等情况的抵抗或切断能力，以及在发生异常扰动或中断时的检测和处理能力。

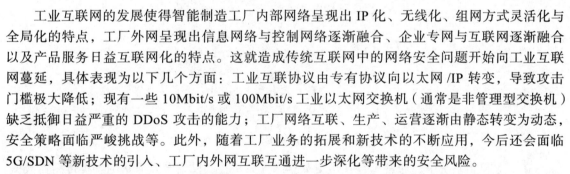

第四节　智能制造网络安全

工业互联网的发展使得智能制造工厂内部网络呈现出 IP 化、无线化、组网方式灵活化与全局化的特点，工厂外网呈现出信息网络与控制网络逐渐融合、企业专网与互联网逐渐融合以及产品服务日益互联网化的特点。这就造成传统互联网中的网络安全问题开始向工业互联网蔓延，具体表现为以下几个方面：工业互联协议由专有协议向以太网 /IP 转变，导致攻击门槛极大降低；现有一些 10Mbit/s 或 100Mbit/s 工业以太网交换机（通常是非管理型交换机）缺乏抵御日益严重的 DDoS 攻击的能力；工厂网络互联、生产、运营逐渐由静态转变为动态，安全策略面临严峻挑战等。此外，随着工厂业务的拓展和新技术的不断应用，今后还会面临5G/SDN 等新技术的引入、工厂内外网互联互通进一步深化等带来的安全风险。

网络安全防护应面向工厂内部网络、外部网络及标识解析系统等方面，具体包括网络结构优化、边界安全防护、接入认证、通信和传输保护、网络设备安全防护、安全监测与审计等多种防护措施，构筑全面高效的网络安全防护体系。

1. 网络结构优化

在网络规划阶段，需设计合理的网络结构。一方面通过在关键网络节点和标识解析节点采用双机热备和负载均衡等技术，应对业务高峰时期突发的大数据流量和意外故障引发的业务连续性问题，确保网络长期稳定可靠运行。另一方面通过设置合理的网络结构提高网络的灵活性和可扩展性，为后续网络扩容做好准备。

2. 边界安全防护

根据网络设备和业务系统的重要程度将整个网络划分成不同的安全域，形成纵深防御体系。安全域是一个逻辑区域，同一安全域中的设备资产具有相同或相近的安全属性，如安全级别、安全威胁、安全脆弱性等，同一安全域内的系统相互信任。在安全域之间采用网络边界控制设备，以逻辑串接的方式进行部署，对安全域边界进行监视，识别边界上的入侵行为并进行有效阻断。

划分并确定了安全域的边界之后，就要在安全域之间部署防火墙、路由器、入侵检测、隔离网闸等设备，实现网络隔离和边界安全防护。控制网络和办公网络的边界是攻击者进行安全渗透的主要目标。防火墙是实现边界安全的主要安全设备，包括网络层数据过滤、基于状态的数据过滤、基于端口和协议的数据过滤和应用层数据过滤等几种类型。常见的防火墙部署方案包括在办公网络与控制网络间配置单防火墙在办公网络和控制网络之间部署带 DMZ 的防火墙以及在办公网络和控制网络之间部署成对防火墙等方案。

（1）在办公网络与控制网络间配置单防火墙　在办公网络和控制网络之间部署一个双接口的防火墙，如图 2-4-9 所示。通过认证配置防火墙规则可以有效降低安全威胁。

图2-4-9　在办公网络与控制网络间配置单防火墙

在工业控制系统中，通常都存在历史数据库存放从控制网络节点采集的各类传感器数据。为了提高效率，通常允许管理员在办公网络访问历史数据库并进行分析处理。在单防火墙方案中，需要认真考虑历史数据库部署在办公网络还是控制网络。无论哪种方案都存在一定的安全问题：如果将历史数据库部署在控制网络，然后对防火墙设置规则允许管理员访问控制网络内的历史数据库，就容易引起 SQL 注入、脚本跨站攻击等安全问题，威胁控制网络的整体安全；如果将历史数据库部署在办公网络，则必须设置防火墙规则允许历史数据库与控制设备之间的网络通信，从办公网络恶意节点发起的数据包将传输到控制设备，从而对控制设备带来极大的影响。

（2）在办公网络和控制网络之间部署带 DMZ 的防火墙　在办公网络和控制网络之间部署带 DMZ 的防火墙，将明显提高安全性并能较好地解决第一种方案中存在的问题。每一个 DMZ

隔离出一个或者多个重要组成部分，如历史数据库、第三方介入系统等，如图 2-4-10 所示，实际上，能够制造 DMZ 的防火墙构建了一个中间网络。

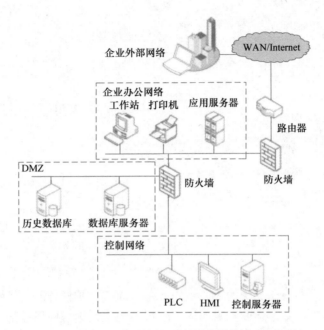

图2-4-10　在办公网络和控制网络之间部署带DMZ的防火墙

由于那些可存取部分分布在 DMZ，办公网络和控制网络不直接通信，转而都和 DMZ 进行通信。大多数防火墙允许存在多个 DMZ，并规定 DMZ 之间通信的规则。这一部署方案的最主要风险在于，如果 DMZ 中的一台主机被攻陷，那么它将可能被用于制造控制网络和 DMZ 中的攻击。通过强化并及时更新 DMZ 中的服务器，规定防火墙只接受由控制网络设备发起的与 DMZ 的通信，可以降低这一风险。这一部署方案的另一个问题是额外的复杂性以及端口个数带来的日益增加的防火墙消耗。

（3）在办公网络和控制网络之间部署成对防火墙　该解决方案与带 DMZ 的防火墙解决方案相比较，其中一个变化是在办公网络和控制网络之间使用成对的防火墙，如图 2-4-11 所示。在该部署方案中，一个防火墙负责阻断进入控制结构和公共数据的非授权连接，另一个防火墙则可以防止从被攻击的服务器连接到控制网络的网络连接，能更好地提高控制网络的安全性。

3. 接入认证

身份安全是工业互联网标识解析的门户，用户使用系统首先要进行身份认证，身份的重要性不言而喻。不同的角色拥有不同级别和不同种类的权限，标识解析系统中各种风险点都可造成权限或信任受到侵害。在工业互联网中，接入网络的设备与标识解析节点应该具有唯一性标识，网络应对接入的设备与标识解析节点进行身份认证，保证合法接入和合法连接，对非法设备与标识解析节点的接入行为进行阻断与告警，形成网络可信接入机制。网络接入认证可采用基于数字证书的身份认证等机制来实现。

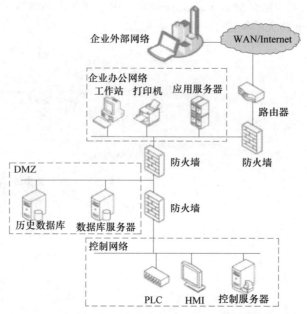

图2-4-11　在办公网络和控制网络之间部署成对防火墙

在工业互联网中，与身份相关的风险主要有身份欺骗、越权访问、权限紊乱、身份标识与产品关联出错等。身份欺骗在工业互联网标识解析系统中也称为标识欺骗，因为标识解析系统所有的身份都是以标识来表示的。从人员的角度来看，身份欺骗是通过伪造合法身份来获得合法身份所对应的权限；从机器的角度来看，身份欺骗是伪造身份导致设备或服务器被假冒欺骗；从物的角度来看，身份欺骗是伪造产品或者终端设备的身份以提供虚假的信息。使用标识解析服务的设备和人员众多，在最短时间和最小资源范围内授权有效但繁杂，对权限的分配、职责的分割、特殊权限的限制、权限的撤销等管理上的疏漏或许会被非法利用，攻击者可以通过注入、渗透等方式绕过权限管理从而进入系统。

4.通信和传输保护

通信和传输保护是指采用相关技术手段来保证通信过程中的机密性、完整性和有效性，防止数据在网络传输过程中被窃取或篡改，并保证合法用户对信息和资源的有效使用。工业互联网标识解析涉及标识注册数据、标识解析数据和日志数据三类数据。

在标识解析体系的建设过程中，需要对解析节点中存储以及在解析过程中传输的数据进行安全保护。具体包括：

1）通过加密等方式保证非法窃取的网络传输数据无法被非法用户识别且不向非法用户提供有效信息，确保数据加密不会对任何其他工业互联网系统的性能产生负面影响。在标识解析体系的各类解析节点与标识查询节点之间建立解析数据安全传输通道，采用国家密码管理局批准使用的加密算法及加密设备，为标识解析请求及解析结果的传输提供机密性与完整性保障。

2）网络传输的数据采取校验机制，确保被篡改的信息能够被接收方有效鉴别。

3）应确保接收方能够接收到网络数据，并且网络数据能够被合法用户正常使用。

5.网络设备安全防护

为了提高网络设备与标识解析节点自身的安全性，保障其正常运行，网络设备与标识解析节点需要采取一系列安全防护措施，主要包括：

1）对登录网络设备与标识解析节点的相关运维用户进行身份鉴别，并确保身份鉴别信息不易被破解与冒用。

2）对远程登录网络设备与标识解析节点的源地址进行限制。

3）对网络设备与标识解析节点的登录过程采取完备的登录失败处理措施。

4）启用安全的登录方式（如 SSH 或 HTTPS 等）。

6. 安全监测与审计

网络安全监测是指通过漏洞扫描工具等方式探测网络设备与标识解析节点的漏洞情况，并及时提供预警信息。网络安全审计是指通过镜像或代理等方式分析网络与标识解析系统中的流量，并记录网络与标识解析系统中的系统活动和用户活动等各类操作行为以及设备运行信息，发现系统中现有和潜在的安全威胁，实时分析网络与标识解析系统中发生的安全事件并告警，同时记录内部人员的错误操作和越权操作并进行及时告警，减少因内部非恶意操作所导致的安全隐患。

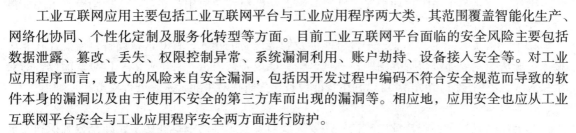

第五节　智能制造应用安全

工业互联网应用主要包括工业互联网平台与工业应用程序两大类，其范围覆盖智能化生产、网络化协同、个性化定制及服务化转型等方面。目前工业互联网平台面临的安全风险主要包括数据泄露、篡改、丢失、权限控制异常、系统漏洞利用、账户劫持、设备接入安全等。对工业应用程序而言，最大的风险来自安全漏洞，包括因开发过程中编码不符合安全规范而导致的软件本身的漏洞以及由于使用不安全的第三方库而出现的漏洞等。相应地，应用安全也应从工业互联网平台安全与工业应用程序安全两方面进行防护。

一、工业互联网平台安全

1. 云平台面临的安全威胁

在云平台中，作为底层支撑技术的虚拟化技术在带来效率提升和开销降低的同时，也带来了一系列由于物理共享与逻辑隔离的冲突而导致的数据安全问题。在公有云环境下，不同机构之间物理隔离的网络被由网络虚拟化技术构建的虚拟网络取代。这种网络资源复用模式虽然实现了网络资源的高效利用和网络流量的集中分发，但也带来了诸多安全问题。工业云可能需要面对的安全威胁有如下几类：

（1）数据泄露、篡改、丢失　工业云中存储的数据具有较高的敏感性，涉及工业企业的知识产权和商业机密，是其核心资产的重要组成部分，有些数据资料甚至关系到国家安全。因此，对数据的窃取或者破坏将造成严重的经济损失、社会影响甚至国家安全等问题。

（2）权限控制出现异常　单一或松散的身份验证、弱口令、不安全的密钥或证书管理都可能导致访问权限出现异常，一旦恶意用户掌握了其不该拥有的权限，对云计算平台所造成的安全影响将是致命的。攻击者可以伪装成合法用户读取、更改或者删除用户数据，进而影响工业企业的正常运行。

（3）API 安全　工业云在提供其服务时会提供一些用户 API，IT 人员利用他们对云服务进行配置、管理、协调和监控，也在这些接口的基础上进行开发并提供附加服务。而 API 是工业云系统中最暴露的部分，更容易成为攻击目标。

（4）系统漏洞利用　工业云服务提供的基础资源属于共享设施，所以其共有的系统安全漏洞可能会存在于所有使用者的云资源当中。这给攻击者提供了便利的攻击途径并节省了大量的研究成本，一个业务被攻陷后，同一个云中的其他业务很可能会被同一种攻击类型攻击成功。

（5）账户劫持　攻击者通过钓鱼攻击和利用软件漏洞可以对用户的账户登录会话进行劫持，在不知道目标账户和口令的前提下，通过仿冒合法用户的登录会话而隐蔽地获取访问权。如果攻击者获取了远程管理云计算平台资源的账户登录信息，就可以对业务运行数据进行窃取与破坏。

（6）恶意内部人员　人们在部署各式安全防护设备的同时，往往会忽略来自内部人员的恶意危害，这些内部人员的危害破坏面广、力度大，可辐射整个云环境。

（7）拒绝服务攻击　一直以来，DDoS 一直都是互联网环境下的一大威胁。在工业云中，许多用户会需要一项或多项服务保持 $7 \times 24h$ 的可用性，业务中断将造成严重的经济损失甚至是危及人员生命财产安全的严重事故，因此应该对此类攻击额外重视。

（8）共享技术漏洞　云计算中采用了大量的虚拟化技术和共享技术，而这些技术本身可能存在安全漏洞。因为其处于底层，共享技术的漏洞将对云计算构成严重威胁。如果一个服务组件被破坏，或是某个系统管理程序、某个共享的功能组件及应用程序被攻击，则极有可能使整个云环境被攻击和破坏。

（9）设备接入安全　工业云平台可能涉及智能设备的接入，针对这些设备，可能存在非法接入、非法控制或连接窃听等问题，一旦这些智能设备被攻击，且工业云平台对智能设备的安全接入考虑不周全时，攻击者可以利用智能设备作为跳板对工业云系统进行攻击。

2. 工业互联网平台安全防护总方案

当前的信息安全面临持续的攻击，需要完成对安全思维的根本性切换，即充分意识到安全防护是一项持续的处理过程。由于工业系统的重要性，它可能会面临更多的威胁，与传统 IT 环境下的云平台相比，工业互联网平台必须更加重视安全性和恢复能力。

工业互联网平台应在云基础设施、平台基础能力、基础应用能力的安全可信方面制订五个基本计划活动：

1）识别（Identify）：识别管理系统、资产、数据和功能的安全风险。

2）保护（Protect）：对平台实施安全保障措施，确保工业互联网平台能够提供服务。

3）检测（Detect）：对平台的使用、维护和管理过程实施适当的持续性监视和检测活动，以识别安全事件的发生。

4）响应（Respond）：对平台的使用、维护和管理过程制订和实施适当的应对计划，对检测到的安全事件采取行动。

5）恢复（Recover）：对平台的使用、维护和管理过程制订和实施适当的恢复计划，以恢复由于安全事件而受损的功能或服务。

工业互联网云平台安全防护总体方案如图 2-4-12 所示。

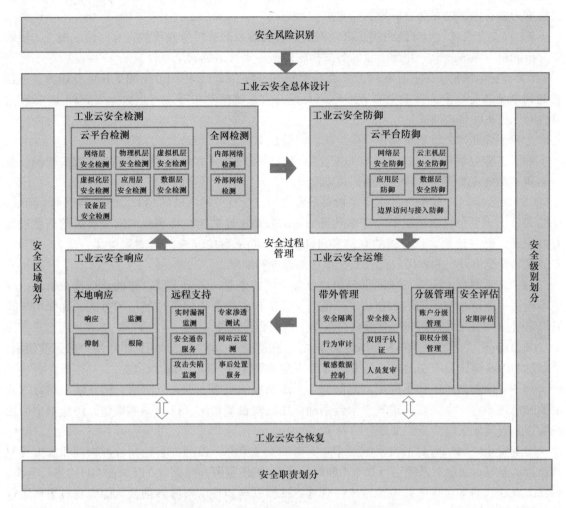

图2-4-12　工业互联网云平台安全防护总体方案

1）安全风险识别。安全风险识别是总体设计的基础，通过对整个系统进行详细分析，识别出各个部分的安全隐患，之后根据实际情况制订明确的设计方案。

2）安全职责划分。安全职责划分是整体方案的基础，需理清工业云各方的安全责任边界并对整个活动中的安全事件进行详细的责任划分设计。

3）安全区域划分和安全别级划分。工业云平台环境相对复杂，涉及多类业务、多类系统，因此在安全防护上需要进一步细化安全域的划分以及不同安全域、不同安全级别的访问控制设计。

4）云安全防御。防御能力是指可以用于防御攻击的一系列策略、产品和服务。该方面的关键目标是通过减少被攻击面来提升攻击门槛，并在受影响前拦截攻击动作。

5）云安全检测。检测能力用于发现那些逃过防御网络的攻击，该方面的关键目标是降低因威胁造成的"停摆时间"以及其他潜在损失。检测能力非常关键，因为安全管理人员应该假设自己已处在被攻击状态中。

6）云安全运维与安全过程管理。实现安全运维操作的分级管理，对不同级别的用户授予符合其安全职责划分的操作或审计权限，实现安全运维。坚持日常安全运营与应急响应相结合，以数据为驱动力，以安全分析为工作重点。

7）云安全响应。响应能力用于高效调查和补救被检测分析所发现的安全问题，提供入侵取证分析和根本原因分析，并产生新的防护措施以避免未来出现安全事件。

8）云安全恢复。工业互联网云平台与通常 IT 环境下的云相比，更加重视恢复能力，一旦监测到系统遭受攻击，云安全响应中心应立即开启系统恢复功能，防止数据丢失和应用错误，减少对工业系统带来的损失。

3. 云平台的安全防护措施

对于工业互联网平台，可采取的安全措施包括安全审计、认证授权、DDoS 攻击防御、安全隔离、安全监测、补丁升级、虚拟化安全等。

（1）安全审计　安全审计主要是指对平台中与安全有关的活动的相关信息进行识别、记录、存储和分析。平台建设过程中应考虑具备一定的安全审计功能，将平台与安全有关的信息进行有效识别、充分记录、长时间的存储和自动分析。对平台的安全状况做到持续、动态、实时、有依据的安全审计，并向用户提供安全审计的标准和结果。

（2）认证授权　工业互联网平台用户分属不同的企业，需要采取严格的认证授权机制，保证不同用户能够访问不同的数据资产。同时，认证授权需要采用更加灵活的方式，确保用户间可以通过多种方式将数据资产分模块分享给不同的合作伙伴。

（3）DDoS 攻击防御　部署 DDoS 防御系统，在遭受 DDoS 攻击时保证平台用户的正常使用。平台抗 DDoS 的能力应在用户协议中作为产品技术参数的一部分明确指出。

（4）安全隔离　平台不同用户之间应当采取必要的措施实现充分隔离，防止蠕虫病毒等安全威胁通过平台向不同用户扩散。平台不同应用之间也要采用严格的隔离措施，防止单个应用的漏洞影响其他应用甚至整个平台的安全。

（5）安全监测　应对平台实施集中、实时的安全监测，监测内容包括各种物理和虚拟资源的运行状态等。通过对系统运行参数（如网络流量、主机资源和存储等）以及各类日志进行分析，确保工业互联网平台提供商可执行故障管理、性能管理和自动检修管理，从而实现对平台运行状态的实时监测。

（6）补丁升级　工业互联网平台搭建在众多底层软件和组件的基础之上。由于工业生产对于运行连续性的要求较高，中断平台运行进行补丁升级的代价较大，因此，在设计之初就应当充分考虑如何进行补丁升级的问题。

（7）虚拟化安全　虚拟化是边缘计算和云计算的基础，为避免虚拟化出现安全问题影响上层平台的安全，在平台的安全防护中要充分考虑虚拟化安全。虚拟化安全的核心是实现不同层次及不同用户的有效隔离，其安全增强可以通过采用虚拟化加固等防护措施来实现。

4. 云平台安全防御中的新思想

工业云在未来会发挥越来越重要的作用，更多的工业企业将依赖工业云，但随着工业云的发展，越来越多新的安全问题将会出现，在工业云的安全防护上也应该采用更多新的思路。

（1）纵深防御　纵深防御是经典信息安全防御体系在新 IT 架构变革下的必然发展趋势。原有的可信边界日益削弱、攻击平面也在增多，过去的单层防御已经难以维系，而纵深防御体系能大大增强信息安全的防护能力。纵深防御的两个主要特性是多点联动防御和入侵容忍技术。

1）多点联动防御。在过去的安全体系中，每个安全节点各自为政，没有实质性的联动。如果这些安全节点能协同作战、互补不足，则会带来更好的防御效果。例如防火墙（FireWall）、入侵检测系统和入侵防御系统（IDS/IPS）、Web 应用防护系统（WAF）、统一威胁管理（UTM）、安全信息和事件管理（SIEM）等之间的有机联动，可以更加准确地锁定入侵者。

2）入侵容忍技术。假设虚拟逃逸是存在的，则设计原则是：即使攻击者控制了某些点，也可以通过安全设计手段避免攻击者进一步攻击其他点。

（2）安全设备虚拟化　安全设备虚拟化是安全硬件的软化（例如 Hypervisor⊖ 化、container 化⊖ 或进程化），即利用各种不同的虚拟化技术，借助云平台上标准的计算单元创造一个安全设备。安全设备虚拟化带来的好处是大大降低了成本，同时提高了敏捷度，甚至提高了并发性能。和硬件安全设备相比，安全设备虚拟化增加了攻击平面、降低了可信边界，因此必须谨慎管理虚拟化的安全设备，以避免带来新的威胁。

（3）用户与实体行为分析　用户与实体行为分析（User and Entity Behavior Analytics, UEBA）会从网络设备、系统、应用、数据库和用户处收集数据，利用这些数据创建一条基线以确定各种不同情况下的正常状态是什么。一旦基线建立，UEBA 解决方案会跟进聚合数据，寻找被认为是非正常的模式。UEBA 平台非常有前景，在不远的将来，它会更直接地集成到基础设施中，并进行自动化响应。

二、工业应用程序安全

对于工业应用程序，建议采用全生命周期的安全防护：在应用程序的开发过程中进行代码审计并对开发人员进行培训，以减少漏洞的引入；对运行中的应用程序定期进行漏洞排查，对应用程序的内部流程进行审核和测试并对公开漏洞和后门加以修补；对应用程序的行为进行实时监测以发现和阻止可疑行为，从而降低未公开漏洞带来的危害。

常见的工业应用程序包括工业 APP 和 Web 应用程序及后台系统。工业 APP 面临的安全风险有以下几种：传统开发环境与运行环境的风险、安全机制不健全、PaaS 层 API 安全性不够、API 误用、代码质量问题、软件反编译风险等。Web 应用程序及后台系统应用常见的安全攻击有跨脚本攻击、跨站请求伪造、SQL 注入、文件上传漏洞、DDoS 漏洞等。解决工业应用程序的安全问题可以从以下几个方面入手：

（1）代码审计　代码审计指检查源代码中的缺点和错误信息，分析并找到这些问题引发的安全漏洞，并提供代码修订措施和建议。工业应用程序在开发过程中应该进行必要的代码审计，发现代码中存在的安全缺陷并给出相应的修补建议。

（2）人员培训　企业应对工业应用程序开发者进行软件源代码安全培训，包括：了解应用程序安全开发生命周期（SDL）的每个环节，了解如何对应用程序进行安全架构设计，具备所使用编程语言的安全编码常识，了解常见源代码安全漏洞的产生机理、导致后果及防范措施，熟悉安全开发标准。指导开发人员进行安全开发，减少开发者引入的漏洞和缺陷等，从而提高工业应用程序安全水平。

（3）漏洞发现　漏洞发现是指基于漏洞数据库，通过扫描等手段对指定工业应用程序的安全脆弱性进行检测，发现可利用漏洞的一种安全检测行为。在应用程序上线前和运行过程中，要定期对其进行漏洞发现，及时发现漏洞并采取补救措施。

（4）审核测试　对工业应用程序进行审核测试是为了发现功能和逻辑上的问题。在上线前

⊖　虚拟机监视器，是用来建立与执行虚拟机器的软件、固件或硬件。

⊖　容器化，是一种以应用程序为中心的虚拟化技术。

对其进行必要的审核测试，可以有效避免信息泄露、资源浪费或其他影响应用程序可用性的安全隐患。

（5）行为监测和异常阻止　对工业应用程序进行实时的行为监测，通过静态行为规则匹配或者机器学习的方法，发现异常行为，发出警告或者阻止高危行为，从而降低影响。

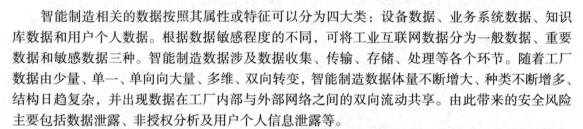

第六节　智能制造数据安全

智能制造相关的数据按照其属性或特征可以分为四大类：设备数据、业务系统数据、知识库数据和用户个人数据。根据数据敏感程度的不同，可将工业互联网数据分为一般数据、重要数据和敏感数据三种。智能制造数据涉及数据收集、传输、存储、处理等各个环节。随着工厂数据由少量、单一、单向向大量、多维、双向转变，智能制造数据体量不断增大、种类不断增多、结构日趋复杂，并出现数据在工厂内部与外部网络之间的双向流动共享。由此带来的安全风险主要包括数据泄露、非授权分析及用户个人信息泄露等。

对于智能制造的数据安全防护，应采取明示用途、数据加密、访问控制、业务隔离、接入认证、数据脱敏等多种防护措施，覆盖包括数据收集、传输、存储、处理等在内的全生命周期各个环节。

1. 数据收集

工业互联网平台应遵循合法、正当、必要的原则收集与使用数据及用户信息，公开数据收集和使用的规则，向用户明示收集使用数据的目的、方式和范围，经过用户的明确授权同意并签署相关协议后才能收集相关数据。授权协议必须遵循用户意愿，不得以拒绝提供服务等形式强迫用户同意数据采集协议。另外，工业互联网平台不得收集与其提供的服务无关的数据及用户信息，不得违反法律、行政法规的规定和双方的约定收集、使用数据及用户信息，并应当依照法律、行政法规的规定和与用户的约定处理其保存的数据及个人信息。

2. 数据传输

为防止数据在传输过程中因被窃听而泄露，工业互联网服务提供商应根据不同的数据类型以及业务部署情况，采用有效手段确保数据传输安全。例如通过安全套接字层（SSL）保证网络传输数据信息的机密性、完整性与可用性，实现对工业现场设备与工业互联网平台之间、工业互联网平台中虚拟机之间、虚拟机与存储资源之间以及主机与网络设备之间的数据安全传输，并为平台的维护管理提供数据加密通道，保障维护管理过程中的数据传输安全。

3. 数据存储

（1）访问控制　数据访问控制需要保证不同安全域之间的数据不可直接访问，避免存储节点的非授权接入，同时避免对虚拟化环境数据的非授权访问。

1）存储业务的隔离。借助交换机，将数据根据访问逻辑划分到不同的区域内，使得不同区域中的设备相互间不能直接访问，从而实现网络中设备之间的相互隔离。

2）存储节点接入认证。对于存储节点的接入认证可通过成熟的标准技术，包括 Internet 小型计算机系统接口（iSCSI）协议本身的资源隔离、挑战握手身份认证协议（Challenge Handshake Authentication Protocol，CHAP）等，也可通过在网络层面划分虚拟局域网（VLAN）

或设置访问控制列表等来实现。

3）虚拟化环境数据访问控制。在虚拟化系统上对每个卷定义不同的访问策略，以保障没有访问该卷权限的用户不能访问，各个卷之间互相隔离。

（2）存储加密　工业互联网平台运营商可根据数据敏感度采用分等级的加密存储措施（如不加密、部分加密、完全加密等）。建议平台运营商按照国家密码管理有关规定使用和管理密码设施，并按规定生成、使用和管理密钥。同时针对数据在工业互联网平台之外加密之后再传输到工业互联网平台中存储的场景，应确保工业互联网平台运营商或任何第三方无法对客户的数据进行解密。

（3）备份和恢复　用户数据是用户托管在工业互联网服务提供商的数据资产，服务提供商有妥善保管用户数据的义务，应当采取技术措施和其他必要措施，防止用户数据泄露、毁损、丢失。在发生或者可能发生个人信息泄露、毁损、丢失的情况时，应当立即采取补救措施，按照规定及时告知用户并向有关主管部门报告。工业互联网服务提供商应当根据用户业务需求、与用户签订的服务协议制订必要的数据备份策略，定期对数据进行备份。当发生数据丢失事故时能及时恢复一定时间前备份的数据，从而降低用户的损失。

4．数据处理

（1）使用授权　数据处理过程中，工业互联网服务提供商要严格按照法律法规以及在与用户约定的范围内处理相关数据，不得擅自扩大数据使用范围，使用中要采取必要的措施防止用户数据泄露。如果处理过程中发生大规模用户数据泄露的安全事件，应当及时告知用户和上级主管部门，对于造成用户经济损失的应当予以赔偿。

（2）数据销毁　在资源重新分配给新的租户之前，必须对存储空间中的数据进行彻底擦除，防止被非法恶意恢复。应根据不同的数据类型以及业务部署情况，选择采用如下操作方式：

1）在逻辑卷回收时对逻辑卷的所有比特位进行清零，并利用"0"或随机数进行多次覆写。

2）在非高安全场景，系统默认将逻辑卷的关键信息（如元数据、索引项、卷前10MB等）进行清零；在涉及敏感数据的高安全场景，当数据中心的物理硬盘需要更换时，系统管理员可采用消磁或物理粉碎等措施保证数据彻底清除。

（3）数据脱敏　当工业互联网平台中存储的工业互联网数据与用户个人信息需要从平台中输出或与第三方应用进行共享时，应当在输出或共享前对这些数据进行脱敏处理。脱敏应采取不可恢复的手段，避免数据分析方通过其他手段对敏感数据复原。此外，数据脱敏后不应影响业务连续性，避免对系统性能造成较大影响。

第七节　智能制造信息安全综合防护

一、安全防护的发展趋势

伴随工业互联网在各行各业的深耕落地，安全作为其发展的重要前提和保障将会得到越来越多的重视，在未来的发展过程中，传统的安全防御技术已无法抗衡新的安全威胁，防护理念将从被动防护转向主动防御。

（1）态势感知将成为重要技术手段　借助人工智能、大数据分析以及边缘计算等技术，基于协议深度解析及事件关联分析机制，分析工业互联网当前运行状态并预判未来安全走势，实现对工业互联网安全的全局掌控，并在出现安全威胁时通过网络中各类设备的协同联动机制及时进行抑制，阻止安全威胁的持续蔓延。

（2）内生安全防御成为未来防护的大势所趋　在设备层面可通过对设备芯片与操作系统进行安全加固，并对设备配置进行优化的方式实现应用程序脆弱性分析。可通过引入漏洞挖掘技术，对工业互联网应用及控制系统采取静态挖掘和动态挖掘，实现对自身隐患的常态化排查；各类通信协议安全保障机制可在新版本协议中加入数据加密、身份验证、访问控制等机制提升其安全性。

（3）工业互联网安全防护智能化将不断发展　未来对于工业互联网安全防护的思维模式将从传统的事件响应式向持续智能响应式转变，旨在构建全面的预测、基础防护、响应和恢复能力，抵御不断演变的高级威胁。工业互联网安全架构的重心也将从被动防护向持续普遍性的监测响应及自动化、智能化的安全防护转移。

（4）平台在防护中的地位将日益凸显　平台作为工业互联网的核心，汇聚了各类工业资源，因而在未来的防护中，对于平台的安全防护将备受重视。平台使用者与提供商之间的安全认证、设备和行为的识别、敏感数据共享等安全技术将成为刚需。

（5）对大数据的保护将成为防护热点　工业大数据的不断发展，对数据分类分级保护、审计和流动追溯、大数据分析价值保护、用户隐私保护等提出了更高的要求。未来对于数据的分类分级保护以及审计和流动追溯将成为防护热点。应积极建设大数据分析平台，在大数据分析整理功能的作用下，对与工业互联网相关的设备、控制、风险、应用数据、网络等数据进行系统分析。

在上述几方面因素的驱动下，面对不断变化的网络安全威胁，企业仅仅依靠自身力量远远不够，未来构建具备可靠性、保密性、完整性、可用性并实现隐私和数据保护的工业互联网安全功能框架，需要政府和企业、产业界统一认识、密切配合。安全将成为未来保障工业互联网健康有序发展的重要基石和防护中心。通过建立健全运转灵活、反应灵敏的信息共享与联动处置机制，打造多方联动的防御体系，充分处理好信息安全与物理安全，保障生产管理等环节的可靠性、保密性、完整性、可用性并实现隐私和数据保护，可以确保工业互联网的健康有序发展。

二、安全态势感知

随着网络技术的发展，网络安全威胁的方式层出不穷。病毒、蠕虫、后门和木马等网络攻击越来越多，逐渐受到人们的广泛关注。为了保证网络系统的安全运行，网络中广泛使用了防火墙、入侵检测系统、漏洞扫描系统和安全审计系统等安全设备。这些安全设备会产生大量违反安全策略和安全规则的告警事件。但是，这些安全告警事件信息中含有大量的重复告警和误告警，且各类安全事件之间分散独立，缺乏联系，无法给安全管理员提供在攻击时序上和地域上真正有意义的指导。

实际中，大部分的安全告警事件并不是孤立产生的，它们之间存在一定的时序或因果联系。结合安全告警事件的运行环境，对原来相对孤立的低层网络安全事件数据集进行关联整合，并通过过滤、聚合等手段去伪存真，发掘隐藏在这些数据之后的事件之间的真实联系，确定事件的时间、地点、人物、起因、经过和结果。随着技术的不断进步，网络攻击行为逐渐呈现分布化、远程化与虚拟化等趋势。传统基于对攻击行为进行特征识别与比对的威胁感知和甄别机制，受到了来自新型攻击手法的巨大挑战。层出不穷的各类高危漏洞、0day漏洞，使攻击特征库的及时更新与长期维护面临巨大困难。此外，传统的威胁检测手段在应对 APT 攻击时显得力不从心，因为传统的检测手段主要针对已知的威胁，对未知的漏洞利用、木马程序、攻击手法无法进行检测和定位。

安全态势感知系统用来全面感知工业互联网安全威胁态势，洞悉网络及应用程序的运行健康状态，通过全流量分析技术实现完整的网络攻击溯源取证，帮助安全人员采取针对性的响应处置措施。安全态势感知系统应该具备网络空间安全持续监控能力，能够及时发现各种攻击威胁与异常；具备威胁调查分析及可视化能力，可以对威胁相关的影响范围、攻击路径、目的及手段进行快速判别，从而支撑有效的安全决策和响应；能够建立安全预警机制，来完善风险控制、应急响应和整体安全防护的水平，实现工业互联网安全"监测、分析、预测、防御"的功能。安全态势感知的三要素是安全要素获取、安全要素理解分析及安全态势呈现，如图 2-4-13 所示。一般来说，安全态势感知包括威胁态势、漏洞态势、资产态势、运行态势、攻击态势和风险态势。图 2-4-14 显示了一种典型的企业安全态势平台的部署方式。图 2-4-15 是某企业的安全态势平台的界面，通过平台可以直观地查看当前存在的安全威胁。

图2-4-13　安全态势感知的三要素

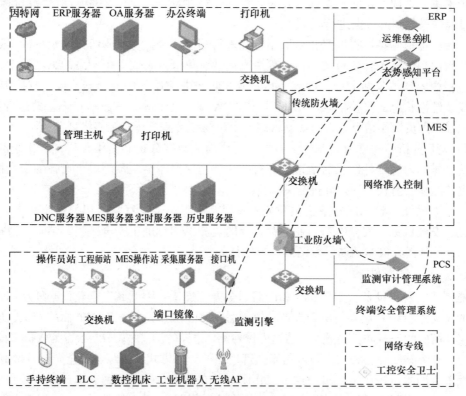

图2-4-14　一种典型的企业安全态势平台的部署方式

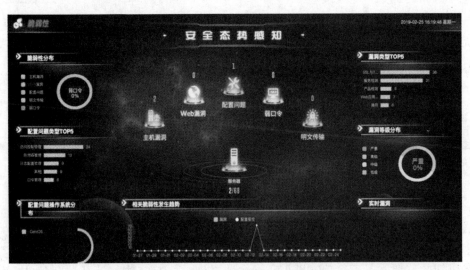

图2-4-15　某企业的安全态势平台的界面

安全态势感知的具体步骤包括数据采集、收集汇聚、特征提取、关联分析、状态感知等。

（1）数据采集　数据采集是指对工业现场网络及工业互联网平台中各类数据进行采集，为网络异常分析、设备预测性维护等提供数据来源。

（2）收集汇聚　对于数据的收集汇聚主要分为两个方面：①对 SCADA、MES、ERP 等工业控制系统及应用系统所产生的关键工业互联网数据进行汇聚，包括产品全生命周期的各类数据的同步采集、管理、存储及查询，并为后续过程提供数据来源；②对全网流量进行监听，并将监听过程中采集到的数据进行汇聚。

（3）特征提取　特征提取是指对数据特征进行筛选、分类、优先级排序及可读等处理，从而实现从数据到信息的转化过程。该过程主要是针对单个设备或单个网络的纵向数据分析。信息主要包括内容和情景两方面，内容是指工业互联网中的设备信号处理结果、监控传输特性、性能曲线、健康状况、报警信息、DNC 及 SCADA 网络流量等；情景是指设备的运行工况、维护保养记录、人员操作指令、人员访问状态、生产任务目标及行业销售机理等。

（4）关联分析　关联分析基于大数据进行横向大数据分析和多维分析，通过将运行机理、运行环境、操作内容、外部威胁情报等有机结合，利用群体经验预测单个设备的安全情况，或根据历史状况和当前状态的差异进行关联分析，进而发现网络及系统的异常状态。

（5）状态感知　状态感知基于关联分析过程，实现对工业互联网相关企业网络运行规律、异常情况、安全目标、安全态势、业务背景等的监测感知，确定安全基线，结合大数据分析等相关技术，发现潜在安全威胁、预测黑客攻击行为。

三、安全一体化防护

智能制造实现了设备、工厂、人和产品的全方位连接，因此其安全建设必须从综合安全防护体系的视角进行统筹规划。综合设备、控制、网络、应用及数据五大方面的安全，应该在各个层面实施相应的安全防护措施，并通过入侵检测、边界防护、协议分析、行为分析、安全审计、容灾备份、态势感知等各种安全技术与安全管理相结合的方式实现综合安全防护，形成"监测、报警、处置、溯源、恢复、检查"这一工作闭环。在云平台、办公区、生产监控区和生产控制区可以采取的智能制造一体化的信息安全防护措施，如图 2-4-16 所示。

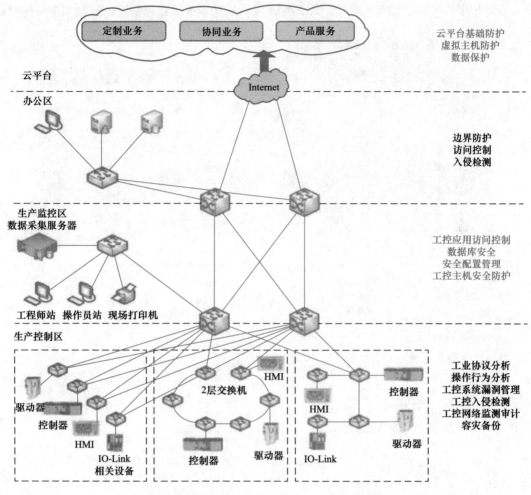

图2-4-16　智能制造一体化的信息安全防护措施

1. 智能工厂的安全防护

对于智能工厂，基于现场数据采集的数据通信需求、网络拓扑结构、安全性要求等因素，建议进行如下的综合防护：

1）在过程控制层和现场控制层之间部署工业防火墙，对网络之间的数据访问进行访问控制。

2）在过程控制层部署安全配置核查系统，对工控设备、安全设备、网络设备的安全配置进行检查；在过程控制层部署日志审计系统，全年采集和分析设备日志。

3）在现场控制层部署工控网络安全监测与审计系统，全面监测异常操作和违规行为。

4）在现场控制层部署运维堡垒机，实现设备运维操作的全面审计和行为管控。

5）在现场控制层操作员站部署终端安全卫士，实现终端安全保护。

智能工厂安全防护的具体部署结构如图 2-4-17 所示。

2. 国家级工业互联网的安全防护

当前阶段智能制造工业互联网的实施以传统制造体系的层级划分为基础，需要适度考虑未来基于产业的协同组织，按"设备、边缘、企业、产业"四个层级开展系统建设，相应的安全防护在"边缘安全防护系统、企业安全防护系统、企业安全综合管理平台、省 / 行业级安全平台、国家安全防护中心"五个层级上展开。图 2-4-18 显示了国家级工业互联网的安全实施架构图。

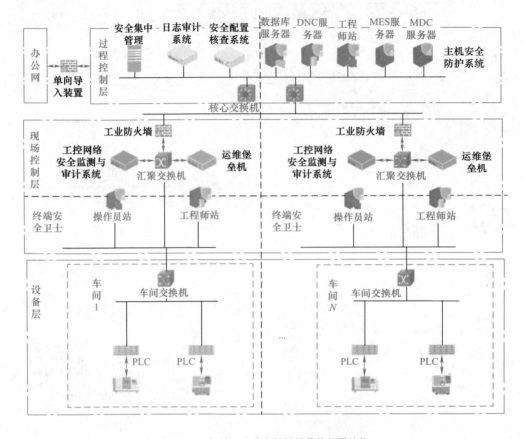

图2-4-17　智能工厂安全防护的具体部署结构

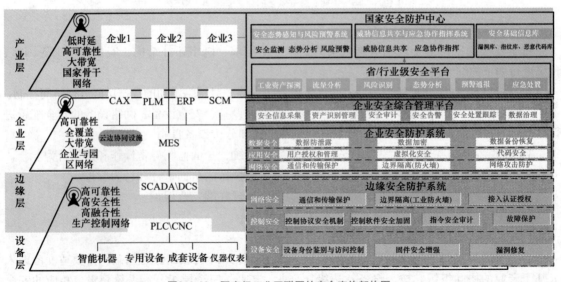

图2-4-18　国家级工业互联网的安全实施架构图

（1）边缘安全防护系统的实施　边缘安全防护系统致力于面向实体的分层分域安全策略，构建多技术融合的安全防护体系，从而实现边缘安全防护，其关键在于确保工业互联网边缘侧的设备安全、控制安全、网络安全。

在部署方式上，边缘安全防护系统主要位于设备层和边缘层，具体的安全策略有：①设备安全，可采取设备身份鉴别与访问控制、固件安全增强、漏洞修复等安全策略；②控制安全，可采取控制协议安全机制、控制软件安全加固、指令安全审计、故障保护等安全策略；③网络安全，可采取通信和传输保护、边界隔离（工业防火墙）、接入认证授权等安全策略。

（2）企业安全防护系统的实施　企业安全防护系统致力于从防护技术策略的角度出发，提升企业安全防护水平，降低安全攻击风险，其关键在于确保工业互联网企业侧的网络安全、应用安全和数据安全。

在部署方式上，企业安全防护系统主要位于企业层，具体的安全策略有：①网络安全，可采取通信和传输保护、边界隔离（防火墙）、网络攻击防护等安全策略；②应用安全，可采取用户授权和管理、虚拟化安全、代码安全等安全策略；③数据安全，可采取数据防泄露、数据加密、数据备份恢复等安全策略。

（3）企业安全综合管理平台的实施　企业安全综合管理平台致力于从防护管理策略的角度出发，以安全风险可知、可视、可控作为安全防护体系建设的主要目标，强化企业的综合安全管理能力。其关键在于对企业网络口及企业内的安全风险进行监测，在平台网络出口建设流量探针，实现对企业的安全信息采集、资产识别管理、安全审计、安全告警、安全处置跟踪以及数据治理等功能，并与省/行业级安全平台对接。

企业安全综合管理平台的实施需要涵盖安全功能视图中企业层相关的防护管理。安全信息采集是指实时地对企业内部的安全动态信息进行有效采集汇总。资产识别管理是指通过平台网络出口的流量探针对企业内网进行扫描识别，发现并统计企业内网的资产并进行集中管理。安全审计是指通过记录和分析历史操作事件及数据，发现能够改进系统性能和系统安全的地方，防止有意或无意的人为错误，防范和发现网络犯罪活动。安全告警是指及时发现资产中的安全威胁、实时掌握资产的安全态势。安全处置跟踪是指根据安全事件或安全资产溯源到相关责任人。数据治理是指对收集到的相关数据进行分析统计，为企业做出相关研判提供依据。

在部署方式上，企业安全综合管理平台系统主要位于企业层，一方面保障企业内部安全管理有序进行，实现对企业的安全信息采集、资产识别管理、安全审计、安全告警、安全处置跟踪以及数据治理等功能；另一方面与省/行业级安全平台实现有效协同，将监测到的数据及时有效地上报给省/行业级安全平台。

（4）省/行业级安全平台的实施　省/行业级安全平台致力于通过工业资产探测、流量分析、风险识别、态势分析、预警通报、应急处置等方式保障省/行业级平台安全运行。省/行业级安全平台通过接入本地移动网、固网（采样）数据，实现工业资产探测、流量分析、风险识别、态势分析、预警通报、应急处置。

在部署方式上，省/行业级安全平台主要位于产业层，一方面保障本省/行业平台的安全运行，另一方面与国家安全防护中心和企业安全综合管理平台实现对接，重点覆盖企业工业互联网平台，实现企业基础数据管理、策略/指令下发、情报库共享、信息推送等功能。

（5）国家安全防护中心的实施　国家安全防护中心致力于提升国家级工业互联网安全综合管理和保障能力，加强国家与省/行业级安全平台的系统联动、数据共享及业务协作，形成国家整体安全综合保障能力。国家安全防护中心涵盖安全功能视图中产业层的上边缘相关功能要素：①建立安全态势感知与风险预警系统，开展全国范围内的安全监测、态势分析、风险预警和跨省协同工作，并与省／行业级安全平台对接；②建立威胁信息共享与应急协作指挥系统，实现对工业互联网的威胁信息共享和应急协作指挥，具备综合研判、决策指挥和过程跟踪的能力，支持工业互联网的安全风险上报、预警发布、事件响应等；③建立安全基础信息库，依托现有基础进行资源整合，建立工业互联网安全漏洞库、指纹库、恶意代码库等基础资源库。

在部署方式上，国家安全防护中心主要位于产业层的上边缘，一方面保障国家级安全平台有序运行，建立安全态势感知与风险预警系统、威胁信息共享与应急协作指挥系统、安全基础信息库，全面提升国家工业互联网的安全综合管理和保障能力；另一方面与省／行业级安全平台系统联动、数据共享、业务协作，形成国家整体工业安全综合保障能力。

四、区块链技术在信息安全中的应用

区块链（Blockchain）是一种由多方共同维护，使用密码学保证传输和访问安全，能够实现数据的一致存储，使数据难以被篡改、防止抵赖的记账技术，它是一种分布式账本技术（Distributed Ledger Technology）。典型的区块链系统中，各参与方按照事先约定的规则共同存储信息并达成共识。按照系统是否具有节点准入机制，区块链可分类为许可链和非许可链。许可链中节点的加入和退出需要区块链系统的许可，根据拥有控制权限的主体是否集中可进一步分为联盟链和私有链；非许可链则是完全开放的，也可称为公有链，节点可以随时自由加入和退出。

区块链技术在巩固工业互联网平台信息安全完整的同时，也借助平台提供的海量分布式数据存储空间和强大的云计算能力，充分挖掘了数据的价值，基于区块链技术的工业互联网平台架构如图2-4-19所示。整个架构在原有工业互联网平台的基础上将IaaS层中的网络与数据存储用区块链系统代替，将边缘层采集的数据以交易的形式写入区块链账本中，从而确保数据的存储安全及不可篡改。PaaS层与SaaS层调用区块链中的数据进行数据挖掘、数据管理和智能分析。

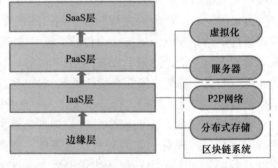

图2-4-19　基于区块链技术的工业互联网平台架构

区块链技术的核心价值在于其分布式的对等网络（P2P）结构及数据存储、不可篡改的账本数据信息以及基于密码学的身份证书（公私钥）。区块链在工业互联网平台安全领域具有以下三点优势：

1）利用高冗余、分布式的数据存储保障平台数据信息的完整性。

2）利用密码学相关技术保障存储数据的不可篡改和可追溯性。

3）利用身份管理功能对终端设备进行管理，防止因终端设备遭到恶意攻击造成的数据污染。

区块链在工业互联网平台安全领域的应用主要体现在设备身份管理、设备访问控制、设备注册管理、设备运营状态监管四个方面。

1. 设备身份管理

在工业设备的电子身份方面，尤其是对比较昂贵的工业设备来说，除了传统的设备标识用

来唯一地标识和检索设备外,还需要额外为每一个设备附加一个物理级别的、不可篡改的嵌入式身份证书(或者芯片),即身份私钥。这个证书统一在设备出厂的时候由国家级的设备身份认证中心颁发,并通过该身份私钥对上传到云端的、该设备产生的所有数据进行签名。数据的使用方可以通过统一的工业互联网证书授权(CA)中心来验证设备数据的身份。通过构建基于区块链作为后台账本系统的设备身份管理体系,能够以区块链智能合约共识执行的方式获取和验证设备身份,并且建立从个人实体身份到所拥有的端设备身份之间的映射关系,从而以授权模式使得设备端也能够验证请求方的身份是否具有访问权限,从而实现设备端与使用者之间双向可信的安全可追溯验证。

2. 设备访问控制

区块链凭借其自身特性,非常适合解决工业互联网平台的访问安全问题。基本思路是利用区块链技术将访问者对设备的访问权限的策略写入,并通过智能合约对这些策略进行管理。访问权限由设备所有者通过调用设备管理智能合约定义并发布在区块链上。因此,合规用户可以在任何时间查询当前持有者对某个设备执行何种操作。设备所有者对他所有设备的访问进行控制,负责创建、更新和撤销访问权限。设备访问者对设备执行的一切操作需要符合设备所有者所定义的所有访问控制策略规则。访问控制策略存储在区块链上,区块链智能合约可以保存访问控制策略并控制其执行。所有设备通过加密网络或加密中继节点与访问控制区块链建立连接,由设备所有者为其注册并对其进行访问控制。设备访问控制包括四个主要流程:新设备注册、策略创建、请求访问和策略更新。

3. 设备注册管理

建立工业互联网域名服务体系的总体思路如下:①工业设备注册机制能够构建在工业互联网标识解析体系之上;②以不可篡改的方式在设备端存储工业互联网入网身份;③身份注册和识别服务(如工业互联网域名解析中心)建立从设备唯一标识码到该设备的公钥之间的映射关系,使得设备端传输的数据能被接收方鉴定真伪并且数据发送方身份不可冒充,发送方所发送的数据在发送过程中不可被篡改、不发生泄露;④身份注册和识别服务对数据接收方对设备的公钥的访问进行控制管理,建立分级的分布式工业互联网域名解析节点拓扑结构,分担对海量入网设备的注册身份查询开销。工业互联网设备注册管理中心通过基于区块链组织端设备身份等元信息与其唯一标识之间的映射关系,为设备访问提供了统一的身份认证机制,包括对设备的身份以及元信息在设备上线时进行快速注册,并通过设备注册管理服务对设备的全生命周期内的所属关系转让、使用状态数据和使用历史进行全方位的可信记录,通过对设备植入可信硬件存储设备身份证书信息以支持完全安全性。

4. 设备运营状态监管

基于区块链的设备运营状态监管通过将上下游所有参与方企业的设备所产生的数据以参与方身份写入区块链运营数据平台,使得这个产业链上上下游企业所有设备端运营数据能以可信的、一致的方式写入共享分布式区块链账本中。通过区块链的不可篡改账本记录,记录设备相关的运行状态数据。其中入链的工业互联网运营数据带有其拥有方的身份签名,从而明确界定数据提供方的责任,不可抵赖不可污蔑。在设备端运营数据共享方面,通过智能合约接口实现对设备运行数据的访问可控的查询和溯源,使得相关参与方可以在受限访问的条件下监控、访问、分享和分析设备的最新状态和交易信息。此外,对于监管机构,通过将监管方的身份加入硬件安全模块的例外名单,使得监管机构能够通过调用区块链智能合约的方式低成本,高可信度地获取整个产业链中所有的运营状态信息，从而实现低介入的柔性监管，并以低成本实现监管统计的可信审计监察职能。

第八节 典型行业信息安全解决方案

海尔的工业互联网云平台 COSMOPlat 已经为家电、家居、新能源等十多个行业的企业提供了产业链全流程升级、实现大规模定制转型的服务，包括消费级场景的物联网接入、工业级场景的物联网设备接入和数据分析以及对第三方各类工业应用的开发、运行和监测服务支持。

在 COSMOPlat 上，既有上千万的消费级设备接入，比如空调、冰箱、洗衣机等，用户可以随时随地地控制自己消费的产品，同时也有上万的工业级设备接入，比如工厂的关键核心设备、线体、工装器具等，工厂可以实时查看和控制生产状况。然而，从信息安全的角度来讲，新技术、新形势必然带来新的风险，一旦这些设备接入网络，就意味着设备的信息、对设备的控制权都将受到潜在的威胁。如何保障接入平台的海量设备终端、用户数据的安全以及对消费级和工业级网络在安全机制上的差异化处理成为很大的挑战。如何防范工业控制领域设备、App 和云平台的信息泄露、弱口令、用户越权、数据重放、反编译逆向、传输劫持和 OWSP 组织认定的十大安全漏洞，确保工业网络值得信赖，是同时摆在制造业的厂商和管理者面前最重要的问题之一。其他痛点还包括由于系统多样化（Linux/Android/iOS/Module）的发展现状，传统的 PKI 加密体系已经无法满足多个系统之间的加密传输要求。

在国家智能制造和工业互联网发展战略号召下，海尔工业互联网平台 COSMOPlat 逐步发展，海尔对工业互联网安全保障能力的需求逐步增加，工业互联网安全防护平台的构建被提上日程。在多年互联网安全防护能力的基础上，针对海尔工业互联网平台 COSMOPlat 的安全防护，按照工信部相关政策，开启了海尔工业互联网生态安全项目——海安盾，构建海尔工业互联网安全防护体系、安全评估体系、安全态势感知体系及应急响应体系，并与省级和国家级工业互联网安全平台对接，进行政企联动，实践行业的生态安全治理新思路。

1.海尔工业互联网生态安全项目总体架构

海尔工业互联网生态安全项目为海尔工业互联网安全提供一体化的安全防护体系，并在防护基础上逐步构建安全监测体系、安全态势感知体系和应急响应体系。在使用网络安全、应用安全、数据安全、终端安全、主机安全和开发安全 6 类安全模块 15 个安全组件为工业互联网安全提供防护的基础上，实现安全态势感知、安全防护和应急响应等功能。海尔工业互联网安全防护架构如图 2-4-20 所示。

2.技术逻辑架构

采集工业互联网安全数据，通过大数据智慧大脑构建安全模型进行大数据分析，并通过海安盾威胁情报中心进行碰撞，动态识别安全威胁和安全风险，实现安全威胁智能拦截和安全事件敏捷闭环。海安盾具体实现逻辑架构如图 2-4-21 所示。

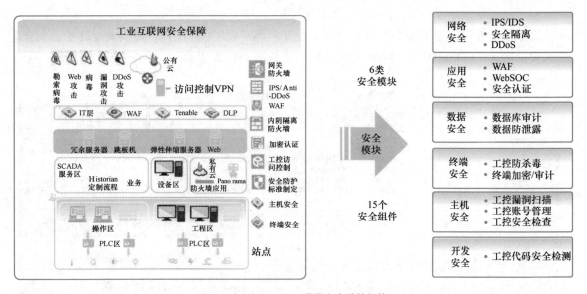

图2-4-20　海尔工业互联网安全防护架构

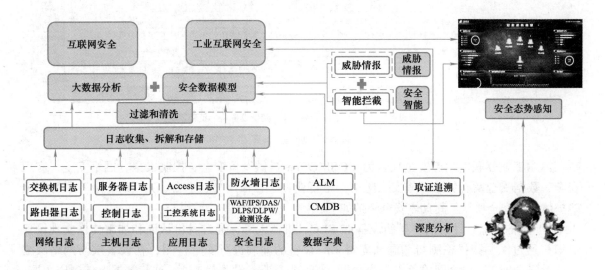

图2-4-21　海安盾具体实现逻辑架构

海安盾通过大数据手段将平台安全数据统一汇总，并通过安全模型进行安全展示、分析和运营。采用大数据技术分析工业互联网网络安全、应用安全、数据安全、终端安全、主机安全和开发安全6类安全模块产生的安全日志，和通过流量探针采集到的工业互联网安全流量，在中间层构建一套安全运营中心，通过权限管理为工业互联网平台各节点安全人员查询安全事件，实现安全溯源。通过大数据分析和大屏显示技术设计实现安全态势感知、安全监测中心、威胁情报中心和应急响应中心。

海安盾通过大数据技术，实现月均 T 级数据量的存储分析及安全模型的创建。在智能化方面通过大数据实现 T 级数据自动化分析和安全威胁实时动态感知，威胁发现时间由天缩短为秒级别，由报表分析到动态显示快速排查定位。面对超级黑客的隐蔽攻击和渗透测试，能够第一时间识别和发现，并通过态势感知溯源系统信息。

3. 工业互联网平台 COSMOPlat 的安全防护

海尔工业互联网生态安全项目为海尔工业互联网平台 COSMOPlat 提供安全防护、安全监测和安全运营。COSMOPlat 的具体安全防护功能如图 2-4-22 所示。

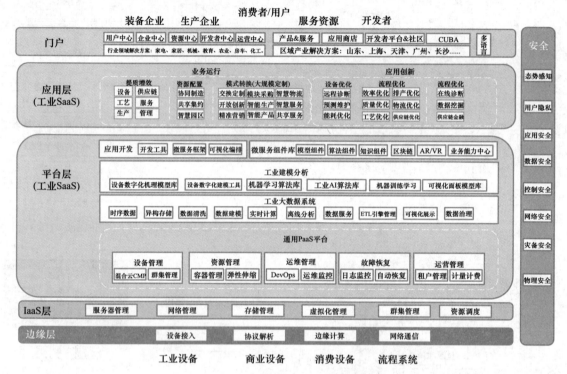

图2-4-22　COSMOPlat的具体安全防护功能

海尔工业互联网生态安全项目为 COSMOPlat 提供设备安全、控制安全、网络安全、应用安全、数据安全及态势感知等安全防护，是行业首个打通用户、平台、工厂的工业互联网安全防护体系的安全项目。其具体安全防护如下：

1）设备安全。针对工厂里的设备如 PLC、机器人等，通过身份认证和加密传输实现设备通信；通过漏洞扫描检测与漏洞加固对工厂设备的漏洞进行安全检测；在设备层与网络层之间设置安全网关，安全网关负责采集数据，如流量数据、设备状态等，这些数据上传到应用层，利用应用层的数据分析能力进行分析，根据分析结果下发相应指令，维护设备的安全。

2）控制安全。主要针对工业控制主机安全进行防护，针对工业控制主机的运行软件设置白名单机制，管控工业控制主机进程，实时监测工业控制系统控制器下装、上传、启动、停止等关键操作，支持多种工业控制设备，实时监测工控系统控制器下装、上传、启动、停止等关键操作，防止如 WannaCry 等勒索漏洞的爆发，保障工业控制设备的运营安全；用针对工业控制流量分析设备对工业控制运行指令实时监控，动态感知工业控制系统运行安全，监测工业控制系统的异常行为并加以记录。

3）网络安全。针对 COSMOPlat 工厂的网络安全，首先采用网络隔离防火墙将工厂网络划分为工厂生产区、工厂服务器区和工厂办公区，以防一旦安全攻击进入影响工厂生产。其次在工业互联网感知层，重点加强节点和汇聚节点之间以及节点和网络之间的安全认证，加强加密信息的传输，严格进行密钥分配与管理，完善身份认证机制，提高入侵检测的手段，增强工业互联网端点智能安全能力，构建端点智能自组织安全防护循环微生态。在工业互联网网络层，重点建立完善异构网络统一、兼容、一致的跨网认证机制，完善网络安全协议，加强密钥管理，完善机密性算法，加强数据传输过程的机密性、完整性、可用性的保护。

4）安全监测中心。针对工厂，设置工厂级安全监测中心，分析工业控制流量，解析工业控制协议，识别安全风险。另外通过安全网关上传数据至平台层，实现多个工厂数据集成，建立 COSMOPlat 的平台级监测中心。连接工业控制设备及安全设备，采集设备日志集中分析，发现安全威胁并通过多种途径告警，并对攻击链条回溯画像，统一管理安全事件。

海尔工业互联网生态安全项目为 COSMOPlat 平台实现网络安全隔离、网络入侵防护与检测；针对工厂设备实现防病毒、漏洞扫描与加固、传输加密与认证；针对工业控制设备实现进程白名单设置，并针对工业控制流量进行监测，构建监测中心，动态感知工业互联网平台安全。

4. 应用效果

2018 年 7 月，通过海安盾安全态势感知功能，在 COSMOPlat 的一互联工厂的上位机设备上发现休眠勒索病毒。该勒索病毒为 WannaCry 的变种，病毒在 2017 年 5 月在全球范围内爆发，多达 150 个国家受到该病毒勒索，涵盖医疗体系、加油站和高校等多个行业，爆发率高达 95%。工厂受该病毒感染的设备为执行工业控制系统的上位机，一旦出现问题将耗时两天才能恢复，因此会导致工厂生产停滞一天，经工厂产值估算，这将引起 1000 万元的价值损失。海安盾通过对工业互联网互联工厂的安全识别，实现对勒索病毒的及时发现，第一时间规避了千万级别的风险损失。

思 考 题

1. 智能制造面临的信息安全挑战有哪些？

2. 智能制造在设备安全、控制安全、网络安全、应用安全及数据安全上可以采取的安全防护措施有哪些？

3. 工业云安全防护总体方案是什么？

4. 区块链技术在信息安全方面有哪些应用？

第三篇

智能制造关键技术

第一章
CHAPTER 1

概　　述

作为当前新一轮产业变革的核心驱动和战略焦点，智能制造是基于新一代信息通信技术与先进制造技术深度融合，贯穿于设计、生产、管理、服务等制造活动的各个环节，具有自感知、自学习、自决策、自执行、自适应等功能的新型生产方式。它具有以智能工厂为载体、以生产关键制造环节智能化为核心、以端到端数据流为基础、以全面深度互联为支撑的特征。

智能制造与工业互联网有着紧密的联系，智能制造的实现主要依托两方面的基础能力：一是工业制造技术，包括先进装备、先进材料和先进工艺等，这是决定制造边界与制造能力的根本；二是工业互联网，包括智能传感控制软硬件、新型工业网络、工业大数据平台等综合信息技术要素，这是充分发挥工业装备、工艺和材料潜能，提高生产效率、优化资源配置效率、创造差异化产品和实现服务增值的关键。

工业互联网通过更大范围、更深层次的连接实现对工业系统的全面感知，并通过对获取的海量工业数据建模分析形成智能化决策，其技术体系由制造技术、信息技术以及两大技术交织形成的融合性技术组成。

制造技术和信息技术的突破是工业互联网发展的基础，例如增材制造、现代金属、复合材料等新材料和加工技术不断拓展制造能力的边界，云计算、大数据、物联网、人工智能等信息技术快速提升人类获取、处理、分析数据的能力。制造技术和信息技术的融合强化了工业互联网的赋能作用，催生工业软件、工业大数据和工业人工智能等融合性技术，使机器、工艺和系统的实时建模和仿真，产品和工艺技术隐性知识的挖掘和提炼等创新应用成为可能。

制造技术支撑构建了工业互联网的物理系统，它基于机械、电机等工程学中提炼出的材料、工艺等基础技术，叠加工业视觉、测量传感等感知技术，以及执行驱动、自动控制、监控采集等控制技术，面向运输、加工、检测、装配、物流等需求，构成了工业机器人、数控机床、3D打印等装备技术，进而组成生产线、车间、工厂等制造系统。

从工业互联网视角看，制造技术一是构建了专业领域技术和知识基础，指明了数据分析和知识积累的方向，成为设计网络、平台、安全等工业互联网功能的出发点；二是构建了工业数字化应用优化闭环的起点和终点，工业数据源头绝大部分都产生于制造物理系统，数据分析结果的最终执行也均作用于制造物理系统，这使得制造技术贯穿了设备、边缘、企业、产业等各层工业互联网系统的实施落地。

信息技术勾勒了工业互联网的数字空间，新一代信息通信技术一部分直接作用于工业领域，构成了工业互联网的通信、计算、安全基础设施，另一部分基于工业需求进行二次开发，成为融合性技术发展的基石。通信技术中,以 5G、WiFi 为代表的网络技术提供了更可靠、快捷、灵活的数据传输能力;标识解析技术为对应的工业设备或算法工艺提供标识地址,保障了工业数据的互联互通和精准可靠;边缘计算、云计算等计算技术为不同工业场景提供了分布式、低成本数据计算的能力。工业互联网技术体系如图 3-1-1 所示。

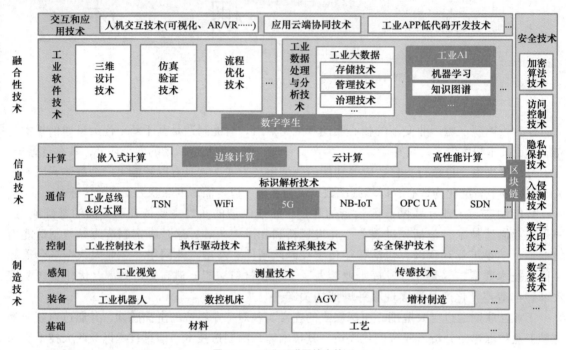

图3-1-1 工业互联网技术体系

数据安全和权限管理等。

1)安全技术保障数据的安全、可靠、可信。

2)信息技术一方面构建了数据闭环优化的基础支撑体系,使绝大部分工业互联网系统可以基于统一的方法论和技术组合构建;另一方面打通了互联网领域与制造领域技术创新的边界,统一的技术基础使互联网中的通用技术创新可以快速渗透到工业互联网中。

3)制造技术和信息技术都需要根据工业互联网中的新场景、新需求进行不同程度的调整,才能构建出完整可用的技术体系。

4)融合性技术驱动了工业互联网物理系统与数字空间的全面互联与深度协同。工业数据处理与分析技术在满足海量工业数据存储、管理及治理需求的同时,基于工业人工智能技术形成更深度的数据洞察,与工业知识整合,共同构建数字孪生体系,支持分析预测和决策反馈。工业软件技术基于流程优化、仿真验证等核心技术,将工业知识进一步显性化,支撑工厂 / 生产线的虚拟建模与仿真、多品种变批量任务动态排产等先进应用。交互和应用技术基于 VR/AR 改变制造系统的交互使用方式,通过云端协同和低代码开发技术改变工业软件的开发和集成模式。融合性技术一方面构建出符合工业特点的数据采集、处理、分析体系,推动信息技术不断向工业核心环节渗透;另一方面重新定义工业知识积累、使用的方式,提升制造技术优化发展的效率和效能。

　　以泛在感知、智能决策、敏捷响应、全局协调及动态优化为核心能力的工业互联网为第四次工业革命提供了具体的实现方式和推进抓手，通过人、机、物的全面互联，全要素、全产业链及全价值链的全面连接，对各类数据进行采集、传输、分析并形成智能反馈。工业互联网正在推动形成全新的生产制造和服务体系，优化资源要素配置效率，充分发挥制造装备、工艺和材料的潜能，提高企业生产效率，创造差异化的产品并提供增值服务，加速推进第四次工业革命。

思　考　题

　　1. 简述智能制造与工业互联网的联系。
　　2. 简述融合性技术的作用。

第二章
CHAPTER 2
智能工厂及其应用

▼ 第一节　智能工厂的设计

一、总体规划

智能制造的关键是实现贯穿企业设备层、单元层、车间层、企业层及网络层等不同层面的纵向集成，实现跨资源要素、互联互通、融合共享、系统集成和新兴业态不同级别的横向集成；以及覆盖设计、生产、物流、销售和服务的端到端集成。

设备层包括传感器、仪器仪表、条码、射频识别标签、机器人、机械和装置等感知和执行单元，是企业进行生产活动的物质技术基础。

控制层包括 PLC、SCADA、DCS、FCS 及 WIA 等。

车间层实现面向工厂/车间的生产管理，包括要包括 MES、PLM 等。

企业层由企业的生产计划、采购管理、销售管理、人员管理、财务管理等信息化系统构成，实现企业生产的整体管控，主要包括 ERP、SCM 和 CRM 等。

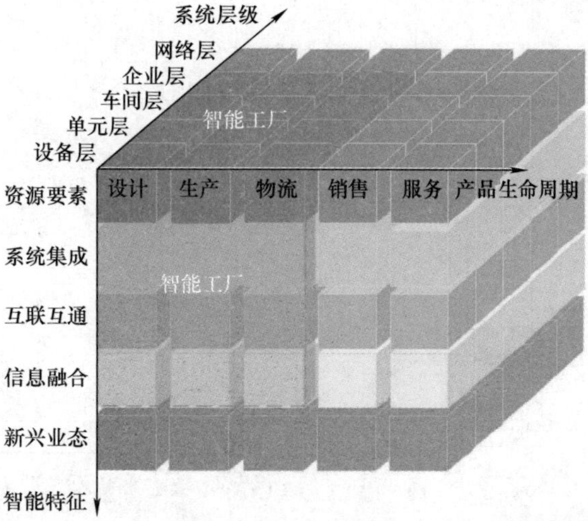

协调层级由产业链上不同企业通过互联网共享信息实现协调研发、智能生产、精准物流和智能服务等。智能工厂在智能制造体系框架中所处的位置如图 3-2-1 所示。

二、工厂智能化系统设计

智能工厂是在数字化工厂的基础上，利用物联网、大数据、人工智能等新一

图3-2-1　智能工厂在智能制造体系框架中所处的位置

智能工厂概述

智能化执行系统

— 187 —

代信息技术加强信息管理和服务，提高生产过程可控性，减少生产线人工干预，实行合理的计划排程，同时集智能手段和智能系统等新兴技术于一体，构建出的高效、节能、绿色、环保、舒适的人性化工厂。

智能工厂建设的基础就是现场数据（人、机、料、法、环、测）的采集和传输，数据信息使操作人员、管理人员、客户等都能够清晰地了解到工厂的实际状态，并形成决策依据。工业物联网的部署实施为智能制造和智能工厂建设提供基石。

工业物联网通过工业资源的网络互联、数据互通和系统互操作，实现制造原料的灵活配置、制造过程的按需执行、制造工艺的合理优化和制造环境的快速适应，达到资源的高效利用，从而构建服务驱动型的新工业生态体系，如图 3-2-2 所示。

智能化设计系统概述

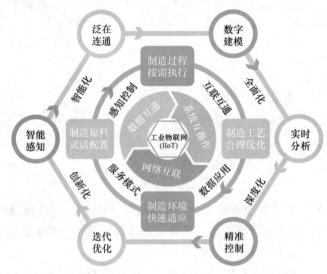

图3-2-2　工业物联网

工业物联网的参考体系架构如图 3-2-3 所示。

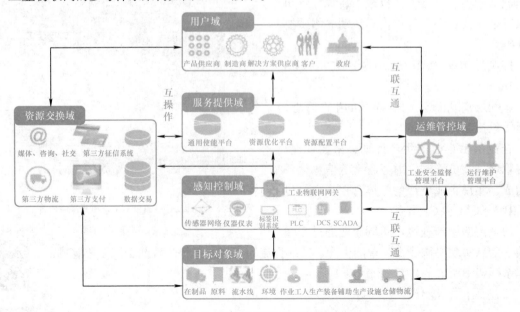

图3-2-3　工业物联网的参考体系架构

1）目标对象域主要为在制品、原料、环境、作业工人等，这些对象被感知控制域的传感器网络、标签识别系统所感知、识别和控制，在生产、加工、运输、流通、销售等各个环节的信息被获取。

2）感知控制域采集的数据最终通过工业物联网网关传送给服务提供域。

3）服务提供域主要包括通用使能平台、资源优化平台和资源配置平台，提供远程监控、能源管理及安全生产等服务。

4）运维管控域从系统运行技术性管理和法律法规符合性管理两大方面保证工业物联网其他域的稳定、可靠、安全运行等，主要包括工业安全监督管理平台和运行维护管理平台。

5）资源交换域根据工业物联网系统与其他相关系统的应用服务需求，实现信息资源和市场资源的交换与共享功能。

6）用户域是支撑用户接入工业物联网、使用物联网服务的接口系统，具体包括产品供应商、制造商、解决方案供应商、客户和政府等。

工业物联网构建了物理空间与信息空间中人、机、物、环境、信息等要素相互映射、适时交互、高效协同的复杂系统，实现系统内资源配置和运行的按需响应、快速迭代、动态优化。在制造业中，把产品的设计、制造、仓储、生产设备融入其中，通过制造要素信息间相互独立的自动交换来接收动作指令、进行无人控制，将制造业智能化，通过智能制造生产智能产品。

智能工厂通过网络方式将传统的集中式控制模式转变为分散式增强型控制模式。制造业产业链的分工将被重组，各种新的活动领域也会因此而产生。制造业的自动化生产从此进入智能化、循环化与绿色化的过程，实现生产设施和生产管控的智能化，并将生产所用的生产设施进行互联互通以及智能化的管理。图3-2-4所示为智能工厂的业务模式。

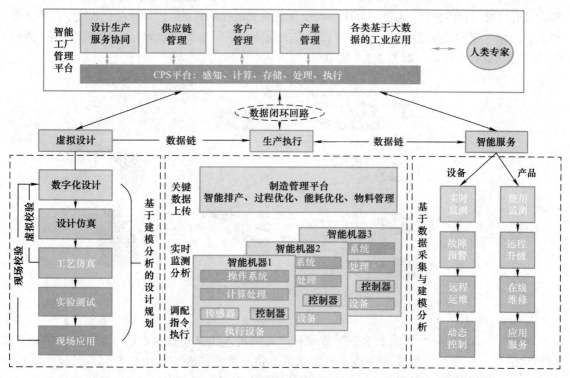

图3-2-4 智能工厂的业务模式

实现将传统的生产系统转型为生产智能产品的智能工厂，在未来将具备自省性、自预测性、自比较性和自重构能力。它将带动整个制造业的发展，进而引发下一次信息化技术革命。

三、系统建模

为实现智能工厂在运行过程中的工艺优化、协调设计及仿真分析等功能，需要一种能够将数据与指令集合起来，并对知识、经验、控制逻辑等进行固化封装的数字化（代码化）技术，实现工业领域中数据的自动流动。解决复杂制造系统的不确定性、多样性等问题。

工业软件将作为一种工具、要素和载体，能够实现物质生产运行规律的模型化、代码化和软件化，使制造过程在虚拟世界实现快速迭代和持续优化，并不断优化物质世界的运行。其中产品设计和全生命周期管理软件（如 CAX、PLM 等）建立了高度集成的数字化模型以及研发工艺仿真体系；MES 是企业实现纵向整合的核心，打通设备、原料、订单、排产、配送等各主要生产环节和生产资源；企业管理系统 [如 ERP、WMS（仓库管理系统）、CRM 等] 将企业的业务活动进行科学管理，改变企业的管理模式和管理理念。

在网络化协同、个性化定制、服务化转型等生产新模式的驱动下，工业软件将沿着定制化、平台化、网络化和智能化的方向推动产品变革。它专用于工业领域，提高工业企业研发、制造、生产、服务与管理水平以及工业产品使用价值，通过应用集成，使机械化、电气化、自动化的生产系统具备数字化、网络化、智能化特征，为工业领域提供了一个面向产品生命周期的网络化、协同化、开放式的产品设计、制造和服务环境。

1. 嵌入式软件技术

嵌入式软件技术是把软件嵌入工业装备或工业产品之中。这些软件可细分为操作系统、嵌入式数据库和开发工具、应用软件等，它们被植入硬件产品或生产设备的嵌入式系统之中，达到自动化、智能化地控制、监测、管理各种设备和系统运行的目的，应用于生产设备，体现采集、控制、通信、显示等功能。嵌入式软件技术是实现智能工厂功能的载体，紧密结合控制、通信、计算、感知等各个环节，如图 3-2-5 所示。

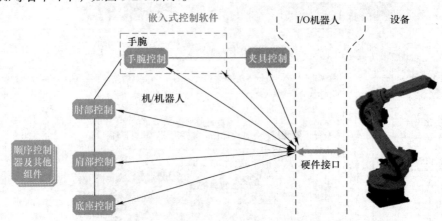

图3-2-5　嵌入式软件在单元级的作用

2. MBD 技术

MBD 技术采用一个集成的全三维数字化产品描述方法来完整地表达产品的结构信息、几何形状信息、三维尺寸标注和制造工艺信息等，将三维实体模型作为生产制造过程中的唯一依据，改变了传统以工程图为主、以三维实体模型为辅的制造方法。MBD 技术支撑智能工厂系统的产品数据在制造各环节的流动。

在 MBD 制造模式下，产品工艺数据及检验检测数据的形式与类型发生了很大变化。工艺部门通过三维数字化工艺设计与仿真，依据运用 MBD 的三维产品设计数模建立三维工艺模型，生成零件加工、部件装配动画等多媒体工艺数据。检验部门通过三维数字化检验，依据基于 MBD 的三维产品设计数字模型、三维工艺模型，建立三维检验模型和检验计划，如图 3-2-6 所示。

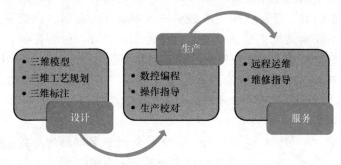

图3-2-6　MBD技术在智能工厂中的应用

3. CAX 软件技术

CAX 是 CAD、CAM、CAE、CAPP、CAS、CAT、CAI 等各项技术的综合叫法。CAX 实际上是把多元化的计算机辅助技术集成起来复合和协调地进行工作，从产品研发、产品设计、产品生产、产品流通等各个环节对产品全生命周期进行管理，实现生产和管理过程的智能化、网络化管理和控制。

通过 CAX 软件，智能工厂将从供应链管理、产品设计、生产管理、企业管理等多个维度，提升物理世界中的智能工厂 / 车间的生产效率，优化生产工程。

4. MES

MES 能通过信息传递对从订单下达到产品完成的整个生产过程进行优化管理。当智能工厂发生实时事件时，MES 能对此及时做出反应并报告，然后用当前的准确数据对它们进行指导和处理。这种对状态变化的迅速响应使 MES 能够减少企业内部没有附加值的活动，有效地指导智能工厂的生产运作过程，从而使其既能提高智能工厂及时交货的能力，改善物料的流通性能，又能提高生产回报率。MES 还通过双向的直接通信在企业内部和整个产品供应链中提供有关产品行为的关键任务信息，这是满足大规模定制的需求、实现柔性排程和调度的关键。以网络化和扁平化的形式对企业的生产计划进行"再计划"，"指示"生产设备"协同"或"同步"动作，对产品生产过程进行及时的响应，使用当前确切的数据对生产过程进行及时调整、更改或干预等处理，形成智能工厂的业务数据，通过工业大数据的分析整合，使其全产业链可视化，达到使能后的企业生产最优化、流程最简化、效率最大化、成本最低化和质量最优化的目的。

5. ERP

ERP 是一种主要面向制造行业进行物质资源、资金资源和信息资源集成一体化管理的企业信息管理系统。ERP 是一个以管理会计为核心，可以提供跨地区、跨部门甚至跨公司整合实时信息的企业管理软件，是针对物资资源管理（物流）、人力资源管理（人流）、财务资源管理（财流）、信息资源管理（信息流）集成一体化的企业管理软件。它以市场和客户需求为导向，以实行企业内外资源优化配置，消除生产经营过程中一切无效的劳动和资源，实现信息流、物流、资金流、价值流和业务流的有机集成和提高客户满意度为目标，是一个以计划与控制为主线，以网络和信息技术为平台，集客户、市场、销售、采购、计划、生产、财务、质量、服务、信息集成和业务流程重组等功能于一体，面向供应链管理的现代企业管理思想和方法。

四、规划设计实施指南

1. 以智能工厂为方向的流程制造

在智能工厂中，工厂的总体设计、工程设计、工艺流程及布局均已建立了较完善的系统模型，并进行了模拟仿真、设计，相关的数据进入企业核心数据库；配置了符合设计要求的数据采集系统和先进控制系统；建立了实时数据库平台，并与过程控制、生产管理系统实现互通集成，工厂生产实现基于工业互联网的信息共享及优化管理；建立 MES，并与企业 ERP 集成，实现生产的模型化分析决策、过程的量化管理、成本和质量的动态跟踪；通过企业 ERP 系统，在供应链管理中实现了原材料和产成品配送的管理与优化。

2. 以数字化车间为方向的离散制造

在数字化车间中，车间工厂总体设计、工艺流程及布局均已建立数字化模型，并进行模拟仿真，实现规划、生产、运营全流程的数字化管理；采用三维 CAD、CAPP、设计和工艺路线仿真、可靠性评价等先进技术；产品信息能够贯穿于设计、制造、质量、物流等环节，实现产品的全生命周期管理；建立生产过程 SCADA 系统，能充分采集生产现场信息，并与车间 MES 实现数据集成和分析；建立 MES，实现全过程闭环管理，并与 ERP 系统集成；建立车间级的工业通信网络，利用云计算、大数据等新一代信息技术，在保障信息安全的前提下，实现经营、管理和决策的智能优化。

五、应用案例

某离散制造企业的智能工厂主要从产品"设计→工艺→工厂规划→生产→交付"这一路径着手，打通了从产品生产到交付使用的核心流程，其架构如图 3-2-7 所示。

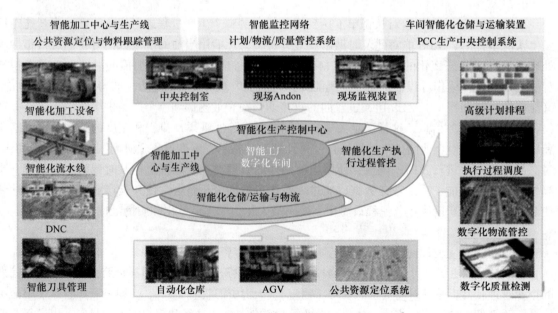

图3-2-7 某离散制造企业的智能工厂架构

与传统的企业体系相比，智能工厂主要包括以下技术：

1）通过全三维环境下的数字化工厂建模平台、工业设计软件以及产品全生命周期管理系统的应用，实现数字化研发与协同。

2）通过多车间协同制造环境下计划与执行一体化、物流配送敏捷化、质量管控协同化，实现混流生产与个性化产品制造，以及人、财、物、信息的集成管理。

3）通过自动化立体库/AGV、自动上下料等智能装备的应用，以及设备的机对机（M2M）智能化改造，实现物与物、人与物之间的互联互通与信息握手。

4）通过基于物联网技术的多源异构数据采集和支持数字化车间全面集成的工业互联网络，驱动部门业务协同与各应用深度集成。

第二节　智能工厂的建造

从工业 2.0、工业 3.0 到工业 4.0 的发展进程来看，工业智能化发展主要是关注提升制造业系统的自动化水平，并进一步完善 MES、高级计划与排程（APS）等信息化系统的建设，从而使得整个生产体系的数字化水平得到极大提升。工业革命的发展进程如图 3-2-8 所示。

图3-2-8　工业革命的发展进程

智能工厂的建造，将使得生产设备、自动化系统、信息化系统中的数据提取成为可能，并对智能工厂中的人、机、料、法、环等生产过程关键要素进行定量刻画、分析，从而实现了整个生产过程的流程优化，使得智能工厂提质增效。这也是智能制造从自动化、信息化走向智能化目标的过程，是经过数字化、网络化实现智能化的现实路径。

智能工厂的建造过程，从整个智能制造体系来看，主要经历了以下三个阶段：

1）M2M（厂内与企业内厂际互联）。工厂内系统、设备与机器间在物联网的基础上互联互通，逐步达到企业内所有工厂间运营、监控和管理决策的完整联系，由此激发主要生产力的提升，并增强运营决策的灵活性。

2）B2B（价值链上所有企业互联）。实现企业全方位供应链的互联互通，包含上游所有各级供应商的相关系统（系统内包含相关设备的物联网信息）以及下游各渠道的系统终端或设备，以此增加生产力，提升效率与灵活性。

3）C2M（消费者与相关工厂间互联）。这一阶段又称为"以软件定义产品与制造"阶段。在此阶段，产品方面的需求、设计、测试和上市，以及制造方面的工厂、制造、物流和服务，都在企业安全的架构体系之下全面地实现云端互联互通，从而产生新的商机、新的业务模式和新的盈利模型。

智能工厂的建造过程，将进一步融合物联网和互联网业务，会带来以下三个特征的新变革：

1. 垂直整合

智能工厂中各机器及生产线的自控系统、MES 以及 ERP 等系统将完全整合，使得信息化系统与自动化系统完全融合，智能工厂与企业的生产制造能力进一步优化。

2. 水平整合

3C 产品智能加工
工厂建设方案概述

智能工厂中企业内部及跨企业边界的各业务系统之间将进一步整合，智能工厂的各种信息将共享、各种业务功能将重新组合，提升价值链的整体竞争力。

3. 端到端价值链的数字化整合

以 API 的方式实现云端相关价值链各企业的制造与业务能力，并能进行快速柔性组合与安全调度执行，使得设计、制造、服务等多方面的生态系统的综合能力得到最大化发挥。

一、建造过程的数据采集

智能工厂要具备智能化（Intelligent）的能力，就需要有足量的工业数据，并通过对这些工业数据的展现、分析和利用，实现现有的生产体系更好地优化。通过对产品生产过程工艺数据和质量数据的关联分析，实现控制与工艺调整优化建议，提升工业产品合格率；通过对零配件仓储库存、订单计划与生产过程的数据分析，实现更优的生产计划排程；通过对生产设备运行及使用数据的采集、分析和优化，实现智能工厂设备远程点检及智能化告警、智能健康检测；通过对耗能数据的监测、比对与分析，找到管理节能漏洞、优化生产计划，实现能源的高效使用等。

这些通过工业大数据驱动产生的创新生产模式，在产品市场需求获取、产品研发、产品生产制造、设备运行、市场服务直至报废回收的产品全生命周期过程中，甚至在产品本身的智能化方面，都将发挥巨大的作用。

工业数据的采集是智能工厂建造过程中的首要任务，搭建优质、合理、高效的工业网络体系是智能工厂建造的重要工作。图 3-2-9 所示为工业网络在智能制造系统框架中的所处位置。

工业网络体系将连接对象延伸到工业全系统、全产业链及全价值链，实现人、物品、机器、车间、企业等全要素互联互通。它主要涵

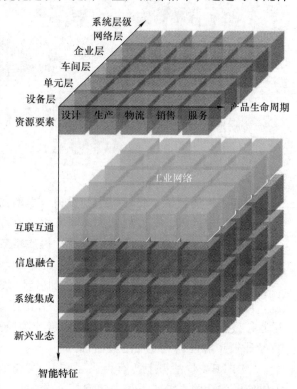

图3-2-9　工业网络在智能制造系统框架中的所处位置

盖网络(整体网络架构规划和现场工业网络规划)、物理系统(装备智能化改造和构建柔性生产线)、数据(信息纵横集成打通、建立虚拟工厂和工业大数据平台)、安全(网络、设备、控制、数据和应用安全)、应用(智能化生产、个性化定制、服务化转型、网络化协调)等方面的内容。

在智能工厂的建造过程中,通过引入工业物联网、工业大数据、人工智能等新兴技术,构建更精准、实时、高效的工业网络平台。同时将大量工业技术原理、行业知识、基础模型规则化、软件化、模块化,封装为可重复使用和灵活调用的微服务,降低应用程序开发门槛和开发成本,提高开发、测试及部署效率,为智能制造的后续建设提供支撑和保障,并最终形成资源富集、多方参与、合作共赢、协同演进的制造业生态。

工业网络平台功能架构如图3-2-10所示。

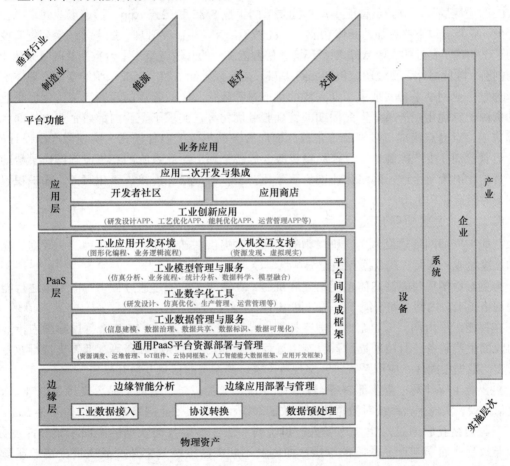

图3-2-10 工业网络平台功能架构

(1)边缘层 通过大范围、深层次的数据采集,以及异构数据的协议转换与边缘数据处理,构建工业网络平台的数据基础。它具有以下三个方面的具体功能:①通过各类通信手段接入不同设备、系统和产品,采集海量数据;②依托协议转换技术实现多源异构数据的归一化和边缘集成;③利用边缘计算设备实现底层数据的汇聚处理,并实现数据向云端平台的集成。

边缘层主要通过现场总线、工业以太网、工业光纤网络等工业通信网络实现对传感器、变送器、采集器等专用采集设备的数据采集,对PLC、远程终端单元(RTU)、嵌入式系统、进程间通信（IPC）等通用控制设备的数据采集，以及对机器人、数控机床、AGV 等专用智能设备/装备的数据采集。

（2）PaaS 层　基于通用 PaaS 叠加大数据处理、工业数据分析、工业微服务等创新功能，构建可扩展的开放式云操作系统。它具有以下四个方面的具体功能：①提供工业数据管理能力，将数据科学与工业机理结合，构建智能工厂工业数据建模和分析系统，实现数据价值挖掘；②把技术、知识、经验等资源固化为可移植、可复用的工业微服务组件库，供智能工厂的开发者调用；③构建应用开发环境，借助微服务组件和工业应用开发工具，帮助智能工厂快速创建定制化的工业 App；④工业网络平台上，通过接口和系统集成方式实现对 SCADA、DCS、MES、ERP 等应用系统的数据采集。

（3）应用层　形成满足智能工厂功能要求的工业 SaaS 和工业 App，形成工业网络平台的最终价值。它具有以下两方面的具体功能：①提供了设计、生产、管理、服务等一系列创新性业务应用；②构建了良好的工业 App 创新环境，使智能工厂的开发者基于平台数据及微服务功能实现应用创新。除此之外，平台还应包括 IaaS 基础设施，以及涵盖整个工业系统的安全管理体系。

通过工业网络平台实现了工业现场的生产过程优化、企业管理的运营决策优化、企业间协同的资源配置优化、产品全生命周期的管理服务优化等，实现了企业内部或企业内外部之间数据库集成、点对点集成、数据总线集成、面向服务的集成等多种模式，实现了产品设计研发、生产运营管理、生产控制执行、产品销售服务等各个环节对应系统的互集成互操作，帮助企业进行智能化决策与生产、网络化协同、服务化转型，形成泛在连接、云化服务、知识积累、应用创新的制造业新生态。

二、建造过程项目管理

智能工厂的网络建设为人、机、物的全面互联提供基础设施，促进各种工业数据的充分流动和无缝集成，从而实现数据互操作与信息集成。

为更好地实现智能制造体系网络互联机制，在智能工厂的建造过程中，需要组建智能工厂的内网络（工厂内网）和智能工厂的外网络（工厂外网）。

在智能工厂内网，工业企业部署支持 OPC UA、MTConnect、MQTT 等国际国内标准化数据协议的生产装备、监控采集设备、专用远程终端单元、数据服务器等，部署支持行业专有信息模型的数据中间件、应用系统等，实现跨厂家、跨系统的信息互通互操作。

在智能工厂外网，企业部署各类云平台系统、监控设备、智能产品等支持 MQTT、XMPP 等通信协议，实现平台系统对数据快速高效的采集和汇聚。工业网络连接框架如图 3-2-11 所示。

工业网络互联通过对生产现场人、机、料、法、环等各类数据的全面采集和深度分析，发现导致生产瓶颈与产品缺陷的深层次原因，不断提高生产效率及产品质量。基于现场数据与企业计划资源、运营管理等数据的综合分析，实现更精准的供应链管理和财务管理，降低企业的运营成本。

帮助企业实现生产方式和商业模式的创新。充分利用产品售后使用环节的数据，提供设备健康管理、产品增值服务等新型业务模式，实现从卖产品到卖服务的转变，进而实现价值提升。基于平台还可以与用户进行更加充分的交互，了解用户的个性化需求，并有效组织生产资源，依靠个性化产品实现更高的利润水平。此外，不同企业还可以基于平台开展信息交互，实现跨企业、跨区域、跨行业的资源和能力集聚，打造更高效的协同设计、协同制造和协同服务体系。

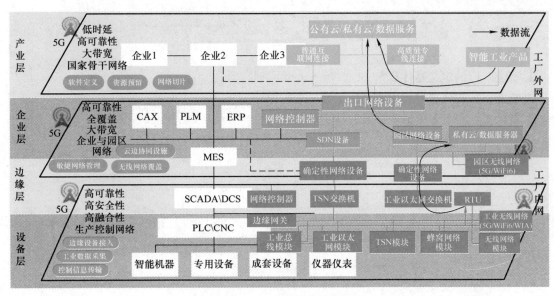

图3-2-11　工业网络连接框架

三、应用案例

　　某企业的工业云平台主要包括五项功能：①设备资源接入、基础服务、应用服务以及对外开放 API；②通过云端 Agent 服务进行设备接入验证以及构建数据传输通道，提供数据采集、数据存储以及数据分析等服务；③提供工业生产要素的建模及分析、工业大数据分析、工艺分析等服务；④提供上层业务系统数据交互服务；⑤通过开放 API，实现外部系统接入以及对外数据支持服务。通过与智能装配方面的相关企业合作，平台已经接入大量生产资源，从单一的金属切削领域扩展到机械加工大部分领域，并辐射到整个制造业。某企业的平台架构如图 3-2-12 所示。

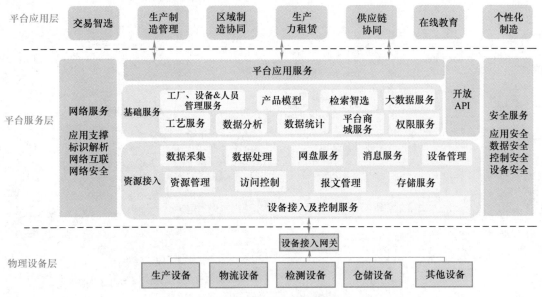

图3-2-12　某企业的平台架构

思考题

1. 智能工厂的定义是什么？
2. 智能工厂的建造过程主要经历了哪三个阶段？
3. 智能工厂将带来哪三个特征的新变革？

第三章
CHAPTER 3
智能服务及其应用

第一节　大规模个性化定制

大规模个性化定制是一种由用户需求驱动，用户可深度参与企业全流程，零距离互联生态资源快速、低成本、高效地提供智能产品、服务和增值体验的智能制造模式。它既能满足用户的高精度需求，又能满足企业的高效率生产，可实现产品全生命周期、用户全使用周期的持续迭代。它是实现大规模生产与个性化定制相融合及产品体验与用户场景体验的价值闭环，同时有效地进行资源组织，带动产业链企业变革升级的智能制造模式。

工业云和智能服务的出现将搭建一个高度集成、开放和共享的数据服务平台，组建一个跨系统、跨平台、跨领域的数据集散、数据存储、数据分析和数据共享中心，工业云服务平台由专业软件库、应用模型库、产品知识库、测试评估库、案例专家库等基础数据和工具的开发集成，并能开放共享；使得生产全要素、全流程、全产业链、全生命周期管理的资源优化配置，并提升生产效率、创新模式业态，构建全新产业生态。这将使得产品、机器、人、业务从封闭走向开放，从独立走向系统，重组了客户、供应商、销售商以及企业内部组织的关系，重构了生产体系中信息流、产品流、资金流的运行模式，重建新的产业价值链和竞争格局。

新建的智能工厂，既包括智能化的生产设施，也包括智能的生产管控，将生产所用的生产设施进行互联互通以及智能化的管理。

构建工业云和智能服务平台，可以向下整合硬件资源、向上承载软件应用；与人体类比，工业云和智能服务平台构成了决策器官，可以像大脑一样接收、存储、分析数据信息，并分析形成决策；实现了跨系统、跨平台的互联、互通和互操作，促成了多源异构数据的集成、交换和共享的闭环自动流动，在全局范围内实现信息全面感知、深度分析、科学决策和精准执行。基于大数据平台，通过丰富开发工具、开放应用接口、共享数据资源、建设开发社区，可加快各类工业 APP 和平台软件的快速发展，实现横向、纵向和端到端的集成，形成了开放、协同、共赢的产业新生态，从而使得智能服务成为可能，为开展大规模个性化定制、运维服务、网络协调制造提供了强有力的基础。

一、通用要求

智能制造体系中的大规模个性化定制，主要是通过采集客户个性化数据、工业企业生产数据、外部环境数据等信息，建立个性化产品模型，将产品方案、物料清单及工艺方案通过 MES 快速传递给智能制造生产现场，进行智能生产线调整和物料准备，快速生产出符合个性化需求的定制化产品。这就需要建立用户对商品需求的分析体系，挖掘用户深层次的需求，并建立科学的商品生产方案分析系统，结合用户需求与产品生产，形成满足消费者预期的各品类生产方案等，实现对市场的预知性判断。

通过已经构建的工业网络平台，实现了生产全流程、全产业链、全生命周期管理数据的可获取、可分析、可执行；通过数据驱动的服务，智能互联产品演变为一个对客户需求数据实时感知的平台；形成了数据驱动的新模式，数字化模型普遍存在于生产体系各个环节，构建了面向设计、生产、运营、服务和管理的产品库、知识库、专家库，出现了个性化定制、极少量生产、服务型制造和云制造等新的生产模式。在此基础上，重构企业生产方式，围绕产品、装备、工具、客户、供应链、第三方应用等要素的数字化、网络化、智能化，逐步构建跨设备、跨生产线、跨车间、跨工厂、跨企业的解决方案。

二、需求交互规范

我国工业企业、信息通信企业及互联网企业积极开展工业网络应用探索和模式创新，形成了智能化生产、个性化定制、网络化协同、服务化转型等诸多新模式、新业态。

应用工业互联网和大数据技术，可以有效地促进产品研发设计的数字化、透明化和智能化。数字化能有效提升效率，透明化可提高管理水平，智能化可降低人的失误。通过对互联网上的用户反馈及评论信息进行收集、分析和挖掘，可挖掘用户深层次的个性化需求。通过建设和完善研发设计知识库，促进数字化图样、标准零部件库等设计数据在企业内部的知识重用和创新协同，提升企业内部研发资源统筹管理和产业链协同设计的能力。通过采集客户个性化需求数据、工业企业生产数据、外部环境数据等信息，建立个性化产品模型，将产品方案、物料清单、工艺方案通过 MES 快速传递给生产现场，进行设备调整、原材料准备，实现单件小批量的柔性化生产。

三、模块化设计规范

大规模个性化定制通过工业大数据技术及解决方案，实现制造全流程数据的集成贯通，并基于用户的动态需求，指导需求准确地转化为订单，满足用户的动态需求，最终形成基于数据驱动的工业大规模个性化定制新模式。

在大规模个性化定制模式下，企业会提供一个工业网络平台作为与用户沟通交流的门户，在该平台上，消费者可以描述其个性化需求，进行个性化设计并下单，在收到产品后可提出意见与反馈，企业据此完善该用户的个性化数据，并进一步优化针对该用户的个性化设计。在大规模个性化定制生产中，数据起到了关键作用。需要采集客户个性化需求数据、工业企业生产数据、外部环境数据等信息，从而建立个性化产品模型，将产品方案、物料清单、工艺方案通过 MES 快速传递给生产现场，进行生产线调整和物料准备，快速生产出符合个性化需求的定制化产品。用户的个性化需求订单生成后，依据基于工业大数据构建的需求转化机制，可对制造过程中的变动做出快速整合和调整，柔性、动态地满足用户的个性化需求。如图 3-3-1 所示。

改造						
产业链	设计者 (价值链创建互动产业链)		生产者 (价值链创建互动产业链)		使用者	
产业要素	装备		人		环境	载体
硬件+软件"一软一硬"	感知和控制硬件 / 工业软件		工业软件		感知硬件+工业软件	
	设计工具 生产工具 使用工具		设计活动 生产活动 使用活动		内外环境	
工业互联网"一网"	软件定义	工业互联网		异构集成		
数据层"工业云"	装备设计数据 装备生产数据 装备运行数据		设计活动数据 生产活动数据 使用活动数据		环境数据	数据(不创造价值)
	私有云	工业云 工业大数据处理		公有云		
映射层	设计个体空间 生产个体空间 运行个体空间		设计活动空间 生产活动空间 使用活动空间		环境空间	信息(物理关联)
	智能组网 集群协同 群体空间		活动协同 活动空间		环境协同 环境空间	
认知层	行为认知 数据驱动 机器学习 知识发现	启发认知 机理模型 数据增强 知识交互		群体认知 群体行为 群体启发 知识融和		知识(内在关联)
	推演空间		预测空间			
服务层"数据服务平台"	状态感知 自主学习 持续演进 智能决策					价值(数据创造价值)
	智能装备 CPS智能胶囊 自主成长 模型移植 智能装备 装备的协同优化	视情设计 视情生产 敏捷设计 柔性制造 智能制造 人+装备的协同优化		视情使用 视情管理 安全能效 高效健康 智能管理 人+环境的协同优化		迭代
反馈						
价值链	设计者 满足用户需求设计 → 创造用户价值设计					
	生产者 交付产品 → 交付能力			设计者 生产者 使用者		
	使用者 单一盈利 → 共同盈利					

图3-3-1　大规模个性化定制的解决思路

通过将工业大数据与大规模个性化定制模式结合，形成支持工业产品开发个性化、设备管理个性化、企业管理个性化、人员管理个性化及垂直行业个性化等一系列满足用户个性化需求的工业价值创造新模式，为工业企业显著降低成本，形成价值创造的新动能。

四、应用案例

海尔集团基于家电制造业的多年实践经验，推出工业互联网平台COSMOPlat，形成以用户为中心的大规模定制化生产模式，实现了需求实时响应、全程实时可视和资源无缝对接。

COSMOPlat共分为四层：①资源层，开放聚合全球资源，实现各类资源的分布式调度和最优匹配；②平台层，支持工业应用的快速开发、部署、运行和集成，实现工业技术软件化；③应用层，为企业提供具体的互联工厂应用服务，形成全流程的应用解决方案；④模式层，依托互联工厂应用服务，实现模式创新和资源共享。目前，COSMOPlat已打通交互定制、开放研发、数字营销、模块采购、智能生产、智慧物流、智慧服务等业务环节，通过智能化系统使用户持续、深度地参与到产品设计研发、生产制造、物流配送、迭代升级等环节，满足用户个性化定制需求。海尔COSMOPlat平台架构如图3-3-2所示。

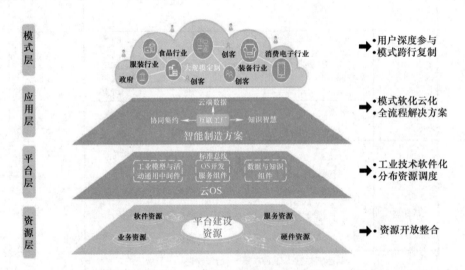

图3-3-2　海尔COSMOPlat平台架构

海尔的COSMOPlat大规模个性化定制模式是基于自主知识产权的云平台，是一种由用户的需求驱动，并深度参与企业全流程，零距离互联生态资源，快速、低成本、高效地提供智能产品、服务和增值体验的智能制造模式。它既能满足用户的高精度需求，又能满足企业的高效率要求，是工业大规模个性化定制模式的实践。COSMOPlat大规模个性化定制模式代表着广义的智能制造，是通过社群交互将用户碎片化、个性化的需求整合成需求方案，同时设计师与用户实时交互并通过虚拟仿真不断修正形成符合用户需求的产品。它使用户参与智能制造全过程（质量信息可视、过程透明）并驱动各相关方进行升级，实现企业、用户、产品的实时连接，通过场景定制体验创造用户价值，使得用户需求不断迭代，实现智慧生活的生态，同时将用户变为企业的终身用户。

智能制造通过COSMOPlat的端到端的信息化融合，实现IT和OT的融合，将大规模和个性化融合，通过大规模的高效率、低成本实现了定制的高精度、高品质。通过COSMOPlat——IM模块，实现用户订单直达工厂、设备及生产管理人员，使用户深度参与制造过程，实现用户与工厂的零距离。智能制造的全过程可通过互联网进行线上交互，全过程的质量数据透明，同时基于现场 RFID、传感器等，实现了用户订单的实时可视，让用户随时随地可知产品的状态。COSMOPlat 大规模个性化定制模式如图 3-3-3 所示。

图3-3-3　COSMOPlat大规模个性化定制模式

海尔 COSMOPlat 互联工厂要解决大规模和个性化定制的矛盾，形成大规模和个性化定制的融合。其衡量标准就是"生产的每台产品都是有主的"，不需要原来传统的营销，也可以说，衡量它的标准就是不入库率。从社群交互到新品首发，再到个性化需求、大规模集成，体现的是高精度，是怎么能与用户互联。通过模块化、数字化，高精度加高效率，来解决大规模和个性化定制的矛盾，既要满足用户的体验，还要使企业实现高增长、高份额、高盈利。

海尔互联工厂模式为制造业从大规模制造向大规模定制转型提供了借鉴和示范作用。将以企业为中心的传统经济模式转换成以用户为中心的互联网经济模式，高效率、高精度地满足用户的最佳体验。海尔基于自身大规模定制成功经验，在 COSMOPlat 上打造交互定制、精准营销、模块采购、智能生产、智慧服务等解决方案套件，快速赋能其他行业用户。COSMOPlat 大规模个性化定制的应用效果如图 3-3-4 所示。

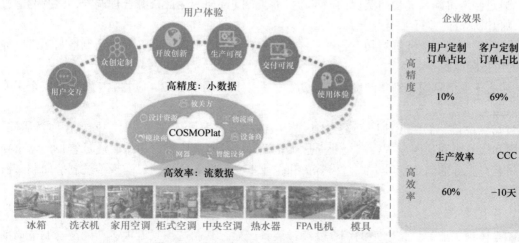

图3-3-4　COSMOPlat大规模个性化定制的应用效果

第二节 网络协同制造

企业在数字化转型的过程中需要构建泛在感知、智能决策、敏捷响应、全局协同及动态优化五类工业互联网核心能力，如图3-3-5所示。

基于泛在感知、全面连接与深度集成，在企业内实现研发、生产、管理等不同业务的协同，探索企业的最优运行效率；在企业外实现各类生产资源和社会资源的协同，探索产业的最优配置效率，最终建立全局协同的能力。

图3-3-5 工业互联网的核心能力架构

一、定义及意义

网络协同制造是指基于先进的网络技术、制造技术及其他相关技术，在统一的设计平台和制造资源信息平台上，集成设计工具库、模型库、知识库及制造企业生产能力信息，使不同地域的企业或分支机构可以通过工业互联网网络访问设计平台获取相同的设计数据，也可获得同类制造企业的闲置生产能力，实现多站点协同、多任务并行、多企业合作的异地协同设计与制造要求的制造模式。网络协同制造可以最大限度缩短新品上市的时间和生产周期，快速响应客户需求，提高设计和生产的柔性。

网络协同云平台的主要作用及意义如下：

1）实现网络化制造资源协同，具有完善的体系架构和相应的运行规则。

2）通过网络协同云平台，展示社会／企业／部门制造资源，实现制造资源和需求的有效对接。

3）通过网络协同云平台，实现面向需求的企业间／部门间创新资源、设计能力的共享、互补和对接。

4）通过网络协同云平台，实现面向订单的企业间／部门间生产资源合理调配，以及制造过程各环节和供应链的并行组织生产。

5）建有围绕全生产链协同共享的产品溯源体系，提供企业间涵盖产品生产制造与运维服务等环节的信息溯源服务。

6）建有工业信息安全管理制度和技术防护体系，具备网络防护、应急响应等信息安全保障能力。

通过持续改进，网络化协同制造对企业价值链的升级主要体现在设计协同、供应链协同、生产协同和服务协同这四个方面。企业通过优化设计、及时响应客户需求、满足客户的需求变更及提高客户服务的满意度等方式，为客户和企业本身创造新的价值，实现传统制造向制造服务转型。

二、应用案例

船舶是体现工业和科技水平的综合性高端装备产品，其制造主尺度大，产业链与制造周期长，涉及资源种类繁多。当前我国船舶制造行业发展迅速，量大面广，但仍然存在人工成本大、协同效率低、融资交付困难等痛点问题，急需通过工业互联网的应用改变传统生产制造模式与组织方式，带动形成新应用和新能力的形成。船企通过应用工业互联网打造船舶行业产业链协同优化等典型场景，实现了船东、船级社、设计院、船厂、配套厂等产业链主体在生产计划、制造进度、资源能力、物流配套及质量控制等方面的实时共享与协作，助力面向跨地域、跨企业的研发设计与生产制造并行实施。船舶产业链协同场景业务视图如图3-3-6所示。

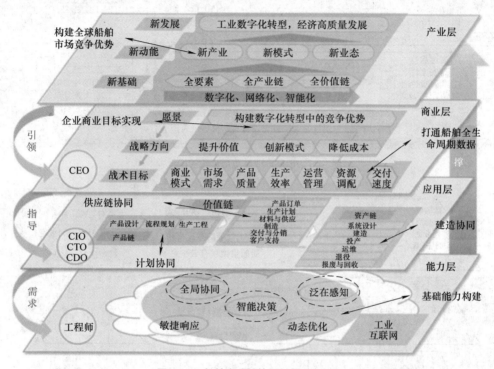

图3-3-6　船舶产业链协同场景业务视图

（1）船舶产业链协同优化实施框架　船舶产业链协同优化场景的实施以传统船舶制造体系的层级划分为基础，按"设备、边缘、企业、产业"四个层级展开，以平台实施为核心，指导船舶企业实现产业链协同优化应用部署，如图3-3-7所示。

（2）实施要素与关键技术　船舶产业链协同优化场景的工业互联网平台将进行分层次部署实施，包括产业协同优化平台、企业工业互联网（私有云）平台和边缘系统三部分。该平台体系以"产品模型＋数据"为核心，实现产业层的产业链资源组织、企业层的企业管理、边缘层和设备层的复杂设备接入。同时，将船舶制造业整个产业链的各个环节封装成独立的服务节点，然后通过船舶产业协同优化平台按需进行优化组合，形成虚拟企业或虚拟生产线、虚拟供应链，开展设计协同、生产制造协同和供应链协同应用。

产业链协同优化的实现需要基于设计协同、供应链协同、生产制造协同等基础，相关平台的关键实施要素包括：产业协同优化平台部署在产业层，在不同船厂、主机厂、供应商和科研院所间实现共享协同，成为"平台的平台"。其主要系统包括PaaS层船舶工业数据建模、基于模型的数据交换，以及资源对接、制造协同等产业层的组织协同应用。

船舶产业链协同优化场景平台实施框架如图3-3-8所示。

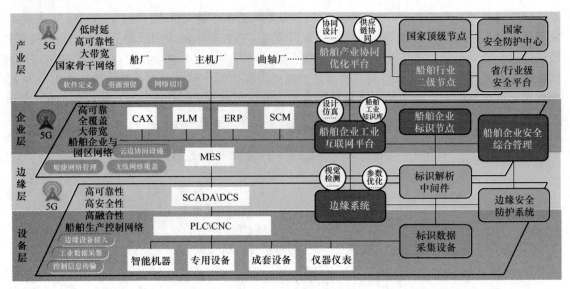

图3-3-7 船舶产业链协同优化实施框架

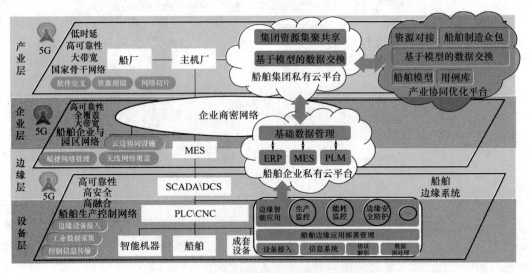

图3-3-8 船舶产业链协同优化场景平台实施框架

　　船舶集团私有云平台部署在产业层，基于企业在产业链条中的位置开展业务管理、风险控制等应用，提高企业相关链条的运营效率。其主要系统包括供应商管理、采购管理、物流管理、仓储管理、综合展示平台及供应链金融等相关模块，集成打造产业链管理能力。

　　船舶企业私有云平台部署在企业层，围绕企业内特定场景开展数据智能分析应用，驱动企业智能化发展。其主要功能包括：工业 PaaS 建设和工业 APP 应用开发；运营数据、市场数据、生产信息等有效信息的收集和共享；生产计划、生产设备状态、物料需求状态、产品物流状态，产品建造进度等数据的集成与管控，并打造解决方案。

　　船舶边缘系统部署在边缘层和设备层，实现对生产现场的实时优化和反馈控制应用需求。其主要系统包括边缘智能分析和边缘 - 云端协同等部分，前者通过智能手段加强数据分析应用效果，后者通过平台端同步更新模型算法，进一步提升优化能力。

（3）应用成效　基于产业链协同优化应用，船舶企业已初步取得三方面的成效：①实现精准纳期，通过产业协同优化平台以及标识编码体系，在船舶供应链进行上下游协同，提升产业链整体效率，使造船行业物资管理业务覆盖率达到90%、生产物资纳期准时率提高15%；②优化采购方式，通过协同平台以及工业电商平台建设，开展招标投标、询比价和超市化的采购模式，实现供应商的征信匹配及优质资材的精准定位推荐，为集团降低约4%的采购成本，直接提升企业的资金流动率；③实现库存优化，通过与上游供应商开展采购、生产、检测、配送等环节的有序协同，依托"船海智云"产业链协同平台向船厂实时反馈生产—备货—出库—物流全流程的跟踪信息，有效降低库存资金占用率约5%，间接提升生产效率约3%。

思 考 题

1. 大规模个性化定制的定义是什么？
2. 网络协同制造的定义是什么？
3. 网络协同云平台的意义是什么？

第四章
CHAPTER 4
赋能技术及其应用

第一节　工业大数据

工业大数据是智能制造的核心，伴随着智能制造的发展，制造企业产生了海量的数据，包括设计数据、传感数据、自动控制系统数据、生产数据及供应链数据等。智能制造企业形成了数据驱动、快速迭代、持续优化的工业智能系统。面向智能制造企业陆续形成的工业大数据平台正在为工业大数据在制造业的深入应用提供新技术、新业态和新模式。工业大数据已经成为工业企业的生产力、竞争力和创新能力提升的关键，它主要应用在智能化设计、智能化生产、网络化协同制造、智能化服务和个性化定制等方面。

一、工业大数据平台

工业大数据是指在智能制造领域中，围绕典型智能制造模式，从客户需求到销售、订单、计划、研发、设计、工艺、制造、采购、供应、库存、发货和交付、售后服务、运维、报废或回收再制造等整个产品全生命周期各个环节所产生的各类数据及相关技术和应用的总称。

工业大数据主要涵盖：①企业运营管理相关的业务数据，包括 ERP、PLM、SCM、CRM 和能量管理系统（EMS）等的数据，此类数据是工业企业传统意义上的数据资产；②制造过程数据，主要是指工业生产过程中，装备、物料及产品加工过程的工况状态参数和环境参数等生产情况数据，通过 MES 实时传递，目前在智能装备大量应用的情况下，此类数据量增长最快；③企业外部数据，主要包括工业企业产品售出之后的使用及运营情况数据，同时还包括大量客户名单、供应商名单、外部互联网访问信息等数据。

工业大数据平台是工业大数据技术具体应用的重要途径，是推进工业大数据技术深度应用、提升工业大数据在智能制造体系中的整体发展水平的重要基础。工业大数据平台是整个智能制造企业工业大数据应用的核心，它主要通过提供数据采集接口，对智能制造企业经营管理的业务数据、机器设备互联数据以及销售运维等外部数据进行采集、清洗，并基于工业大数据处理、分析、建模等关键技术，根据智能制造企业具体应用场景及需求，结合专业的工业领域知识和算法，实现顶层应用支撑，产生应用价值。它也是实现智能制造产业链数据互联的重要枢纽，通过构建安全、可信的数据交换机制，打通不同智能制造企业的工业大数据平台，实现数据在商业生态系统中的安全交换和连接，对接智能制造和智能服务，实现全产业链条的协同制造。工业大数据平台模式如图3-4-1所示。

（1）数据采集与交换 主要从传感器、SCADA、MES、ERP 等内部系统，以及企业外部数据源获取数据，并实现在不同系统之间数据的交互。

（2）数据预处理与存储 主要将物理系统实体抽象和虚拟化，建立产品、生产线、供应链等各种数据库，将清洗转换后的数据与虚拟制造中的产品、设备、生产线等实体相互关联起来。

（3）工业数据分析 主要是在虚拟化的实体之上构建仿真测试、流程分析、运营分析等分析模型，用于在原始数据中提取特定的模式和知识，为各类决策的产生提供支持。

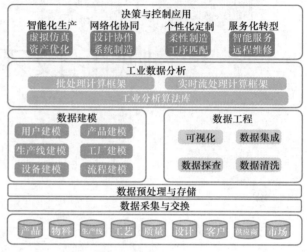

图3-4-1 工业大数据平台模式

（4）决策与控制应用 基于工业数据分析结果，生成描述、诊断、预测、决策、控制等不同应用，形成优化决策建议或产生直接控制指令，从而对智能制造系统施加影响，实现个性化定制、智能化生产、网络化协同和服务化转型等创新模式，最终实现从数据采集到设备、生产现场及企业运营管理优化的闭环控制。

二、数据处理

工业大数据处理是对采集到的数据进行数据解析、格式转换、元数据提取及初步清洗等预处理工作，再按照不同的数据类型与数据使用特点选择分布式文件系统、NoSQL 数据库、关系数据库、对象存储系统、时序数据库等不同的数据管理引擎实现数据的分区选择、落地存储、编目与索引等操作。通过对大量杂乱无章、难以理解的数据进行分析和加工，形成有价值、有意义的数据。

数据处理主要涉及数据的抽取、转换、装载（ETL）技术、数据存储管理技术、数据查询与计算技术，以及相应的数据安全管理和数据质量管理等支撑技术，以及基于开源的 Hadoop 等技术，这些数据处理技术将成为未来的发展趋势。

三、数据管理

数据管理主要有以下三个方面的价值：①消除数据冗余，打通各业务链条，统一数据语言，统一数据标准，实现数据共享，最大化消除了数据冗余；②提升数据处理效率，通过数据管理可以实现数据动态自动整理、复制，减少人工整理数据的时间和工作量；③提高公司战略协同力，通过数据的一次录入、多次引用，实现信息集成与共享，提高公司整体的战略协同力。

数据管理工具主要包括主数据建模、主数据整合、主数据管理、主数据服务、基础管理以及标准管理等功能模块，如图3-4-2所示。

（1）主数据建模 通过可视化建模工具，定义数据对象、编码规则、属性值和控制流程等基础要素，构建数据标准模型。

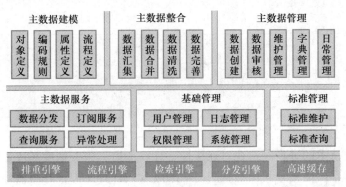

图3-4-2 数据管理工具架构

（2）主数据整合 利用数据清洗工具及扩展功能将各系统生成的数据进行汇集，依据数据标准和数据模型定义的规则进行校验、清洗、发布，实现对数据的全生命周期管理，整合出统一的、可信任的数据。

（3）主数据管理 通过严格的管理流程，实现数据创建、审批、发布、修改、冻结和失效等全生命周期管理以及数据字典的管理维护，确保数据的一致性、准确性、实时性和权威性。

（4）主数据服务 数据平台发布的基准数据集中存储于数据基准库，提供在线查询和订阅功能，并通过流程驱动和消息驱动的标准接口提供数据共享服务。

（5）基础管理 主要实现对系统中的基础数据进行设置，配置灵活、安全可靠的权限管理及日志管理，包括用户、用户组、角色、资源、流程配置等，为数据的应用评价提供有力支撑。

（6）标准管理 利用外部公共文档管理系统或内置管理功能，实现标准文件和相关资料的存储管理、版本管理和标准目录管理，配置智能化搜索引擎，实现智能、快捷、精确高效的查询检索功能。

四、应用案例

某公司的大数据平台是面向产品研发、生产制造、供应链、财务管理、营销管理、质量管理和战略管理的全方位的工业大数据平台，结合公司的实际业务需要，在各业务领域中识别了七个领域亟须建立且能快速产生价值的应用场景，如图 3-4-3 所示。

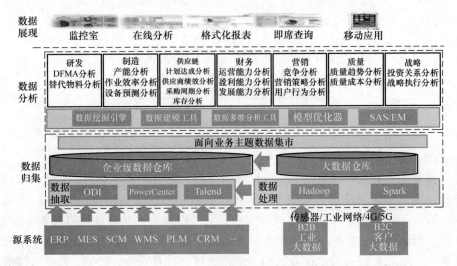

图3-4-3 某公司的大数据平台

第二节　边缘计算

随着智能制造技术的进步制造业对连接性、计算能力、服务速度和质量等方面提出新的需求和期望。边缘计算正是充分利用物联网终端的嵌入式计算能力，并与云计算结合，通过云端的交互协作实现系统整体的智能化。边缘计算成功解决了工业生产过程中因高频数据采集而对网络传输、平台存储与计算处理等方面带来的性能下降和成本上升的问题，在边缘层进行数据预处理，剔除冗余数据，减轻平台负载压力，充分利用边缘缓存保留工业现场全量数据，并通过缓存设备将处理过的数据直接导入数据中心，降低网络使用成本。

以云计算为代表的集中式计算和以边缘计算为代表的分布式计算分别适用于不同的工业场景，工业现场设备和机器会在网络边缘产生可观的上行数据，而处于整个网络靠近工业现场的边缘网络设备，具备开放的数据处理能力及灵活的业务承载转发能力。

图3-4-4显示了智能制造中的边缘计算所处的位置，它是现场设备接入网络的第一个节点。边缘计算的载体设备可以是工业现场的工业控制器、传感器、边缘计算网关、边缘云和智能生产装备等各类设备。边缘计算构建了丰富多样的工业现场网络连接能力，能够提供强大的通信、计算和存储能力，在保障工业现场各异的物理接入的同时，可以实现灵活的协议转换和互通，使能低时延网络连接，更好地支撑本地业务的智能化处理与执行，支持业务的低时延转发，保证工业现场网络时延指标满足业务要求。

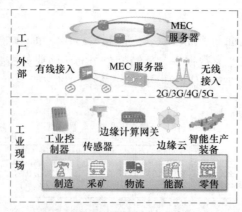

图3-4-4　边缘计算在智能制造中的位置

一、架构与技术要求

边缘计算是指在靠近物或数据源头的网络边缘侧，融合网络、计算、存储、应用核心能力的开放平台，它就近提供边缘智能服务，满足行业数字化在敏捷连接、实时业务、数据优化、应用智能、安全与隐私保护等方面的关键需求。它可以作为连接物理世界和数字世界的桥梁，使智能资产、智能网关、智能系统和智能服务边缘计算中的数据不用再传到遥远的云端，在边缘侧就能解决，更适合实时的数据分析和智能化处理，具有安全、快捷、易于管理等优势，能更好地支撑本地业务的实时智能化处理与执行，满足网络的实时需求，从而使计算资源得到更加有效的利用。边缘计算的架构如图 3-4-5 所示。

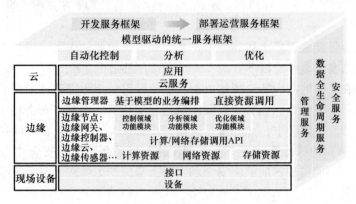

图3-4-5　边缘计算的架构

二、计算平台及单元

边缘计算平台主要由边缘控制器、边缘计算网关、边缘云和智能服务四个部分构成，如图 3-4-6 所示。

图3-4-6　边缘计算平台

（1）边缘控制器　这一部分融合了网络、计算、存储等信息通信技术（ICT），并具有自主化和协作化能力。在工业网络边缘侧连接各种现场设备，进行工业协议的转换和适配，将设备统一接入到边缘计算网络中，并将设备能力以服务的形式进行封装，实现物理上和逻辑上生产设备之间的通信连接。采用分布式异构计算平台，实现在同一硬件平台上运行实时与非实时的任务或操作系统，并满足系统多样化与可移植性的需求，提高整体平台体系的安全性、可靠性、灵活性以及资源的利用效率。

（2）边缘计算网关　这一部分通过网络连接、协议转换等功能连接物理世界和数字世界，提供轻量化的连接管理、实时数据分析及应用管理功能，具备边缘计算、过程控制、运动控制、机器视觉、现场数据采集和工业协议解析能力。它能够适应工业现场复杂恶劣的环境，满足国内主流控制器、工业机器人、智能传感器等工业设备接入和数据解析的需求，支持边缘端数据运算及通过互联网推送数据到工业网络平台。

（3）边缘云　这一部分基于多个分布式智能网关或服务器的协同构成智能系统，提供弹性扩展的网络、计算和存储能力，满足可靠性、实时性、安全性等需求，实现 IT 技术与 OT 技术的深度融合。可以将云端基于机器学习而离线训练好的模型部署到边缘云，并通过定期更新模型算法来同步边缘智能，使得发生紧急类故障时能够在本地及时报警，进而对一些相关参数指标进行实时修正。也可以根据模型中输出与特征之间的权重关系，优化终端上传数据的过滤规则，以此减少流量成本和云端存储成本。

（4）智能服务　这一部分基于模型驱动的统一服务框架，面向系统运维人员、业务决策者、系统集成商及应用开发人员等多种角色，提供开发服务框架并部署运营服务框架。

三、安全

边缘计算的安全性能将对整个智能制造体系起到至关重要的作用，因此在进行边缘计算架构的安全设计时，需要着重考虑以下方面：安全功能能够适配边缘计算的特定架构；能够灵活部署与扩展；能够在一定时间内持续抵抗攻击；能够容忍一定程度和范围内的功能失效，但基础功能始终保持运行；整个系统能够从失败中快速完全恢复；能够将安全功能轻量化，部署到各类硬件资源受限的 IoT 设备中；允许海量异构的设备接入，并能重新设计安全模型；能够在关键的节点设备（例如边缘计算网关）上实现网络与域的隔离，对安全攻击和风险范围进行控制，避免攻击由点到面扩展；能够将安全和实时态势感知无缝嵌入整个边缘计算架构中，实现持续的检测与响应。

边缘计算的安全设计需要覆盖边缘计算架构的各个层级，不同层级需要不同的安全特性。边缘计算安全设计架构如图 3-4-7 所示。

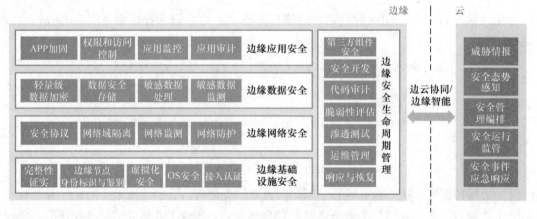

图3-4-7　边缘计算安全设计架构

四、应用案例

本章案例主要介绍边缘计算在家具生产领域的实践。

1. 面临的问题和挑战

随着国内居民生活水平的提高，定制家具的市场需求不断发生变化，已经从传统的消费者选择发展到现在的消费者参与设计、企业定制生产的消费方式，定制化趋势正在重塑整个行业的营销和生产模式。在工厂端的实际生产制造上，定制家具的生产物料种类多且变化快，工序独立且工艺项多，整个生产过程没有数字化赋能导致各环节孤立，造成生产效率低、订单差错率高，且工艺品控和订单流转对于工人的经验值及工厂的人员管理水平依赖性强。具体来说，家具生产主要面临以下几个方面挑战：

（1）物料管理　木板原材料、五金配件和成品仓的管理都是基于人工手动输入的方式同步到 ERP 系统中，出错概率高，需要不定期进行物料盘点。

（2）生产前端链路　目前在门店和设计端直接将订单的设计文件上传到用于拼单、审单和拆单优化的生产管理软件，就可以生成设备需要的生产文件，但工厂内部整个生产过程未实现数字化。

（3）生产链路 开料、封边、打孔、质检和包装等各环节完全独立运作，各节点由于缺少数字化过程，无法实现工序调度、订单实时跟踪和排产优化。

以橱柜的生产为例，原材料和五金配件种类繁多，各模块的生产工序也相对独立，导致数据信息碎片化严重，各生产功能环节呈现孤岛状态。

2. 边缘计算的运用

通过边缘计算的运用，能根据生产工厂的实际情况，把 MES 中对于实时性没有要求的中心化能力部署在云端，去掉在工厂端独立部署的边缘服务器，同时把 MES 中对于实时性及可靠性要求高的功能，通过多台端侧设备形成的分布式边缘网络系统来实现。在边缘网络中的多台端侧设备进行广播式的通信交互，系统默认开料环节使用的工控机作为中心节点，主要考虑开料是板材生产的第一环节且大部分生产工艺集中在开料环节，而 IPC 设备作为中心节点具有过程管理和调度优势。如果工厂无开料端 IPC 设备或者默认开料环节的 IPC 出现异常，则系统会依据预设的算法推选临时中心化节点承担数据路由和任务调度功能。

定制家具生产系统解决方案架构如图 3-4-8 所示。

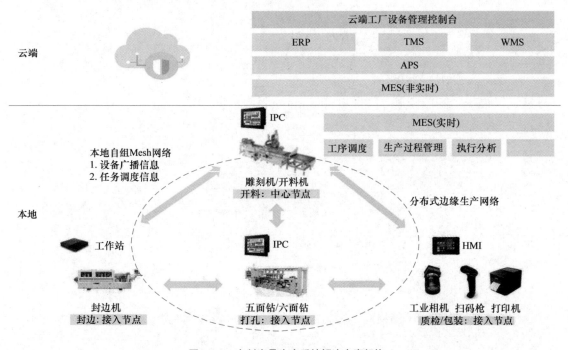

图3-4-8 定制家具生产系统解决方案架构

3. 实践效果

在定制家具工厂端提出"工作站"的概念，工作站作为功能执行单元，以人、机、料、法、环为组成元素，构建基于生产要素的物理模型，完成每个功能单元的数字化建模，解决工厂数据碎片化采集和生产环节孤岛问题，保证工厂的数据采集和完整生产链路的打通。同时，考虑定制家具行业的实际环境，将中心化边缘服务器进行拆解，把 MES 中非实时部分放入云端设备中，MES 中实时性要求高的功能项拆解到本地端系列设备组中，利用中心节点工作站和各子接入节点工作站的运算、存储及传输能力，完成边缘 MES 中有实时性要求的功能和服务，去掉了高成本、难维护的中心化边缘服务器，让整个边缘网络在保证系统能力完整的前提下，降低了部署、使用和维护的成本。

通过本地设备端形成的自组织、去中心化的边缘网络系统，中心节点工作站负责动态生产和实时监测，同时将重要数据和生产信息同步到各子接入节点工作站，加上利用中心化进行二次中心节点的异常处理机制，保证了整个生产链路和生产网络的稳定性。

思 考 题

1. 工业大数据主要涵盖哪些方面的内容？
2. 边缘计算的定义是什么？
3. 边缘计算平台主要由哪几部分构成？

第四篇

智能制造技术的项目化应用

第一章
CHAPTER 1

精密加工智能工厂项目

第一节　智能工厂的应用概况

一、项目背景

苏州胜利精密制造科技股份有限公司通过智能制造系统的应用，提升了公司的信息化、智能化和协同创新水平，实现了基于动态调度的实时制造数据集成、制造过程可视化等功能。公司主要通过建设适合便携式电子产品结构模组金属加工制造的智能化制造系统，优化生产工艺、改善生产效率、提高产品质量、降低制造成本。

目前，中国已成为便携式电子产品的主要生产国。随着消费者对便携式电子产品外观的小巧精美等方面的要求，苹果、联想、华为等高端品牌厂商越来越多地采用金属结构件，便携式电子产品金属结构件精密加工发展迅速。公司为联想、戴尔、三星等国际知名品牌提供核心结构组件，如笔记本计算机外壳等，年产量超过 1000 万套，目前是国内最大的 3C 产品（计算机、通信和消费类电子产品）结构模组供应商之一。3C 产品具有轻、薄、小、巧、美的特点，其外观加工精度高、曲面多及定制化等要求，对加工工艺及加工设备提出了数字化、智能化、仿真化的要求。为了应对未来产品升级快、品种多、品质高、交付周期短的市场特点，公司需要进一步完善智能装备的柔性、稳定性，提高加工效率，控制产品成本等。因此，就需要通过建设智能制造工厂来满足 3C 产品智能加工的需要，通过项目成果带动我国金属加工行业智能制造水平的总体提升。

二、智能工厂方案

智能工厂分为上下两层，由总共 179 台高速高精钻攻中心、10 台高光机、97 个六关节机器人组成了 19 条机械加工生产线，每条生产线配备独立的工件清洗机和高精度激光在线检测机。其中一楼 8 条，二楼 11 条，另外还有 1 条由 5 台打磨机器人组成的自动打磨线。现场配备一座总容量为 3600 个库位的数字化立体仓库，分上下两层部署，利用 7 台 AGV 为 19 条机械加工生产线配送物料、回收工件。另外还在二楼配置有一座智能刀具库，通过车间物联网管理整个车间的刀具。智能工厂整体规划布局如图 4-1-1 所示，智能工厂现场如图 4-1-2 所示，智能制造生产线如图 4-1-3 所示。

智能工厂之数控
机床概述

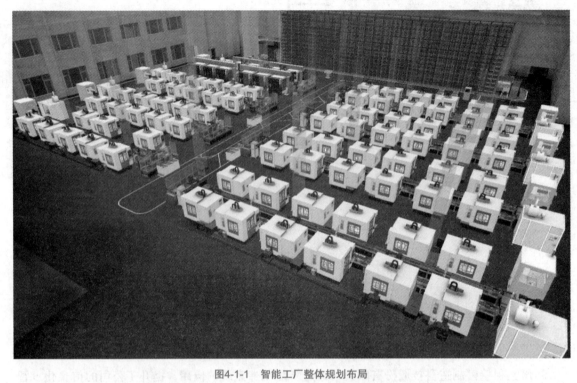

图4-1-1 智能工厂整体规划布局

图4-1-2 智能工厂现场

图4-1-3 智能制造生产线

三、智能工厂纵向集成结构

智能工厂按纵向集成的技术需求分为四个层次，最底层是由高档数控机床、机器人以及自动化物流设备构成的智能设备层；在设备层之上，各类传感器、数据采集装置构成了用于多源异构数据采集的智能传感层；在传感层之上，MES、CAPP、APS等智能软件构成了智能执行层；最后，由决策分析平台、云平台等构成了智能决策层。

通过对信息功能清晰的层次划分及各层次之间的有机整合，形成了拓扑结构合理、兼容性强的智能制造解决方案。智能工厂纵向集成结构如图4-1-4所示。

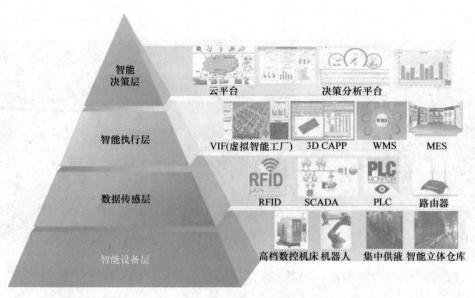

图4-1-4　智能工厂纵向集成结构

第二节　智能工厂的应用特点

一、基于国产的智能制造装备和应用软件

智能工厂之工业
机器人概述

智能工厂采用完全自主知识产权的国产装备、国产数控系统和国产工业软件等，充分体现了我国智能制造的装备能力。

1.智能制造车间核心设备全部采用国产智能装备

（1）高速钻攻中心　由加能精机提供，国产化率100%。主轴最高转速达20 000/40 000r/min，定位精度达0.01mm，重复定位精度达0.006mm/0.003mm。

（2）高精度检测机　由项目单位苏州富强科技与凡目视觉联合自主研发的在线检测装备，借助于激光扫描照相机，采用2D/3D视觉检测技术，在生产线上自动完成工件的量测，避免了人工操作，确保量测的精确性和可重复性，测量精度达到3μm，实现快速高精在线测量。

（3）华数机器人　由苏州华数提供的六轴工业机器人，有效载荷为12/20kg，重复定位精度达 ±0.08mm。

2.国产智能装备全部采用国产数控系统

（1）高速钻攻中心　采用具有自主知识产权的华中8型全数字开放式高档数控系统。

（2）工业机器人　采用具有自主知识产权的华数Ⅱ型机器人控制系统。

3.智能工厂全部采用国产工业软件

（1）3D CAPP　由开目信息开发提供，快速生成工件的机械加工工艺。

（2）PLM　由开目信息开发提供，支持海量数据处理。

（3）制造执行系统（MES）　由艾普工华提供，包括制造数据管理、生产过程控制、底层数据集成分析、上层数据集成分解等管理模块，支持移动端展示。

（4）VIF 建模仿真软件　由创景可视提供，基于完全自主研发的虚拟仿真平台。

二、体现智能制造能力和水平

智能工厂项目形成高度柔性化的自动生产线系统，在国产工业软件和云数控大数据平台的支持下，实现了便携式电子产品结构模组在批量定制环境下的高质量、规模化、柔性化的智能生产。

1. 加工过程基于智能管理，实现生产平台自我组织

传统的生产作业方式在产品取放料、吹屑、检验、清洗、更换刀具、线下检测、生产数据收集等环节均为人工作业，较大地制约了运行过程中的品质改善、生产效率提升和成本降低。

工厂建立了由立体仓库、AGV、标准料箱、通用托盘、倍速链传送带以及工业机器人组成的车间自动化物流系统，并部署了自动清洗机、检测机等数字化设备。物料从入库到出库之间的全部生产环节均利用数据打通，当某台设备出现故障时可从系统中自动切出，其任务由其余同类设备接管，避免全线停产，实现生产的自我组织。

同时，生产线具有高度的柔性，通过 APS、MES、WMS 的实时监控和快速调度，可以进行单线生产、混线生产、串线生产等多种生产模式，适应不同种类工件的生产需求，发挥最大生产效率。

2. 制造资源数据互联互通，实现工厂内部资源集成

项目应用 RFID 技术，通过与设备控制系统集成，以及外接传感器等方式，实现了机机互联、机物互联和人机互联，并由 SCADA 系统实时采集设备的状态、生产报工信息和质量信息等，从而将生产过程中涉及的全部制造资源信息进行了高度的集成，并且打通了所有系统的信息通道，实现了生产过程的全程可视、可追溯和数据沉淀。

3. 基于制造系统数据化集成，实现利用知识信息优化业务

基于制造资源的物联网技术应用，通过实时数据驱动的动态仿真机制，形成人、产品、物理空间和信息空间的深度融合，建立虚拟工厂与物理工厂相互映射、深度融合的"数字双胞胎"，实现实时感知、动态控制和信息服务。通过信息系统对物理工厂进行可视化监控，实时查看设备状态、质量信息、生产实况和生产实绩，同时进行分析与决策优化，对物理工厂进行智能控制。

4. 质量控制实时化，实现动态误差补偿

工件在机床中加工完毕后由机器人送入在线检测机检测，检测完毕后机器人根据检测结果将不合格品放入不合格品料箱，将合格品放入工件托盘，保证不合格品即时分拣，同时将检测数据上传至云平台，对同一机床加工的产品历史检测数据进行检索与对比，当对比结果符合设定的情形时，触发自动刀补流程，将信息传递给生产线控制器，生产线控制器计算刀补参数并下发给目标机床调整刀补，将刀具误差补偿回来，实现工件质量的实时全闭环动态智能控制。

5. 决策支持精准化，实现供应链信息集成

本智能工厂项目从生产排产指令的下达到完工信息的反馈，实现了全闭环控制。通过建立智能生产指挥系统，使管理者可以随时精确掌握工厂的计划、生产、物料、质量和设备状态等数据信息，了解和掌控生产现场的状况，智能匹配供应链系统，实现工厂外部资源的集成。"零库存"是智能制造的目标。

6.制造环境绿色化，实现生产节能和可持续

公司坚持可持续发展战略，在本智能工厂项目中使用太阳能供电系统、CNC 油雾分离系统、切削液循环利用系统以及生产线集中排屑系统，实现能源的高效利用、减少污染排放，践行绿色制造理念。

三、以产品全生命周期数据管理为基础，利用大数据云平台，实现智能制造

智能工厂以产品全生命周期数据管理为基础，以大数据云平台为数据集成分析核心，与以往工厂网络化的重大区别在于智能工厂的工业软件不再是不可或缺的数据节点，而是"生长"在大数据中心之上的自生长知识，提升了系统集成的智能成熟度。通过对采集到的机床大数据进行分析、建模、比对，实现了智能制造的真正价值。例如对产品生命周期中加工工艺进行评估和优化、实时监控机床健康状况、自动补偿机床热变形、实时监测刀具状况、自动规避主轴共振等。而且通过建立机床故障维修数据库，对机床出现的异常状况进行远程在线诊断和预测，大大缩短了机床维护时间，降低了运维难度。

大数据云平台功能如图 4-1-5 所示。

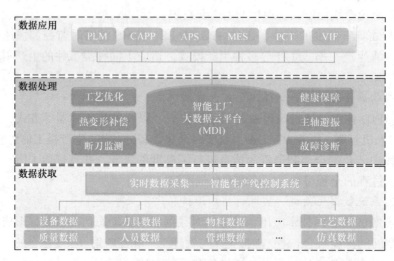

图4-1-5 大数据云平台功能

第三节　智能工厂部分关键技术的应用

一、基于指令域大数据的实时故障诊断技术

华中 8 型数控系统可以 1ms/ 次的频率对机床电流进行采样，形成机床运行大数据，并与机床运行的 G 代码进行映射，形成指令域波形图。通过对此波形图的分析和比对，可以在不增加任何传感器的情况下评估机床的健康状况，并在加工过程中实时监控刀具是否断裂。因此可以提前发现机床潜在的故障隐患，更加科学合理地进行设备维护保养，避免非计划性停机。在加工过程中出现刀具意外断裂的情况时系统会自动停机报警，避免造成更大的损失和意外情况的发生。

二、基于二维码的远程故障诊断技术

华中 8 型数控系统支持主要信息以二维码的形式输出，用户可以通过手机扫码获取数控系统状态信息并利用手机的摄像功能同时将现场视频和图像以及辅助信息发送到云端。在云端为机床建立故障诊断的案例库，可以查阅机床的历史状况，更准确地分析故障原因，并共享知识库帮助其他用户诊断，根据采集的故障现象给出建议解决方案。

三、基于三维仿真和大数据的工艺优化技术

为达到提高加工效率、节约能源以及提高设备寿命的目的，本项目利用 CAPP/PLM 软件进行三维工艺设计和仿真，对加工工艺路径进行优化，并自动生成 G 代码；在机床运行过程中，实时采集机床大数据，生成指令域波形图，然后对指令域波形图进行监控，找出会引发主轴共振的转速，在加工时自动规避共振转速，降低机床振动；通过指令域波形图还可以对 G 代码的各个工艺参数进行评估和优化，削峰填谷，使刀具负载更加均衡，进一步提高加工质量和加工效率。

四、基于RFID的刀具管理系统技术

在电子产品结构模组的生产过程中需要用到各种类型的刀具，其特点为数量庞大、品种繁杂。传统的管理方法容易造成人力资源浪费、刀具准备时间长、利用率低等问题。为解决这些问题，本项目建设了一座自动刀具库，并利用 RFID 技术和车间信息网络建立了一套完整的刀具管理系统。使用刀具测量仪获得每把刀具的关键信息并存储到位于刀柄的 RFID 芯片中，同时在刀具库及每台机床上配置 RFID 读写头并与车间信息网络连通，使刀具管理软件可以通过车间信息网络实时监控刀具的位置、磨损情况、使用寿命等，实现刀具从采购、仓储、领用、使用、维修、报废的全生命周期管理，有效缩短刀具准备时间，提高刀具利用率，降低生产成本。智能刀具管理系统如图 4-1-6 所示。

图4-1-6 智能刀具管理系统

五、智能工厂的技术成果

智能工厂项目的建设过程中坚持"共享、开放、协同、专业、创新"的精神，形成了以胜利精密为核心，富强科技、加能精机、华中数控、华数机器人、凡目视觉等国产智能装备与系统制造商以及艾普工华、开目信息、创景可视、易普优科技等国产工业软件及服务提供商组成的优秀创新团队。在努力汲取和借鉴以前项目经验的基础上，共同努力、不断完善智能工厂的整体解决方案，方案的顶层设计对标国际企业，并形成了可持续优化的精细化管理体系，积累了智能制造新模式的设计和实施经验，为下一步的市场推广打下了坚实的基础。

智能工厂投产后节省人力资源 60%，提高平均生产率 25%，降低产品不合格率 20%，产品研发周期缩短 30%，降低运行成本 20%。

苏州胜利精密制造科技股份有限公司智能工厂体现了我国智能制造的水平和能力，实现了基于协同研发、生产要素互联互通、生产过程动态传感、生产数据要素集成、数字孪生分析、大数据、云计算、软件应用优化等创新实践。苏州胜利精密制造科技股份有限公司智能工厂特色如图 4-1-7 所示。

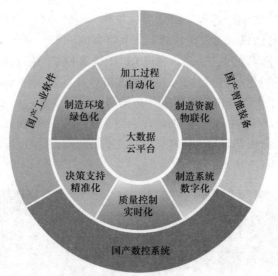

图4-1-7　苏州胜利精密制造科技股份有限公司智能工厂特色

—— 思 考 题 ——

1. 智能工厂的纵向集成结构包括几个层面？
2. 本章智能工厂的特点是什么？
3. 简述本章智能工厂应用的关键技术。

第二章
CHAPTER 2

工业互联网
大规模定制平台项目

第一节　工业互联网大规模定制平台概况

一、项目背景

海尔集团从 2005 年开始探索"人单合一"模式，并探索建设"黑灯"工厂。

2012 年，海尔卡奥斯开始建设互联工厂，从大规模制造向大规模定制转型，变产销分离为产销合一，形成了智能制造模式创新的实践路径。在转型的过程中，海尔卡奥斯自主创新，于 2015 年正式推出了具有自主知识产权的可实现大规模定制的工业互联网云平台——COSMOPlat，它是一个全球平台。

工业互联网大规模定制平台是全球首家引入用户全流程参与体验的工业互联网平台，是"人单合一"的落地承载平台，也是物联网范式下以用户为中心的共创、共赢的多边平台。工业互联网大规模定制平台以用户体验为中心，为企业提供了面向智能制造转型升级的大规模定制整体解决方案，从用户交互到体验迭代再到终身用户，全流程、全体系地颠覆了传统大规模制造模式，实现向大规模定制模式转型并让定制不断优化升级，最终构建涵盖企业、用户、资源等全要素共创、共赢的新型工业生态体系，如图 4-2-1 所示。

二、工业互联网大规模定制平台的特点

工业互联网大规模定制平台具备全周期、全流程和全生态三大特征。

1. 全周期

产品由电器变成了网器，从提供工业产品到提供美好生活的服务方案，实现了从产品生命周期到用户全生命周期的延伸。企业与消费者的关系发生了变化，传统一次性交易的用户转变为持续交互的终身用户，解决了企业的边际效应递减问题。

2. 全流程

将低效的串联流程转变为以用户为中心的并联流程，以互联工厂为载体解决了大规模制造和个性化定制的矛盾，实现了大规模制造到大规模定制的转型。

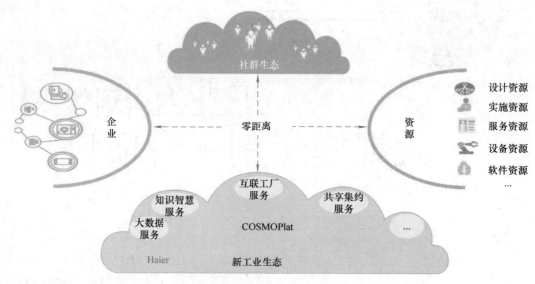

图4-2-1　新型工业生态体系

3. 全生态

这不是一个封闭的体系，而是一个开放的平台，平台上的所有企业、资源方和用户都可以实现共创、共赢、共享。

三、工业互联网大规模定制平台架构

工业互联网大规模定制平台共分为基础设施（IaaS）层、平台（PaaS）层、软件（SaaS）层和边缘层四层架构，并全线贯穿平台运维管理和安全防护能力。

工业互联网大规模定制平台是以软件服务为内核、互联网架构为基础的系统平台，包括用户体验、大数据分析、生态社群、物联网和企业信息系统五个互联互通、相互支撑的子平台。平台采用 TOGAF 架构框架方法：将业务战略、目标、需求等通过四个架构（业务、应用功能、信息数据和技术）转化成应用软件程序和系统。工业互联网大规模定制平台具有网络化、数字化和智能化的，全流程、全场景的服务能力，体现为"三赋"：

1. 赋能

提质增效，提供增值服务。为设备商、智能工厂和用户（连接智能网器）提供连接、质量、能源、协同等转型升级服务，加速企业发展。

2. 赋值

优化资源配置，促进网络协同。打造产业平台，优化资源配置，推进产业新旧动能的转换，重构产业价值链，创造行业价值。

3. 赋智

模式转型，定制美好生活。提供智慧家庭解决方案，帮助企业重塑业务模式、商业模式，打造高质量发展的核心竞争力。

四、工业互联网大规模定制平台的七大特点

工业互联网大规模定制平台通过在交互定制、研发、采购、制造、物流和服务全流程节点的业务模式变革，输出七类可社会化复制的应用模块，帮助企业实现产品生产高精度下的高效率。

1）交互定制（COSMO DIY）是行业首个社群交互的体验平台，是海尔实现大规模定制的重要载体，开创了行业独有的从创意到交付（Mind to Deliver, MTD）定制流程，整合了设计师资源、专业的研发资源、供应链资源，帮助用户实现从创意到产品的转化。

2）开放创新（COSMO HOPE）旨在搭建开放、合作、分享的创新平台，通过聚焦全球创新资源，致力于为企业、个人解决创新的来源问题，以及创新转化过程中的资源高效、精准匹配问题。

3）精准营销（COSMO SCRM）基于企业沉淀的海量用户相关大数据，经过清洗、处理，开发出各种用户场景的核心算法和大数据应用模型，帮助企业洞察自身的产品和用户。

4）模块采购（COSMO Procurement）通过整合全球一流资源，打造线上线下结合的精准、高效、零风险的采购平台，整合供应商资源，提供优化解决方案。

5）智能生产（COSMO IM）的核心是解决生产线如何柔性、敏捷生产以及个性化定制的问题。使现场生产和用户需求互联互通，实现用户需求驱动下的柔性生产。智能生产包含智能制造执行系统（COSMO MES）、智能排产系统（COSMO APS）、智能仓储管理系统（COSMO WMS）。

6）智能物流（COSMO-RRS）致力于打造专业的大物流平台，为品牌商、平台商、渠道商等提供专业化、定制化、标准化、一体化的物流解决方案，全流程可视化，零距离交互。

7）智慧服务（COSMO-U+）以引领物联网时代智慧家庭为目标，以用户社群为中心，通过自然的人机交互和分布式场景网器，搭建 U+ 智慧生活平台的物联云和云脑，为行业提供物联网时代智慧家庭全场景的生态解决方案。

第二节　智能生产线项目定制方案应用

一、总体方案设计

1. 项目要求

客户要求智能生产线以工业互联网大规模定制平台为核心，采用智能化、数字化、柔性化的设计理念，提供全流程、全价值链、全生命周期的以用户体验为中心的大规模定制解决方案，实现智能音响的定制生产。智能生产线包含用户定制、模块智能拣配、柔性装配、模块装配、智能检测、定制交付等多个智能单元，与数字孪生系统、机器视觉、人工智能、RFID、双臂机器人、AGV、网络安全等多种智能技术集成，不仅展示智能音响产品从个性化定制、远程下单到智能制造的全过程，同时也展示了智能产品和智能制造的无缝连接。

2. 生产线的主要功能单元

1）原材料立库单元。

2）柔性总装单元。

3）个性化定制 & 视觉检测单元。

4）智能包装单元。

5）仓储 & 成品输出单元。

6）柔性输送系统。

7）AGV（选配）。

8）电气控制 & 生产管理系统。

9）MES 。

10）看板 & 三维仿真系统。

11）RFID 。

12）人脸识别及下单系统。

13）安全防护系统等 。

海尔卡奥斯开发的智能 +5G 大规模定制平台如图 4-2-2 所示。

图4-2-2　智能+5G大规模定制平台

3. 生产工艺

客户在下单平台根据自己的喜好设计产品（选择颜色和型号）生成订单，MES 将订单转换成任务单，通过工业物联网网关将排产计划发布到机台，控制物料的加工、立体仓库自动出入库及智能工装车自动配送物料，实现自动装配，并通过工业物联网网关结合 RFID 全程采集设备的状态信息和产品的工艺参数信息。生产工艺流程如图 4-2-3 所示。

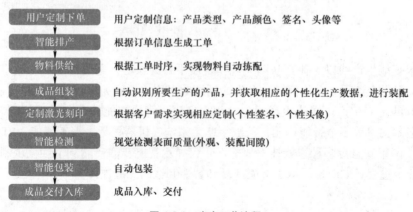

图 4-2-3　生产工艺流程

二、关键技术的应用

1. 人脸识别技术

通过人脸识别系统，可以实现以下功能：

1）个性化定制信息的提取与处理。

2）生成个性化签名和个性化照片。

3）人群中提取目标照片。

4）将目标照片进行二值化。

5）缩短个性化定制生产时间，提高个性化定制的效率。

6）身份认证。

7）现场获取照片。

8）与数据库照片比对。

9）获得身份信息。

10）依据身份的识别结果，开放相应的设备操作权限。

2. 个性化定制技术

个性化定制是指用户介入产品的生产过程，将指定的图案和文字印刷到指定的产品上，从而获得自己定制的个人属性强烈的或与其个人需求相匹配的产品或服务。个性化定制包含产品颜色的定制及产品个性化签名定制等。

通过激光打标机（图 4-2-4），可以将用户个性化签名及头像打印在产品合适的位置，实现产品的个性化定制。

3. 机器视觉技术

机器视觉是自动化系统中一个必不可少的元素。

除机器视觉传感器外，生产线的任何其他组成部分都无法收集更多的信息。在

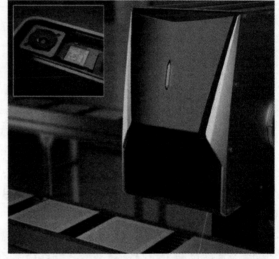

图4-2-4　激光打标机

评估产品、定位缺陷以及收集信息（用于指导业务运营和优化机器人及其他设备的生产率）等方面，非机器视觉无法提供更多的有价值的信息。

机器视觉传感器不同于简单的传感器，它能够生成大量图像数据，从而增强数据在智能制造环境下的效用。机器视觉检测的功能主要包括：

1）缺件检测。

2）颜色检测。

3）个性化定制。

4）打标前机器人选择角度坐标确认。

5）装配间隙检测。

6）表面划痕检测。

机器视觉检测系统的工作原理

4. 云架构部署

以工业互联网大规模定制平台构建工业互联网综合实训软件云端架构，通过汇聚不同区域的综合实训生产线数据，在云端不断迭代优化机理模型，并下发新的训练后模型到各区域的实训生产线，实现设备预测性维护、质量改进、工艺提升及故障调试。云架构如图 4-2-5 所示。

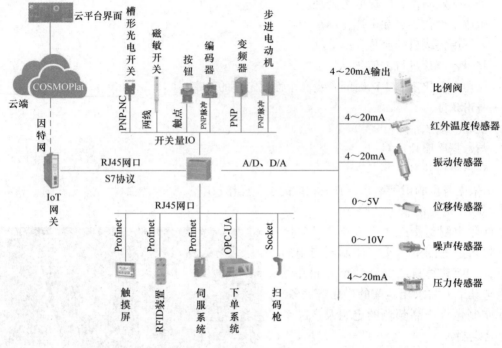

图4-2-5 云架构

5. 标识解析技术

聚焦标识解析最新技术研究成果，基于产品追溯典型场景，融合工业机器人、传感器、PLC等硬件，通过基于云的架构，实现了数据采集、查询、共享与应用。基于RFID技术的物联网，利用RFID、无线数据通信等技术，构造了一个物与物相联的Internet of Things。

给不同单元之间穿梭的移动载具贴上RFID标签，当移动载具通过安装在预置位置的RFID识读器时，其信息便可以自动被获取。这些信息可通过实时工业以太网上传到PLC控制系统，实现生产信息和物料信息的识别，从而构建一个物与物相联的信息网络，实现设备之间的信息互联互通。

6. 边缘计算技术

（1）基于边缘计算的设备安全优化　端侧采集机器人各关节姿态数据，上传至边缘侧。边缘基于云端模型，通过实时分析、AI决策实现设备安全优化，将云端的数据汇总、分类，完成大数据分析及预测性维护等。

（2）基于机器学习的边云协同视觉检测　端侧用智能照相机进行划痕检测，将数据上传至边缘侧。边缘基于云端模型进行实时分析、AI决策，将云端的数据汇总、分类，优化模型，并将模型下发至边缘侧。

7. 虚实融合系统技术

数字孪生是综合运用感知、计算、建模等信息技术，通过软件定义，对物理空间进行描述、诊断、预测、决策，进而实现物理空间与赛博空间的交互映射。

通过实际线体数据驱动虚拟线体的运行，实现了实际线体运行状况的实时在线。平台提供的场景中，精细刻画了每个设备的关键动作，真实还原和再现了生产场景。虚实融合系统如图4-2-6所示。

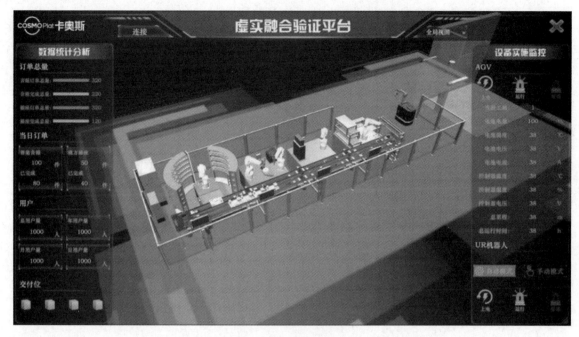

图4-2-6　虚实融合系统

8. 项目设计的 MES

（1）MES 架构　MES 架构如图 4-2-7 所示。

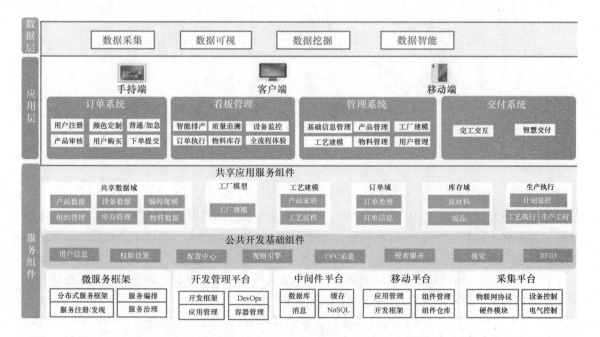

图4-2-7　MES架构

（2）项目的 MES 业务流程　MES 业务流程如图 4-2-8 所示。

图4-2-8　MES业务流程

（3）项目采用的功能技术模块　订单系统与设计系统通过预定义接口进行个性化内容传输，通过设计端的模型处理将内容反馈到订单前端，由用户确认产品设计，从而决定是否重新定制或继续。订单系统与设计系统的业务流程如图4-2-9所示。

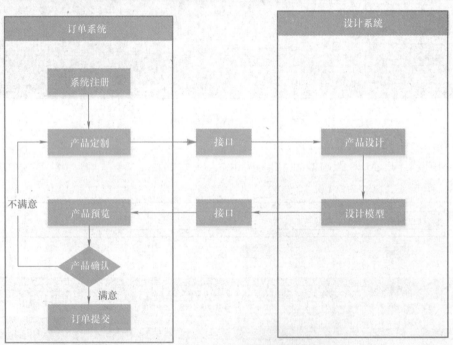

图4-2-9　订单系统与设计系统的业务流程

订单系统提供产品定制化下单的功能，支持普通方式及浏览器方式访问，系统还具备高级体验感的配置（需系统扩展）。订单系统作为整个示范生产线的源头，提供生产线驱动的需求来源。订单系统包含注册、定制、预览、订单提交等功能。设计系统包括产品设计和设计模型模块。

1）系统注册。用户登录下单注册界面，输入人员信息，进行登记。注册用户信息作为与订单绑定的信息源，为系统看板及 MES 调用提供数据支撑。

2）订单信息展示。系统提供订单执行过程的动态展示，用户选择待关注的订单，系统以订单号作为检索主键，关联提取订单的用户信息、工位跟踪信息、进度信息、定制图样、下单日期等信息，以图形化方式呈现。通过记录工站的进入和离开时间，提供系统节拍数据的来源。订单信息界面如图 4-2-10 所示。

图4-2-10 订单信息界面

3）智能拣配。智能拣配模块界面如图 4-2-11 所示。

图4-2-11 智能拣配模块界面

4）智能排产。系统对接收的订单按照预定的策略进行排程，具体到工位的计划时间点，并通过自动采集的已完成订单的数据，形成计划排程与实际排程信息的参照。系统以甘特图方式展示生产线订单的总体执行进度，以梯形方式分别对位站点及订单，与线体生产进展形成状态联动。智能排产模块界面如图 4-2-12 所示。

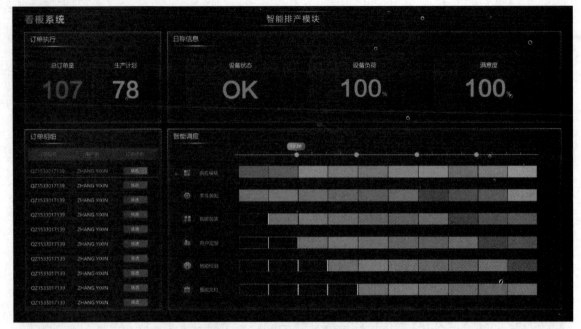

图4-2-12　智能排产模块界面

5）智能检测。系统抓取视觉检测的结果数据,形成以生产过程中的订单为中心的数据汇聚,实现质量检测结果与订单的关联。在提供检测照片的基础上，系统会形成定制化产品与检测图像的比对功能，并提供检验结果。智能检测界面如图 4-2-13 所示。

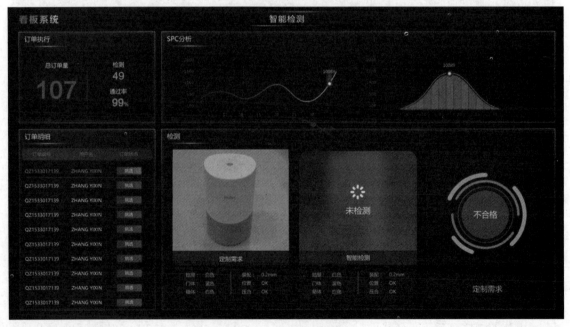

图4-2-13　智能检测界面

6）智能设备监控。MES 与外围系统进行数据对接，直接获取机器实时在线数据，通过 MES 加工，输出具有决策价值的数据，系统提供多种展现方式，从不同维度进行数据挖掘和呈现。智能设备监控界面如图 4-2-14 所示。

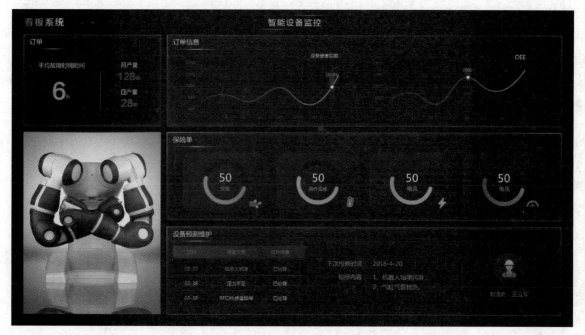

图4-2-14 智能设备监控界面

思 考 题

1. 简述工业互联网大规模定制平台（COSMOPlat）的特点。
2. 简述本智能生产线项目定制方案关键技术的应用。

第三章
CHAPTER 3

智能制造生产型实训中心项目

第一节 项目概况

一、项目背景

山东是工业经济大省，拥有门类齐全、独立完整的制造业体系，山东劳动职业技术学院与武汉华中数控股份有限公司共同投资设计建设了智能制造生产型实训中心。

智能制造生产型实训中心重点围绕企业智能制造的新要求，培育新生产模式下的技术技能人才，为制造业转型升级提供重要的智能制造人才支撑、培训支撑和师资支撑。

智能制造生产型实训中心具备教学实训、技能培训、职业鉴定、技能竞赛、产品生产、科学研究与学术成果转化等功能，也具备智能制造方法与技术的研究、开发、推广应用等功能。通过智能制造生产型实训中心可培养高水平的智能制造协同创新团队和高素质的应用型专业技术人才，服务于山东智能制造产业集群。

二、设计内容

智能制造生产型实训中心主要包括"一线两室"。

"一线"是指一条完整的智能制造生产线，包括智能装备、智能制造单元、智能制造物料系统、智能加工、智能检测、智能个性化定制及工业软件等。

"两室"是指智能装备专业实训室和智能制造仿真专业实训室。智能装备专业实训室包括多轴加工中心、高速高精数控加工中心、工业机器人、3D打印设备等单元，它主要用于完成智能制造装备层的综合实训。智能制造仿真专业实训室可实现数字孪生的虚实同步，它主要用于完成基于产品生命周期管理的实训，包括产品工艺设计、产品加工、生产优化、个性化智能服务等。

通过"一线两室"，可实现智能制造中智能设计、智能装备、智能加工、智能服务的集成应用实训。

三、提升与优化专业结构

充分发挥智能制造生产型实训中心的优势，适应当前"中国智造"带来的新机遇，服务于区域经济，对学院各专业教育水平进行分层分级提升，实现跨越式发展，不断提高人才培养质量。

智能制造生产型实训中心第一阶段主要服务于行业急需的专业，如工业机器人技术应用与维护、智能生产线的规划与管理及智能制造系统装调与运维等。

第二阶段升级改造 11 个相关专业，满足数控技术、数控设备应用与维护、自动化生产设备应用、机械设计与制造、机械制造与自动化、精密机械技术、电气自动化技术、机电一体化技术、物流管理、软件技术、大数据专业综合提升的要求，可拓展到工科类所有专业，满足新工科理念的要求。

四、校企协同创新模式、提升人才培养能力

深化产教融合创新的人才培养新模式，聚焦体制机制优化、人才培养、生产型实训、教学资源开发、跨专业团队教学等方面，不断研发智能制造条件下以大数据驱动为核心的人才培养模式。通过智能制造生产型实训中心的运行，建设校企混合实践教学团队，在确保日常教学的同时开发基于产业和岗位需求的智能制造人才培养方案、核心课程标准及教学资源，构建人才培养的新体系。由于智能制造生产型实训中心的校企融合性质，可推动校企共同开展师资培训，以企业相关资源建立智能制造领域相关专业的教师培训基地，为学院提供科研支持和教师顶岗实践服务，提升专业教师教学、科研及新技术应用的能力。

校企协同创新将聚焦智能仿真制造、智能装备应用、智能加工及产品全生命周期管理环节，利用数据采集、分析、云平台优化设计工艺及协同制造等创新工具，建立以新一代信息技术为核心的协同创新基地。协同创新的内容包括：

1）协同搭建共享平台，紧密围绕着资源共享、协同制造、云服务等，积极推动制造"融入云端"。

2）协同推进技术应用创新，服务山东智能制造装备产业。

3）协同培养教师队伍，构建双师型智能制造专业教师培育机制。建立和完善教师企业实践工作站制度及企业兼职教师聘任制度，加强平台内各企业工程师与教师的交流，实现教师与工程师的"互联互通"。

4）开展双创服务，提升区域经济发展孵化能力。依托智能制造生产型实训中心、教科研力量、创新创业机制等，孵化创业企业，辅导大学生创新创业，打造以创新设计、个性化定制、规模化生产、产品生命周期管理为主要特点的"智能制造创客基地"。

智能制造生产型实训中心的规划布局如图 4-3-1 所示。

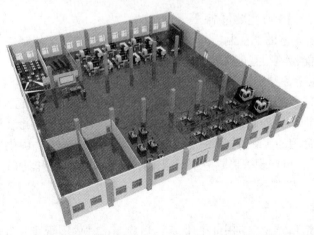

图4-3-1 智能制造生产型实训中心的规划布局

第二节 智能制造生产型实训中心的内容

一、智能制造生产型实训中心的功能

智能制造生产型实训中心实现端到端数字化、生产柔性化、过程可视化、数据动态化、信息集成化、决策自主化和智能化。以大数据云平台为核心,通过大数据不断优化生产过程,凸显智能制造特色,真正开展基于知识处理的制造过程,而不是依靠直接信号或数字完成制造。

"智能制造+虚拟制造+工业机器人+多轴加工+高速高精"的生产型实训中心,可承担智能制造领域专业的教学实训、师资培训、社会培训、技能鉴定和技能竞赛等,具备生产加工、虚拟实训、产品研发与试制、优化工艺等功能,同时可开展智能制造校企合作及校企合作成果的转化实践。

智能制造生产型实训中心支持智能制造背景下的新课程体系研发,可培养具有知识工程实践能力的高水平师资队伍,形成可推广的、面向职业院校的复合型人才培养方案、企业培训方案、实训课程体系、教材和教学资源等。

智能制造生产型实训中心采用模块化设计,整体占地面积约 1500m²,包含六个功能区域,分别为智能制造生产型实训区、总控室、虚拟仿真和数据分析实训室、智能装备实训室、工业机器人功能展示平台、校企合作智能制造应用案例展示区。每个区采取独立模块化的方式建设,能够满足 150~200 人同时实训,年社会培训约 6000 人次。六个功能区的主要内容见表 4-3-1。

表 4-3-1 六个功能区的主要内容

序号	功能区	建设内容	功能介绍
1	智能制造生产型实训区	智能制造综合实训平台(一)	1. 支持智能制造系统装调与运维、智能制造规划与管理等专业方向的课程实训 2. 同时具备人社部智能制造大赛和金砖大赛功能 3. 完成产品定制化加工 4. 实现智能装备层、数据传感 RFID、SCADA、PLC 等互联互通 5. 智能工业软件 MES、CAPP、WMS 等的应用
		智能制造综合实训平台(二)(与平台一的设备型号不同)	1. 支持智能制造系统装调与运维、智能制造规划与管理等专业方向的课程实训 2. 同时具备人社部智能制造大赛和金砖大赛功能 3. 完成产品定制化加工 4. 实现智能装备层、数据传感 RFID、SCADA、PLC 等互联互通 5. 智能工业软件 MES、CAPP、WMS 等的应用
		智能料仓	智能制造生产线的总料仓,摆放毛坯和成品

（续）

序号	功能区	建设内容	功能介绍
1	智能制造生产型实训区	物流系统	将6套智能装备连接在一起，形成一个智能制造整体（含AGV），可以实现自我组织的生产集成
		激光打标机	用于给产品备注标识
		超声波清洗及检测单元	用于清洗加工完成的成品，去毛刺并检测成品以区分合格件和不合格件
		总控PLC电气柜	生产型智能制造生产线的总体控制
		生产线附件（含料盘及工装夹具若干）	生产型智能制造生产线的辅助设备
		智能生产线装调虚拟仿真与考评系统	智能生产线设计、装调、运营与维护的模块虚拟仿真等实训
		云数控系统平台软件系统，实现智能制造的生产决策（含B/S架构）	运用物联网、大数据、云数控等关键技术，实现制造设备从日常生产到维护保养、改造优化的全生命周期管理，为系统提供设备动态、生产过程及工艺优化等"大数据"知识决策信息
2	总控室	总控室配置系统	
3	虚拟仿真和数据分析实训室	工业机器人等智能装备离线编程软件（教学版） 针对智能生产线定制化开发的智能制造仿真软件 仿真操作台 大数据采集、存储系统软件 优化调整软件 校企共建专业教学资源	1.完成工业机器人等智能装备离线仿真练习 2.完成智能制造生产线仿真实训 3.建模技术实训、生产过程仿真、产品加工可靠性分析等生命周期管理实训 4.数字孪生模拟加工，用于测试产品加工工艺的合理性分析等 5.校企共建专业教学资源库
4	智能装备实训室	智能装备实训及技能鉴定（多轴加工中心、高速高精加工中心、工业机器人、3D打印设备等）	1.智能装备示教调试与离线编程 2.气动元件组装与简单线路连接 3.智能装备多功能夹具选择使用考核 4.PLC编程与I/O通信考核 5.智能装备视觉识别编程、视觉设备与机器人通信 6.工业机器人码垛样式与层数考核 7.工业机器人模拟喷涂轨迹设定考核 8.工业机器人技能鉴定和大赛考核平台
		工业机器人机械拆装平台	1.工业机器人基本操作编程 2.工业机器人拆卸及装配工艺认知 3.工业机器人关键零部件及基本结构认知 4.工业机器人装配精度测试和调整 5.工业机器人控制系统调试和维修 6.工业机器人关键控件及原理认知 7.工业机器人技能鉴定和大赛功能
5	工业机器人功能展示平台	工业机器人科普及成果展示	工业机器人结构认知实训
		典型工业机器人认知实训工作站	典型工业机器人类型认知实训
6	校企合作智能制造应用案例展示区	校企协同创新成果展厅	

二、智能制造生产型实训中心的主要模块

1）智能制造综合实训平台模块。模块如图 4-3-2 所示。

激光打
标机

实现快速
个性化生产

超声波清洗

工艺完整

激光检测
装置

在线检测，
数据采集，
质量保障

图4-3-2　智能制造综合实训平台模块

2）智能立体仓库及物流单元模块。模块包括六轴工业机器人 一台、机器人夹具若干、快换工作台一套、智能立体仓库一套、AGV 三台及 AGV 调度系统一套，如图 4-3-3 所示。

图4-3-3　智能立体仓库及物流单元模块

3）MES 应用实训模块。模块通过对智能生产线的实时信息收集，包括刀具管理、刀具配送、立体库、上下料车工件信息管理、数控系统、机器人、PLC，实现实时控制及调度、动态排产等，最终实现制造过程的智能运营与管控，如图 4-3-4 所示。

图4-3-4　MES应用实训模块

4）工业机器人实训模块。模块可以满足工业机器人实训和工业机器人操作调整工及装调维修工的技能鉴定需求，并完成生产线前端技术技能，适应不同专业的学习和实训，如图 4-3-5 所示。

图4-3-5　工业机器人实训模块

5）智能制造虚拟实训室模块。模块包括智能生产线基础认知、生产线设计、智能生产线软硬件装调、智能生产线运维及考核五个功能子模块，应用于共计 26 个虚拟仿真实训项目，96 个仿真实训任务，25 个考核任务，如图 4-3-6 所示。

a)

b)

图4-3-6 智能制造虚拟实训室模块

6）大数据加工工艺参数优化模块。模块在首件试切时采集加工过程的实时数据，获得加工过程"心电图"，建立实时数据、材料去除率和加工程序行之间的对应关系，基于实时数据优化进给速度，在均衡刀具切削负荷的同时，可有效、安全地提高加工效率，实现了智能制造工艺参数的智能优化，如图4-3-7所示。

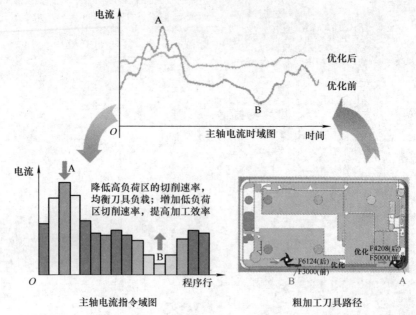

图4-3-7　大数据加工工艺参数优化模块

7）智能装备的智能维护及大数据诊断模块。为了保障云服务、大数据的智能化机床健康，对数控机床进行定期"体检"，并采集运行过程中的大数据，通过单机历史数据的纵向比较和机床集群数据的横向比较，掌握机床健康变化，实现数控机床的健康保障，维持机床健康状态及机床集群健康状态。智能装备的智能维护及大数据诊断模块如图4-3-8所示。

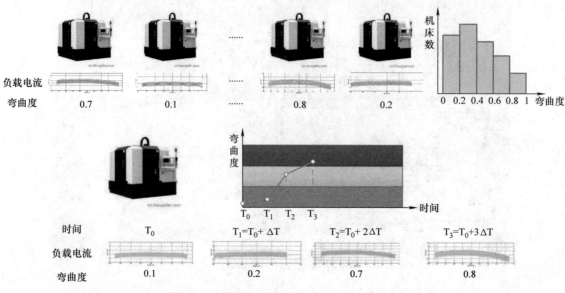

图4-3-8　智能装备的智能维护及大数据诊断模块

8）云数控系统模块。模块主要意义：使学生了解云数控系统的基本原理和功能、学习基于云数控平台处理自动化生产单元日常事务，培养学生基于云服务的管理决策能力，使学生适应基于云计算的未来智能制造。云数控系统模块如图4-3-9所示。

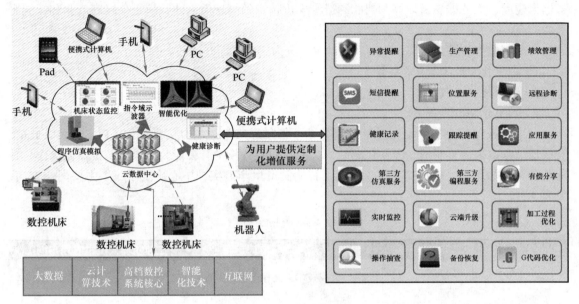

图4-3-9　云数控系统模块

9）云数控服务平台模块。数据采集是云数控服务平台和大数据服务的基础。云数控服务平台模块针对智能生产线上数控系统和在线检测等设备产生的大量数据，建立特定的数学模型进行分析，并对这些实时数据进行远程分布式存储、分类和优化，以此为基础提供云平台的远程实时监控与维护、设备的健康诊断和智能优化等服务。

在云数控服务平台模块上可开展的实训项目如下：

① 了解实时大数据采集的基本原理，学习并掌握大数据采集软件 DCAgent 的使用方法，并进行参数设置。

② 可开展大数据优化实训项目，了解大数据的工艺优化应用。学习并掌握大数据工艺优化软件 HNC-iScope 的使用方法，并进行相关工艺参数设置，优化加工代码，提高加工效率。

第三节　岗位方向与核心能力

一、岗位方向

企业智能制造的发展要求设立新业态所需的岗位。根据企业调研，相关的专业岗位有：

1）智能生产线技术工程师，主要具备智能生产线设备安装与调试能力。

2）售后服务工程师，主要具备智能生产线及其他智能设备的维修与保养能力。

3）生产装配技术人员，主要具备智能制造及其他智能设备生产与装配的能力。

4）专项技术工程师，主要具备智能生产线设计与数控专用设备设计开发的能力。

智能制造生产型实训中心可通过设置新专业、改造老专业，培养掌握高速加工、多轴加工、机器人应用、大数据、云计算和智能制造等先进技术的高素质人才，满足高端制造业和智能服务业的岗位发展需求。

智能制造作为综合性技术应用岗位，主要分为三个层面：

1）数字化制造决策与管控层。

2）数字化制造执行层。

3）数字化制造装备层。

其中涉及的信息技术有云计算、大数据、信息采集与控制、信息识别、PLC、无线通信、有线通信、虚拟仿真制造、个性化定制等，涉及的装备技术有智能装备操作、机器人操作、智能装备调试与维修、运动控制等。据此，智能制造生产型实训中心确定了三个主要岗位方向，见表4-3-2。

表4-3-2 岗位方向

智能生产线设计规划与管理方向	智能装备运行与维护方向	工业机器人技术应用方向
MES ERP 大数据 云计算 工业机器人技术及应用等 产品与工艺智能化设计（CAX/PLM） 虚拟仿真	高端数控技术（高速高精、多轴） 传感技术 信息处理技术 RFID技术 PLC技术 智能物流技术 工业机器人技术及应用等	工业机器人现场编程调试技术及应用 工业机器人自动线安装、调试与维护 工业机器人仿真建模应用 工业机器人视觉 工业机器人故障诊断与检修

二、核心能力培养

1. 智能制造系统运行与维护方向

（1）培养目标　主要培养从事智能制造生产线现场安装、调试、维修、应用与维护管理的工程师。

（2）职业能力要求

1）生产线装调能力。能够完成智能装备的安装与调试，具备电气安装与调试技能。

2）生产线编程与控制能力。具备生产线中CNC、总控PLC、智能机器人编程与操作技能，掌握现场总线控制技术与组态控制技术。

3）物联网＋大数据应用能力。对生产线设备进行数据采集，掌握工业以太网技术、RFID和物联网技术及计算机网络技术。

4）智能生产线应用能力。进行生产线工艺流程分析与仿真，具备智能制造平台或智能工厂现场实施与调试技能，具备工业信息化素养与职业素养。

（3）实训项目

1）智能制造单元的安装、调试、编程与维护。

2）高速高精机床的加工操作与维护。

3）五轴加工中心的编程与调试。

4）PLC调试与编程。

5）智能生产线控制与管理。

6）大数据采集。

7）仿真制造实训。

8）MES 实训。

9）智能生产。

（4）实训平台 用到的实训平台有智能生产线实训中心、智能制造单元实训区、机器人实训区、精密测量实训区、智能装备实训区、大数据云服务实训区及数字设计与仿真区等。

2. 工业机器人应用与维护方向

（1）培养目标 培养具有现代新工业技术，能适应不断变化的工作需要的，能在工业自动化行业从事工业机器人运行维护与管理、工业机器人操作与调试、工业机器人工作站设计与安装和工业机器人工作站销售服务等工作的技术型人才。

（2）职业能力要求 职业能力要求如下：

1）掌握工业机器人应用与维护的基础理论知识与操作技能。

2）能独立从事大型机电设备、工业机器人的安装、编程、调试、维修、运行和管理等方面的工作任务。

3）熟悉机器人系统维护与保养。

4）掌握机器人工作站的安装、调试与运行管理技术。

5）具备一定的实践经验以及良好的创新精神和服务精神。

（3）实训项目 工业机器人基本操作编程、机器人拆卸及装配、装配精度测试和调整典型应用等。

（4）实训平台 用到的实训平台有智能生产线实训中心、智能制造单元实训区、机器人实训区、精密测量实训区、数字设计与仿真区等。

3. 智能生产线设计规划与管理方向

（1）培养目标 主要培养从事智能制造生产线设计与规划、开展运行管理的工程师。

（2）职业能力要求

1）生产线设计能力。能够完成智能生产线中装备的技术参数的确定与选择，具备生产线整体布局与功能设计能力，能够完成智能生产线工业软件的设计与应用。

2）生产线规划与软件应用能力。具备生产线中设备层、数据传感层的数据集成等规划能力，具备生产线智能工业软件的应用能力，具备现场总线控制技术与组态控制技术应用能力。

3）物联网＋大数据应用能力。能完成生产线设备数据采集，实现设备互联互通，熟悉工业以太网技术、RFID 和物联网技术，具备生产线大数据采集及数据集成与产品全生命周期管理的能力。

4）智能生产线应用能力。能完成生产线工艺流程分析与 VIF 仿真制造，熟悉智能制造平台或智能工厂 MES、CAPP、WMS 等系统的应用，熟悉大数据云平台优化 MES、PLM 等自诊断系统的应用，可以同时提供云服务和规模定制的新业态综合服务等。

（3）实训项目

1）MES 实训。

2）智能生产线的调试与运行。

3）智能工厂软件应用（含 MES、大数据、云计算等）。

4）产品设计、加工、检测的仿真实训。

5）生产线虚拟调试实训。

6）大数据云平台的工艺优化实训。

7）个性化定制实训等。

（4）实训平台　用到的实训平台有智能生产线实训中心、智能制造单元实训区、机器人实训区、大数据云服务实训区、数字设计与仿真区等。

──── 思 考 题 ────

1. 智能制造生产型实训中心的主要功能包括什么？

2. 你是怎么理解智能制造中的"智能"功能的？

3. 如何理解智能制造对就业者的核心能力要求？

参 考 文 献

[1] 姚羽, 祝烈煌, 武传坤. 工业控制网络安全技术与实践 [M]. 北京: 机械工业出版社, 2017.

[2] 保尔汉森, 洪佩尔, 福格尔 - 霍尔泽, 等. 实施工业 4.0: 智能工厂的生产·自动化·物流及其关键技术、应用迁移和实战案例 [M]. 工业和信息化部电子科学技术情报研究所, 译. 北京: 电子工业出版社, 2015.

[3] 布劳克曼. 智能制造: 未来工业模式和业态的颠覆与重构 [M]. 张潇, 郁汲, 译. 北京: 机械工业出版社, 2015.

[4] 杜晋. 机床电气控制与 PLC[M]. 北京: 机械工业出版社, 2013.

[5] 王兰军, 王炳实. 机床电气控制 [M]. 5 版. 北京: 机械工业出版社, 2018.

[6] 姚立波. 组态监控设计与应用 [M]. 北京: 机械工业出版社, 2011.

[7] 韦巍. 智能控制技术 [M]. 北京: 机械工业出版社, 2015.

[8] 杨凌, 高楠. 5G 移动通信关键技术及应用趋势 [J]. 电信技术, 2017 (5): 30; 33.

[9] 张岭. 浅析 4G-5G 移动通信技术的发展前景 [J]. 数字技术与应用, 2018, 36 (12):15-16.

[10] 罗晓慧. 浅谈云计算的发展 [J]. 电子世界, 2019 (8): 104.

[11] 谭建荣, 刘达新, 刘振宇, 等. 从数字制造到智能制造的关键技术途径研究 [J]. 中国工程科学, 2017, 19 (3):39-44.

[12] 谭建荣. 从数字制造到智能制造发展的技术途径研究报告 [R]. 杭州: 浙江大学, 2014.

[13] 周敏森. CIMT2019 部分展品综述 (上) [J]. 世界制造技术与装备市场, 2019 (2): 37-60.

[14] 杨瑞娟, 李毅. 数控加工技术在飞机制造中的应用 [J]. 科技风, 2020 (4): 166.

[15] 李建广, 夏平均. 虚拟装配技术研究现状及其发展 [J]. 航空制造技术, 2010 (3): 34-38.

[16] 彭宇, 刘大同, 彭喜元. 故障预测与健康管理技术综述 [J]. 电子测量与仪器学报, 2010, 24 (1):1-9.

[17] 孙旭升, 周刚, 于洋, 等. 机械设备故障预测与健康管理综述 [J]. 兵工自动化, 2016, 35 (1): 30-33.

[18] 李险峰. 从 CAPP 到 MPM, 数字化制造与管理系统应用思考与实践 [J]. 制造技术与机床, 2011 (9): 21-25.

[19] 中国信息通信研究院. 工业互联网体系架构: 版本 1.0[R]. 北京: 工业互联网产业联盟, 2016.

[20] 中国信息通信研究院. 工业互联网平台 可信服务评估评测要求: AII/002—2017[S]. 北京: 工业互联网产业联盟, 2017.